ULMER
NATURFÜHRER

Maren und Werner Baumeister

# Meeresfauna

## Karibik und Florida

469 Arten in Wort und Bild
392 Farbfotos
32 Zeichnungen



Ulmer

# Inhalt

# Vorwort

Die Karibik ist eines der Traumziele sonnenhungriger Mitteleuropäer. Aber abgesehen von herrlichen Stränden und fast immer sonnigem Wetter bietet die Karibik eine hochinteressante Fauna und Flora. Bedingt durch die Insellage gibt es auch etliche endemische Landtierarten. Dies ist beispielsweise besonders auffällig bei den Anolis, kleinen Echsen, von denen es auf vielen Inseln Arten gibt, die nur dort vorkommen.

Unter Wasser gehören viele Teile der Karibik zum Besten, was tropische Korallenriffe bieten können. Und obwohl die Vielfalt der Tier- und Pflanzenarten an die im Indopazifik nicht herankommt, gibt es auch hier viele unterschiedliche Biotope, die jedes für sich interessant und spannend sind. Neben den Korallenriffen gibt es ausgedehnte Sandflächen, die, einmal als voller Leben erkannt, zahlreiche Tauchstunden wert sind. An viele Inseln sind Mangrovengebiete angelagert, die einen höchst interessanten Lebensraum darstellen. Selbst abgeschnittene Meeresarme oder Ebbetümpel sind einen Besuch wert. Oft genügen hier Schnorchel und Maske, um diesen Lebensraum zu entdecken.

*Auf den meisten Karibikinseln gibt es Anolis-Arten. Anolis trinitatis stammt von St. Vincent und ist dort endemisch.*

Gerade in der heutigen Zeit von beruflichem Dauerstress sind die Karibikinseln eine echte Alternative für den ruhesuchenden Reisenden. Viele Inseln sind europäisch geprägt (Niederländische Antillen) und fast alle haben eine ordentliche Infrastruktur. Nur auf wenigen gibt es eine hohe Kriminalität, und so kann man fast überall ohne Angst Urlaub machen. Die Tauchschulen werden nach europäischem oder amerikanischem Standard geführt und sind dadurch stets auf dem neuesten Stand. Sicherheit ist hier oberstes Gesetz. Ohnehin ist Tauchen in der Karibik meist problemlos, denn nur in wenigen Gebieten gibt es Strömungen und selbst dort findet man häufig auch strömungsarme Tauchplätze. Dazu trägt auch der geringe Tidenhub bei.

Die einzige größere Geißel vieler (nicht aller) Karibikinseln sind die alljährlich wiederkehrenden Stürme, die man aber vermeiden kann, wenn man den Urlaub nicht zur „Hurricane Season“ plant. Nicht umsonst leben die „Reichen und Schönen“ auf den relativ zahlreichen Exklusiv-Inseln der Karibik auch nur auf Zeit dort, was je nach Inselgruppe zu unterschiedlichen Jahreszeiten der Fall sein kann.

Von diesen oft furchtbaren Unwettern abgesehen ist die Karibik mit konstant schönem Wetter gesegnet. Auf den meisten Inseln regnet es zwar fast täglich, aber die Schauer sind kurz und danach scheint schnell wieder die Sonne. Die ABC-Inseln kennen Regen nur zu be-

*Auch in der Karibik kann man regelmäßig die Vermehrung der Steinkorallen beobachten.*

stimmten Jahreszeiten. Selbst dann regnet es nur kurz, und so verwundert es nicht, dass diese Inseln extrem trocken sind. Wieder andere Inseln sind üppig grün. Die meisten dieser Inseln sind aber zweigeteilt, das heißt es gibt eine trockene, dem Wind und den Wellen ausgesetzte Seite und eine geschützte, aber dafür grüne Seite.

Aus diesen Angaben kann man erkennen, dass die Karibik die unterschiedlichsten Landschaften und Lebensräume bietet. Die Artenfülle ist enorm, und so kann dieser Naturführer nur einen kleinen Ausschnitt der Unterwasserwelt dieser traumhaft schönen Region bieten. Nach einer kurzen Einführung in die Welt der Karibik findet man in systematischer Reihenfolge die Artensteckbriefe zu den wirbellosen Tieren und zu den Fischen. Die Texte zu den übergeordneten systematischen Gruppen (Familie, Klasse, Stamm etc.) sind den betreffenden Arten jeweils vorangestellt.

Stuttgart, im Frühjahr 2005
Werner Baumeister

# Die Karibik

Der Begriff Karibik oder Karibische See umfasst die Meeresgebiete, die vom Festland **Süd- und Mittelamerikas** (von Venezuela bis zur Yucatan-Halbinsel), von den **Großen Antillen** (Kuba, Jamaica, Hispaniola und Puerto Rico) und den vielen Inseln und Inselchen der **Kleinen Antillen** eingeschlossen sind. Darüber hinaus rechnet man die **Florida Keys** dazu, da sie, abgesehen von wenigen endemischen Arten, die Artenvielfalt der Karibik widerspiegeln. Allerdings verläuft die Grenze für Korallenwachstum etwa auf der Höhe von Miami, im nördlicheren Florida sind die Lebensbedingungen für Korallen nicht mehr ausreichend. Eine Karte des Gebietes, das dieses Buch umfasst, befindet sind in der hinteren Umschlaginnenseite.

In diesem Führer werden die Arten der **Bahamas**, die eigentlich ebenso zur Karibik gerechnet werden, nicht erwähnt, da sie zu sehr atlantisch beeinflusst sind und viele Arten aufweisen, die nur dort bzw. im Atlantik vorkommen und so eine Artenvielfalt aufweisen, die der karibischen Wirklichkeit nicht entspricht.

Gegenstand dieses Buches sind die Arten der Gebiete, die innerhalb der Karibischen See liegen und zum Kerngebiet zählen. Sie weisen eine recht einheitliche, im Vergleich zu indopazifischen Korallenriffen vergleichsweise begrenzte Artenvielfalt auf, die auf den ersten Blick auch nicht die Farbenpracht dieser bietet. Dem Schnorchler oder Taucher wird sich die überreiche Fülle aber in kürzester Zeit erschließen. Es wird unter Wasser in der Karibik nie langweilig! Und auch über Wasser kommt der Naturfreund in der Karibik auf seine Kosten, denn die Inseln haben auch an Land eine fantastische Vegetation und eine einmalige Tierwelt zu bieten.

## Riffformen

Alle vier Riffformen – Saumriff, Barriereriff, Plattformriff und Atoll (siehe Abbildung vordere Umschlaginnenseite) – kommen in der Karibik vor, wobei das Saumriff bei weitem überwiegt.

Auch hier gilt, dass Korallenriffe nur dort vorkommen, wo die Wassertemperatur selbst in der kalten Jahreszeit nicht unter 20 °C sinkt, was für die gesamte Karibik gewährleistet ist. Es erklärt aber gleichzeitig, warum die Korallenriffe Floridas weit weniger gut ausgeprägt sind.

Die meisten Steinkorallen verlangen außerdem klares, sauberes Wasser, viel Licht und ein Substrat, auf dem sie siedeln können. Aus diesem Grund finden wir an reinen Sandküsten oder in der Nähe von Mündungen großer Flüsse (z. B. Amazonas) seltener Korallenriffe.

Die vier Hauptformen von Korallenriffen unterscheiden sich aufgrund ihrer Entstehung. Die häufigste Form ist das **Saumriff**, das Küsten und Inseln umsäumt (siehe Abbildung vordere Umschlaginnenseite). Deshalb soll hier die Entstehung von Riffen an dieser Form ausführlich beschrieben werden:

Korallenpolypen siedeln sich als Larven auf hartem Untergrund an, etwa an Felsenküsten, und wachsen von nun an möglichst nahe an der Wasseroberfläche weiter. Dabei treffen immer neue Larven auf das entstehende Gestein und überwuchern es schließlich. Das Riff schiebt sich

*Ein Saumriff an der Küste von Bonaire. Der Fels am Ufer ist ein fossiles Korallenriff.*

langsam meerwärts. Wird das Wasser schließlich so tief, dass die unteren Korallenstöcke nicht mehr genug Licht erhalten, um den kleinen symbiotisch lebenden Algen, den Zooxanthellen, die Photosynthese zu ermöglichen, endet das Wachstum.

Felsige Steilküsten können meist als massive fossile Korallenriffe identifiziert werden, da Veränderungen des Wasserspiegels, beispielsweise durch Eiszeiten oder das Abschmelzen der Polkappen in Warmzeiten, ebenfalls die Gestalt solcher Korallenriffe geprägt haben. Auch sind die an steilen Korallenriffen befindlichen Höhlen häufig Brandungskehlen, die in den Korallenfels gegraben wurden, als der Wasserspiegel noch niedriger lag.

Sterben die Korallen direkt am Ufer nach einiger Zeit ab, weil sie bei Ebbe häufig trocken liegen und auch nicht so gut mit Nahrung versorgt werden wie die weiter außen liegenden Teile des Riffs, bildet sich eine sandige **Lagune**, die sich mit der Zeit durch Erosion eintieft. Seegras beginnt zu wachsen und bald bildet sich ein eigenes Biotop. Häufig entstehen starke Strömungen in diesen Lagunen, die mit dem offenen Meer durch mehr oder weniger schmale Durchlässe, die **Riffkanäle**, verbunden sind. Das Ende der Lagune bildet das geschützte **Rückriff**. Hier leben empfindlichere Arten wie bizarr verzweigte Steinkorallen oder Weichkorallen und alle Tiere, die die Brandung am Außenriff nicht vertragen. Vor allem Jungfische finden hier Zuflucht.

An das Rückriff schließt sich das **Riffdach** an. Bei Ebbe fallen häufig Teile davon trocken und **Ebbetümpel** bilden sich. Sie bergen reiches Leben, da viele Tiere sich bei Niedrigwasser dorthin zurückziehen müssen. Diejenigen, die es nicht bis zum nächsten Ebbetümpel geschafft haben, versuchen sich unter Steinen zu verbergen, um so der gnadenlosen Hitze zu entgehen. Doch nicht alle finden einen Unterschlupf. Tote Tiere auf dem Riffdach sind daher nichts Ungewöhnliches. Aber auch in zunächst rettenden Ebbetümpeln herrschen extreme Bedingungen. Der pH-Wert

*So werden Brandungskehlen ausgewaschen.*

sinkt auf bis zu 7,5, die Wassertemperatur steigt nach längerer Sonneneinstrahlung auf über 40 °C. Durch den geringen Tidenhub von max. 40 cm sind Ebbetümpel in der Karibik allerdings wesentlich seltener und kleiner als z. B. im Indopazifik.

Am meerseitigen Rand des Riffs, dem **Vorriff**, trifft an der Wasserlinie (Riffkante) die Brandung mit ihrer ganzen Gewalt auf die Korallen. Die Sauerstoff- und Planktonversorgung ist hier optimal, viele Korallenarten haben sich an diese Bedingungen angepasst und wachsen hier besonders üppig. Die größte Artenvielfalt findet man jedoch am eigentlichen Riffabhang, der sich je nach Riffgebiet von der Wasserlinie bis hinab auf etwa 40 m Tiefe erstreckt.

Immer wieder werden durch große Wellen und bei Stürmen Korallenstöcke abgeschlagen und fallen hinunter an den Fuß des Riffs, wo sie die artenreiche **Schuttzone** bilden. An die Schuttzone schließt sich meist ein größeres Sandareal an, das langsam auf größere Tiefe abfällt. Hier gibt es zwar weniger Arten als am Riff selbst, diese können aber sehr interessant sein. Schuttzonen kann man auch im Flachwasser direkt an der Küste finden, da die Riffe, die dort wachsen, sehr oft von Stürmen geschädigt werden.

Für das Erkennen einer Riffform muss beachtet werden, dass ein Korallenriff nicht immer aus allen Zonen bestehen muss. Je nach Entwicklungsstand des Riffes oder bedingt durch äußere Einflüsse, wie Strömungen, Gezeiten und Klima, kann diese Zonierung in weitem Rahmen variieren. So findet man durchaus Riffe, denen eine Lagune und ein Rückriff fehlt. Andere bestehen nur aus ausgedehnten Lagunen mit einem winzigen, meerseitigen Saum lebender Korallen. Und manche Riffe fallen senkrecht in scheinbar endlose Tiefen ab, ohne dass ein Vorriff oder eine Schuttzone zu unterscheiden wären. Alle für das Saumriff beschriebenen Riffzonen erkennt man jedoch meist in mehr oder weniger ausgeprägter Form auch bei den nachfolgend beschriebenen Rifftypen.

Das **Barriereriff** entsteht an einer seichteren Stelle des Kontinentalschelfrandes, meist weitab vom Festland. Mit über 2000 km Länge ist das australische

Barriereriff das größte Bauwerk, das je von Lebewesen erstellt wurde. In der Karibik befindet sich z.B. vor Belize ein etwa 250 km langes Barriereriff.

An Stellen im offenen Meer, an denen der Meeresboden bis dicht unter die Wasseroberfläche emporragt, können sich ebenfalls Korallenlarven ansiedeln. Man nennt sie **Plattformriffe**. Äußerlich sind sie kaum von Barriereriffen zu unterscheiden. Im karibischen Raum sind sie häufiger und man nennt sie „bank-reefs".

Als **Atoll** bezeichnet man Saumriffe, die sich um Inseln ansiedeln. Durch Absinken dieser Inseln werden die Korallen gezwungen, nach oben weiterzuwachsen. Verläuft das Absinken der Insel so langsam, dass die Korallen mit dem Wachstum nachkommen, so entsteht ein Atoll. In der Mitte des Riffs sind die Lebensbedingungen für die Korallen nach einiger Zeit schlechter als am gut umspülten Riffrand, und so wird durch Bioerosion das Riff an dieser Stelle geschädigt. Es entsteht eine Vertiefung, die sich mit Sand füllt und so dem Atoll die charakteristische Form verleiht. Die Entstehung der karibischen Atolle ist unklar. Sie werden daher meist nicht als solche bezeichnet, sondern kurzerhand den Saumriffen zugerechnet. Die Entstehung ist ohnehin ähnlich.

Auch wenn sich die beschriebenen Korallenrifftypen hauptsächlich durch ihre Entstehung und die Lage im Meer unterscheiden, macht es für die Tiere und Pflanzen prinzipiell keinen Unterschied, ob sie auf einem Saum-, Barriereriff oder Atoll leben. Die einzelnen Biotope und Lebensräume sind dieselben, wenn keine unterschiedlichen Lebensbedingungen vorherrschen (Strömungen, Regenfälle, Flussmündungen etc.).

Sehr stark beeinflusst werden das Aussehen und die Artenzusammensetzung der Riffe durch die Entstehung der verschiedenen Inseln und Küsten sowie durch die Windexponierung.

*Das Steil abfallende Ufer einer Vulkaninsel (Saba) lässt keinen Strand zu. Das Riff beginnt direkt am Steilabfall.*

Für Inseln vulkanischen Ursprungs (z.B. Saba, Niederländische Antillen) sind steil abfallende Küsten und hartes Ausgangsgestein typisch. Korallen können dort zwar gut siedeln, der Untergrund wird aber nicht so leicht erodiert wie Kalkgestein. Dadurch haben es riffbohrende Organismen, die zur Artenvielfalt am Korallenriff beitragen, schwerer, das Riff zu besiedeln – die Zusammensetzung der Bewohner ändert sich. Auch der auf Vulkaninseln oft vorkommende schwarze Sand am Fuß der Riffe und an den Stränden schafft ein charakteristisches Aussehen der Unterwasserlandschaft. Gelegentlich finden sich sogar warme Quellen am Meeresgrund.

Dort, wo fossile Korallenriffe die Grundlage für die heutigen Riffe bilden, ist das Wachstum üppiger, aber die Zerstö-

rung des Riffes geht schneller voran. Typisch sind die Riffe vor den Florida Keys, die wie die ganze Florida-Halbinsel vollständig aus Korallenkalk bestehen. Der Sand ist sehr hell und wir finden in ruhigen Zonen Schlammablagerungen, Seegraswiesen und Mangrovengebiete.

Geologisch betrachtet sind allerdings viele Inseln und Küstengebiete gemischten Ursprungs, d.h. man findet die Charakteristika beider beschriebener Formen entweder abwechselnd oder vermischt.

Viel deutlicher noch ist der Einfluss der Windexponierung. Besonders auf Inseln kann man zwei unterschiedliche Seiten, die Luv- und die Leeseite ausmachen, die über und unter Wasser nicht unterschiedlicher sein könnten. Die Leeseite ist normalerweise windgeschützt und entsprechend ruhig. Es finden sich artenreiche Korallenriffe und das Tauchen ist problemlos möglich. An den Luvseiten, die voll im Wind stehen, werden starke Wellen ans meist steile und bereits stark erodierte Ufer geworfen. Tauchen ist – wenn überhaupt – nur vom Meer her mit dem Boot möglich und nur bei besonders ruhigen Bedingungen.

Besonders stark ausgeprägt sind diese unterschiedlichen Landschaften bei Inseln, die dem Passatwind ausgesetzt sind (z.B. Aruba, Bonaire, Curaçao). Dort weht nahezu ständig ein kräftiger Wind, der das heiße Klima zwar erträglicher macht, dafür die Landschaft aber extrem austrocknet, zumal er fast nie Regen bringt. Hier wachsen hauptsächlich Kakteen und andere trockenresistente Pflanzen.

*Oben: In Zentralflorida findet man überall Karsthöhlen, da ganz Florida aus Korallenkalk besteht.*
*Unten: Auf der dem Wind zugewandten Seite der Inseln ist es oft sehr trocken. Hier halten vor allem Kakteen und andere trockenresistente Pflanzen aus.*

Die gegenüberliegende Seite ist in der Regel üppiger bewachsen und es regnet gelegentlich, je nach Region allerdings in sehr unterschiedlicher Menge.

Die Inseln der Virgin Islands (z.B. St. Thomas), der Leeward Islands (z.B. St. Marteen, Antigua, Guadeloupe) und der Windward Islands jedoch liegen in einer Region, die erheblich feuchter und windärmer ist. Es regnet hier fast täglich, wenn auch oft nur für kurze Zeit. Die Landvegetation ist entsprechend üppig. Doch auch hier findet man Unterschiede in der Vegetation, die von den vorherrschenden Winden beeinflusst wird.

Auf allen karibischen Inseln mit höheren Erhebungen entstehen Nebelwälder. Schon ab etwa 100 m über Meereshöhe verändert sich die Vegetation dramatisch. Erhebungen über 200 m sind oft üppig bewachsen und sogar Orchideen und Flechten kommen vor. Typisch sind auch die beeindruckenden Baumfarne, die in ausgedehnteren Nebelwäldern gedeihen. Besonders vulkanische Inseln können diese herrlichen Wälder aufweisen (St. Vincent, Saba, Tortola). Der Lebensraum unter Wasser wird dadurch allerdings wenig beeinflusst.

*Besonders auffällig sind Baumfarne. Sie gedeihen nur in den Nebelwäldern höherer Inseln.*

## Bedrohte Korallenriffe

Auch die Korallenriffe der Karibik gelten als bedroht. Hauptgründe für diese Bedrohung sind die überall feststellbare Umweltverschmutzung und die in vielen Regionen häufig vorkommenden verheerenden Stürme.

In den letzten Jahren hörte man jedoch immer wieder Schreckensmeldungen, die besagten, dass die Korallenriffe durch die globale Erwärmung und damit zusammenhängende Probleme stark betroffen wären. Zweifellos haben sich die tropischen Meere teilweise über Gebühr erwärmt. Sowohl im Indopazifik als auch in der Karibik gab es in den letzten Jahren öfter deutlich höhere Temperaturen als die Jahre zuvor. Man führt dies auf das El-Niño-Phänomen und insgesamt auf die vom Menschen verursachte globale Erwärmung zurück.

Über die Richtigkeit dieser Aussagen lässt sich trefflich streiten. Sicher ist, dass unsere Korallenriffe zu hohe Temperaturen ebenso wenig tolerieren wie zu niedrige. Fakt ist aber auch, dass die Erde regelmäßige Temperaturschwankungen aufweist, auf die wir keinen Einfluss haben. Man führt diese Schwankungen neuerdings primär auf Sonnenaktivitäten zurück, was aber innerhalb der Expertenrunde noch umstritten ist. Gerade Korallen-

*So sieht es aus, wenn ein tropischer Sturm zuschlägt (Hurricane Andrew, Südflorida).*

forscher und natürlich Geologen wissen aber, dass die Korallenriffe in den letzten 200 000 Jahren in relativ kurzen Abständen von etwa 10 000 Jahren unter solchen extremen Klimaschwankungen litten. Man sieht dies heute übrigens auch in der Karibik sehr schön an den verschiedenen Niveaus, auf denen man Brandungskehlen findet (siehe Foto Seite 10). Solche Ausspülungen sind Folge der Erosionskraft der Wellen auf dem jeweils aktuellen Niveau des Meeresspiegels. Findet man sie unterhalb der heutigen Wasserlinie, so haben wir es mit einem aufgrund einer Eiszeit niedrigeren Meeresspiegel zu tun; ist die Brandungskehle oberhalb, also im Trockenen, so war das sichtbare Riff zu Lebzeiten von Wasser bedeckt und der Meeresspiegel durch eine Warmzeit deutlich höher.

In der Karibik finden wir solche Zeichen fossiler Korallenriffe überall. Die Unterschiede im Wasserstand betrugen bis zu 30 m, wobei man Hebungen und Senkungen der Erdkruste mit berücksichtigen muss. Aus der neueren Erdgeschichte sind Meeresspiegelschwankungen von bis zu 120 m bekannt!

Dennoch ist es eigentlich nebensächlich, warum all dies mit den Riffen passiert. Wichtig ist die Einsicht, dass Korallenriffe in der Erdgeschichte immer wieder abstarben, sich aber auch wieder zu voller Blüte erholten. Derzeit liegt eine Blüte der Riffe vor, allerdings befinden wir uns wahrscheinlich am Höchstpunkt einer solchen Entwicklung. Wichtig ist in einer solchen Situation, dass der Mensch nicht auch noch zusätzlich Änderungen des Klimas herbeiführt, und das primär nicht wegen des Wohlergehens der Korallenriffe, sondern wegen unserer eigenen Zukunft.

Viel direkter und ernster sind aber andere Gefahren für die Korallenriffe, die ausschließlich vom Menschen beeinflusst sind.

## Korallenerkrankungen

Zwei Erkrankungen sind hier in den Mittelpunkt gerückt, die **Korallenbleiche** (coral bleaching) und die **„Black band disease"**, eine Bakterienerkrankung der Steinkorallen, die ebenfalls auf verschlechterte Umweltbedingungen zurückgeführt wird. Die bekannteste und häufigste Erkrankung ist die Korallenbleiche, der schon viele Korallen, oft ganze Riffe, zum Opfer gefallen sind. Die Gründe sind inzwischen bekannt. Die Erwärmung des Wassers betroffener Korallen bewirkt den Ausstoß der für den Korallenstoffwechsel immens wichtigen Zooxanthellen (einzellige Symbiosealgen). Dadurch verlieren die Korallenstöcke ihre arttypische Färbung und werden schließlich schneeweiß. Hält dieser Zustand und die Wassererwärmung länger an, sterben die Korallen ab. Handelt es sich nur um kurze Warmphasen, können sich betroffene Korallen aber erstaunlich schnell wieder erholen.

Die „Black band disease" macht sich durch schwarze bis dunkelbraune Streifen bemerkbar, die wie eine Grenze das gesunde vom kranken Korallengewebe abtrennen. Auch diese Erkrankung scheint mit besonders starker Wassererwärmung einher zu gehen, ist aber bedeutend seltener.

Doch hier die gute Nachricht: Derzeit sind in der Karibik keine größeren Areale von dieser Krankheit betroffen, und das trotz der Panikmache einiger Biologen, die ausgerechnet die Inseln, die ich in den letzten Jahren intensiv besucht habe, als besonders betroffen beschrieben. Die einzige geschädigte Steinkoralle, die ich in den angeblich stark geschädigten Gewässern der Insel Bonaire fand, ist hier abgebildet. Hoffen wir, dass es dabei bleibt.

*Eine ausgebleichte Acropora-Koralle. Zum Glück ist das „Coral bleaching" in der Karibik bislang eher selten anzutreffen.*

## Meeresverschmutzung

In den meisten Gegenden der Karibik spielt diese eine geringe Rolle, aber die Gefahren sind dennoch unübersehbar. Die technische Entwicklung hält sich zwar in engen Grenzen, aber dennoch bedeutet eine steigende Bevölkerung in der Region mehr Abwässer, mehr Schadstoffe etc. Viele der Inseln sind auf Erdölimporte angewiesen, manche handeln sogar mit Öl oder fördern selbst.

Eine Schiffskatastrophe mit einem Supertanker würde die Korallenriffe der betroffenen Region auf Jahre hinaus schwer schädigen, mehr und nachhaltiger als alle anderen potenziellen Gefahren. Dies sollte man sich bewusst machen, wenn man von den Gefahren der globalen Erwärmung spricht. Aber trotz dieser Einsichten fahren heute noch unzählige Tanker auf unseren Weltmeeren, die in keinster Weise als sicher bezeichnet werden können. Die regelmäßigen Unfälle mit stets verheerenden Folgen bestätigen dies. Aber es ist offensichtlich viel bequemer, eine abstrakte Temperaturveränderung zu beschuldigen (auf die man nur begrenzt und wenn überhaupt nur langfristig einwirken kann), als konsequent die Sicherheit der Öltanker und Chemietransporte sicherzustellen.

Grundsätzlich ist die Umweltsituation in der Karibik aber lange nicht so extrem wie an vielen Tauchplätzen Asiens oder Afrikas. Der amerikanische Einfluss ist groß, und entsprechend viel wird für den dort populären Umweltschutz unternommen. Große Gebiete sind Unterwasser-Schutzgebiete (z. B. Florida Keys, Bonaire, Saba) und auch anderenorts sind die Tauchbasen und ihre Mitarbeiter sehr engagiert und achten auf die Einhaltung der Tauchregeln.

Wer taucht, ist besonders verantwortlich für diese Naturräume. Tauchanfänger gehören nicht ins Riff und wenn, dann nur unter professioneller Aufsicht. Überall gibt es Sandflächen, die sich hervorragend für die Ausbildung neuer Taucher eignen. Ge-

*Eine Walfangstation auf der Insel Bequia in den Grenadinen. Sie wird nur selten genutzt.*

konntes Austarieren ist die Voraussetzung jedes Tauchgangs im Korallenriff! Und noch ein wichtiger Hinweis: Finger weg von allen Meerestieren! Die empfindlichen Lebewesen werden durch Berührungen extrem gestört. Mitgebrachten Müll, wie Plastikverpackungen oder Batterien, nimmt man selbsverständlich stets mit nach Hause, wo er korrekt entsorgt werden kann.

### Fischerei

Wie viele tropische Meere mit Korallenriffen, so ist auch die Karibik trotz des auf den ersten Eindruck extremen Fischreichtums ein eher nährstoffarmes Meer und hat somit eng begrenzte Ressourcen. Durch ortsübliche Küstenfischerei ist der Bestand an Meerestieren nicht gefährdet, aber durch die intensive Hochseefischerei, vor allem durch rücksichtslose Fangflotten. Mit ihren kilometerlangen Stellnetzen fangen sie alles, was in der Hochsee vorkommt, ohne auf die örtlichen Verhältnisse Rücksicht zu nehmen.

Die Ergebnisse können verheerend sein. Nur rigorose Fangbegrenzungen und klare Vorschriften für die Form des Fischfangs können hier helfen. Von vernünftigen Regelungen sind wir aber noch weit entfernt.

Wale dürfen in der Karibik nur von wenigen Inselstaaten gefangen werden (z.B. von Bequia in den Grenadines aus historischen Gründen). Der Fang ist aber auf Einzelexemplare begrenzt und somit von geringer Bedeutung für den Schutz dieser bedrohten Tiere.

*Ein „Shrimp-Boat“. An der Golfküste Floridas werden Unmengen von Garnelen gefangen.*

## Meeresfrüchte

Die karibische Küche ist sehr stark vom Meer beeinflusst. In vielen Restaurants und Hotels erhält man frischen Fisch, vor allem Vertreter der Makrelenartigen, z. B. Wahoo und Rainbow Runner, oder Klassiker wie Schwertfisch, Marlin u.Ä. Beliebt sind auch die verschiedenen Schnapper und selbst der Barrakuda ist ein hervorragender Speisefisch.

Häufig gegessen werden natürlich die Langusten, die in der Karibik noch recht häufig sind. Aber auch die kleineren Krebse, vor allem die allgegenwärtigen Shrimps, sind beliebt und werden in großen Mengen gegessen. Geradezu berühmt dafür ist Florida, wo auf den ausgedehnten Sandflächen des Golfs von Mexiko riesige Mengen dieser kleinen Crustaceen vorkommen. Die verschiedenen Vertreter der Schnecken und Muscheln sind ebenfalls Bestandteil der Speisekarten. Conchs, Mussels oder Clams werden sie genannt und zu allen möglichen Speisen verarbeitet. Selbst Austern erhält man in den Fischrestaurants Floridas (im Winter). In der eigentlichen Karibik ist es für die klassischen Austern zu warm.

# Wirbellose Tiere

# Schwämme (Porifera)

Es gibt keine Unterwasserregion auf dieser Erde, die so viele auffällige Schwammarten zu bieten hat wie die Karibik. Sie dominieren zusammen mit den Hornkorallen die meisten Korallenriffe in diesem Meeresteil in augenfälliger Weise. Vom kleinen Kalkschwamm über die vielen verschiedenen oft meterlangen Röhrenschwämme bis zu den manchmal riesigen Korbschwämmen gibt es sie hier in vielen Farben und unzähligen Formen.

Die Schwämme sind eine überaus vielgestaltige Gruppe von Tieren, deren Bestimmung trotz der Farbigkeit und den häufig skurrilen Formen oft große Schwierigkeiten bereitet. Es sind etwa 5000 Arten weltweit bekannt, die man in vier Klassen einteilt, wovon aber nur die *Calcispongiae* (Kalkschwämme) und die *Demospongiae* (Hornschwämme) von größerer Bedeutung sind. Selbst die Klasse *Calcispongiae* ist umstritten und wird heute oft zu den Hornschwämmen gestellt. Aufgrund der typischen Gestalt und der ungeklärten Einteilung soll sie in diesem Buch vorläufig erhalten bleiben.

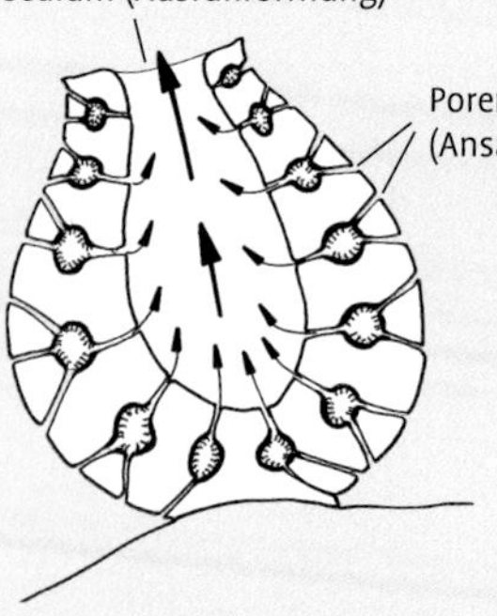


*Ein Schwamm im Querschnitt.*

Der Grundaufbau der Schwämme ist relativ einfach. Sie bestehen aus einem mit feinen Kanälen durchzogenen Gewebe. Alle diese Kanäle enden in einem Hohlraum, der nach außen durch eine mehr oder weniger große Öffnung (das so genannte Osculum) sichtbar ist. Durch die feinen Kanäle, nach außen nur als Poren sichtbar, wird Meerwasser eingestrudelt und filtriert. Die im Wasser vorhandenen Mikroorganismen (Bakterien, organische Partikel), die kleiner als 0,01 mm sein müssen, werden so als Nahrung verwertet. Dadurch stehen sie nicht in Konkurrenz mit anderen Planktonfressern, die solch winzige Nahrungspartikel nicht verwerten können.

Das überflüssige Wasser wird durch das Osculum wieder ausgestoßen. Auf diese Art und Weise schaffen es große Schwämme, bis zu 2000 l Wasser pro Tag zu filtrieren. Diese Untersuchungen wurden allerdings an Mittelmeerschwämmen durchgeführt. Für die teilweise erheblich größeren karibischen Schwämme kann man in vielen Fällen von noch beeindruckenderen Werten ausgehen. Schwämme sind also durchaus in der Lage, einen Beitrag zu den meist klaren Wasserverhältnissen der tropischen Meere zu leisten.

Die Vermehrung der Schwämme ist typisch für viele sessile, also festgewachsene Wirbellose im Riff. Wenn die Vermehrungszeit gekommen ist, werden Unmengen von Spermien aus den Schwammkolonien entlassen (oft als weiße Wolken sichtbar), die nun mit etwas Glück in einen anderen, artgleichen weiblichen Schwamm gelangen und dort die Eier befruchten können. Der größte Teil wird aber vorher von anderen Schwämmen und anderen Filtrierern gefressen. Die we-

*Badeschwämme bestehen aus dem Skelett von Hornschwämmen.*

nigen befruchteten Eier entwickeln sich zu Larven, die sich nach einer mehr oder weniger langen Planktonphase irgendwo im Riff festsetzen und unter günstigen Bedingungen zu neuen Schwammkolonien heranwachsen.

Gerade die oft skurril geformten karibischen Schwämme bieten einer Vielzahl von Lebewesen Unterschlupf oder Nahrung. So verkriechen sich kleine Krebse in den Höhlungen, bestimmte Krustenanemonen lassen sich teilweise überwachsen und Nacktschnecken fressen vom manchmal giftigen Schwammgewebe. Häufig sieht man auch Schlangensterne auf und in Schwämmen. Selbst Fische nutzen Schwämme als Unterschlupf oder Nachtlager.

Schwämme haben aber noch andere interessante Eigenschaften. Einige Arten sind giftig, was allerdings etliche Nacktschnecken nicht hindert, sie zu fressen. Auch einige wenige Fische fressen selbst giftige oder unangenehm schmeckende Schwämme. Sogar die Karettschildkröte ist ein „Schwammliebhaber" und macht keinen Unterschied bei der Giftigkeit ihrer Nahrung. Sie zerbeißt mit ihrem scharfen Knackgebiss sogar ganze Korallenbrocken, um an die darin befindlichen Bohrschwämme etc. zu kommen. Dennoch, ein Schutz gegen die meisten Fressfeinde ist so sichergestellt. Für den Menschen äußern sich solche Gifte unter Umständen fatal. Schon das Berühren mancher Schwämme kann tage- bis wochenlange Hautreizungen bis hin zu leichten Verätzungen hervorrufen. Ein weiterer Grund, Meerestiere nicht anzufassen.

Manche Arten verhindern das Überwachsen durch Algen und Wirbellose durch antibiotisch wirkende Schwammgifte, die hier eine Abwehrfunktion haben. Man hofft, solche Antibiotika vielleicht in Zukunft auch für den Menschen nutzen zu können. Andere Schwammarten lassen sich „absichtlich" überwachsen, was dann als Tarnung gegen Fressfeinde wirken soll. Wieder andere stinken unangenehm oder verfärben sich, was ebenfalls als Schutzwirkung gedacht sein dürfte.

Da Schwämme aufgrund des einfachen Körperbaus sehr vielgestaltig wachsen können – manche Arten können inkrustierend, röhrenförmig und kugelig geformt sein –, ist es meist schwer, sie eindeutig zu bestimmen. Einzig sicheres Bestimmungsmerkmal sind oft die kleinen Nädelchen (Spiculae), die in das Gewebe eingelagert und für jede Art charakteristisch geformt sind. Sie können aber nur in einem aufwendigen Verfahren iso-

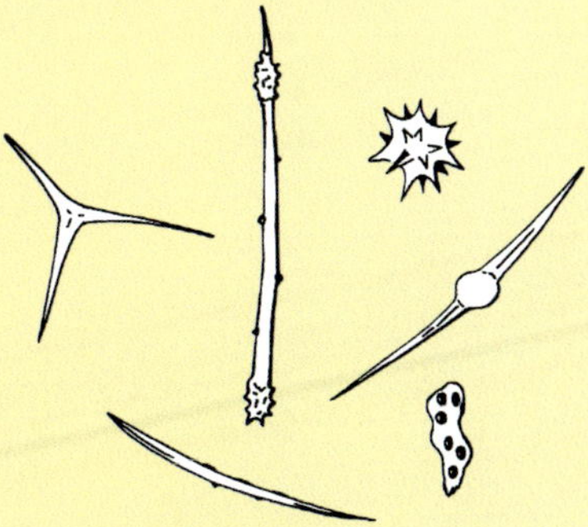

*Verschiedene Spiculae (Kalknadeln) von Schwämmen.*

liert werden. Für die Unterwasseridentifikation kann man sie also nicht heranziehen. Glücklicherweise gibt es aber etliche Arten, die typisch geformt oder gefärbt sind und die auch der Laie gut erkennen kann. Die vorliegende Auswahl soll vor allem die Vielgestaltigkeit und Farbenpracht dieser Tiergruppe verdeutlichen. Eine Haltung im Aquarium kommt bei nur sehr wenigen Schwämmen in Frage und wird daher bei den Beschreibungen der einzelnen Arten nicht extra erwähnt.

## Kalkschwämme (*Calcispongiae*)

Ihre Spiculae bestehen aus Calciumcarbonat ($CaCO_3$). Die Tiere sind meist klein, wenig farbig und einfach aufgebaut. In der Regel sind sie eher an lichtabgewandten Stellen, in Höhlen und unter Überhängen etc. zu finden und lange nicht so häufig wie die Vertreter der Demospongiae.

## Hornschwämme (*Demospongiae*)

Der Großteil der Schwämme, die man beim Schnorcheln oder Tauchen sieht, gehört zu den Hornschwämmen. Ihr Skelett besteht aus Spiculae, die aus Kieselsäure bestehen, und zusätzlich oft aus Sponginfasern, die aus einer kollagenähnlichen Substanz geformt sind. Dieses Spongin kennt man vom Badeschwamm, dessen Skelett durch diese Substanz elastisch ist. In der Nähe von St. Petersburg in Florida ließen sich um die Jahrhundertwende auch griechische Schwammtaucher nieder, die hier ihren traditionsreichen Beruf durch das reiche Vorkommen von geeigneten Schwämmen erfolgreich weiter ausüben konnten. Da Schwämme sehr langsam wachsen, war der „Goldrausch“ der Schwammtaucher bald vorbei. Heute ist das Schwammtauchen aus Naturschutzgründen an vielen Stellen verboten. Um einen Badeschwamm herzustellen, werden die abgeernteten Schwammkolonien so lange der Sonne ausgesetzt, bis das lebende Gewebe völlig abgestorben ist. Durch mehrfaches Auswaschen wird der Schwamm bzw. das übriggebliebene Skelett weich und geschmeidig. Da echte Badeschwämme inzwischen sehr teuer geworden sind, greift man heute meist auf Ersatzprodukte aus Kunststoff zurück.

## *Clathrina canariensis*

### Gelber Kalkschwamm, Yellow Calcareous Sponge

Klasse Calcispongiae

**Merkmale:** Die Art ist auffällig leuchtend gelb bis zitronengelb, gut sichtbare Poren sind über den ganzen Schwamm verteilt, oft mit ineinander verschlungenen, aber noch erkennbaren Röhren, an deren Ende meist ein Osculum sitzt. Sie werden bis 10 cm groß.

**Verwechslung:** Es gibt eine weiß gefärbte, sonst ähnlich aussehende Art, die aber bislang nicht eindeutig identifiziert ist. Möglicherweise handelt es sich um eine Farbvariante derselben Art. Früher wurde die Art in die Gattung *Leucosolenia* eingeordnet.

**Lebensraum:** Man findet die beschriebene Art unter Überhängen, in Spalten und Höhlen, stets im Schatten. Sie kommt von 5 bis 25 m Tiefe vor. Andere Kalkschwämme, vor allem die blass gefärbten Arten, sind auch noch tiefer zu finden.

**Besonderheiten:** Diese Schwämme meiden Stellen mit starker Strömung. Die Art wurde zuerst auf den Kanarischen Inseln entdeckt, daher der Artname *canariensis*. Sie kommt also überall in warmen Meeren vor.

## *Pseudoceratina crassa*

### Verzweigter Röhrenschwamm, Branching Tube Sponge

Klasse Demospongiae

**Merkmale:** Dieser Schwamm ist ein typisches Beispiel für die Farbvariationen, die es bei Schwämmen gibt. Von grau über gelb und orange bis lila kommen alle Varianten vor. Allen ist aber eines gemeinsam: Aus einer kräftigen Basis ragen miteinander verwachsene, bis zu 50 cm hohe, dicht mit kleinen Warzen besetzte Röhren empor. Die Öffnungen am Ende dieser Röhren sind zumindest innen meist gelblich gefärbt.

**Verwechslung:** Man achte vor allem auf die Farbe der Öffnungen und auf die Außenstruktur, da es etliche ähnliche Arten gibt.

**Lebensraum:** Der Verzweigte Röhrenschwamm kommt im Riff oder auf Sandflächen, dann aber auf abgestorbenen Korallen und Felsbrocken von 5 bis 25 m Tiefe vor.

**Besonderheiten:** Wie bei allen Röhrenschwämmen leben auch hier häufig kleine Wirbellose in den Röhren. Dazu gehören zum Beispiel Knallkrebse, Schlangensterne, aber auch Fische der Gattung *Gobiosoma*. Eine solche Schwammkolonie wie auf dem Foto abgebildet kann mehrere Dutzend Tiere verschiedener Arten beherbergen.

## *Verongia longissima*

### Verzweigter Röhrenschwamm, Branching Tube Sponge

Klasse Demospongiae

**Merkmale:** Typisch sind die miteinander verwachsenen, teils sich verzweigenden Röhren, die nur wenige cm Durchmesser haben. Die Grundfarbe ist gelb bis graubraun, oft ist die Kolonie aber von Algen oder Sediment so verschmutzt, dass man diese Farbe kaum erkennt. Bis 60 cm Durchmesser werden erreicht.

**Lebensraum:** Die Art kommt von 15 bis 25 m Tiefe vor. Oft sieht man den Schwamm in abgestorbenen Bereichen des Riffs, wo er tote Steinkorallen als Substrat benutzt.

**Besonderheiten:** Schwämme sind oft die ersten Besiedler von abgestorbenen Korallenriffen. Damit leisten sie einen wichtigen Beitrag zur Neubesiedlung von geschädigten Riffen.

*Eine weitere, unbestimmte Verongia-Art.*

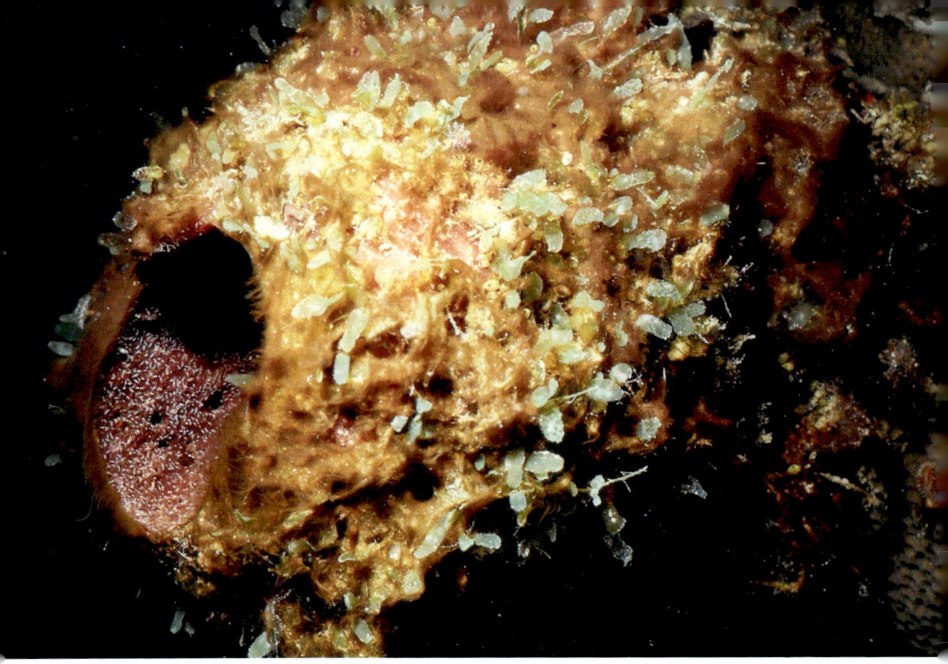

## *Oceanapia bartschi*

**Rauher Röhrenschwamm, Rough Tube Sponge**

Klasse Demospongiae

**Merkmale:** Dieser eigentlich bräunlich gefärbte Schwamm ist stets von anderen Lebewesen überwachsen und variiert daher in der Farbe je nach Bewuchs. Typisch ist aber die rötlich braune Färbung der Innenseite des Osculums. Es ist stets nur eine kräftige Röhre vorhanden, die bis zu 1 m lang werden kann.

**Lebensraum:** Man findet diesen Schwamm stets seitlich im Riff an Korallen festgewachsen, häufig sogar an Überhängen im Schatten lebend. Er kommt nie auf Sandgrund vor. Die Art ist von 20 bis 40 m Tiefe zu finden.

**Besonderheiten:** Es handelt sich um einen der wenigen Schwämme, der sich von anderen Organismen fast ganz überwuchern lässt. Die meisten Schwämme wehren sich durch bestimmte giftige Substanzen gegen solche Epibionten. Die weißen Pünktchen, die auf dem Foto an der Röhreninnenseite zu erkennen sind, stammen von winzigen weiß gefärbten Borstenwürmern (*Haplosyllis* sp.) und sind auf Schwämmen öfter zu finden. Sie sind Parasiten und zapfen einzelne Schwammzellen an, aus denen sie Nährstoffe entnehmen. Ob sie dem Schwammwirt damit nachhaltig schaden, ist unbekannt.

## *Aplysina lacunosa*

### Großer Röhrenschwamm, Convoluted Barrel Sponge

Klasse Demospongiae

**Merkmale:** Unübersehbar sind die bis zu 2 m langen, dünnwandigen Röhren dieses Schwammes. Meist wachsen mehrere, verschieden lange, bläulich, lila, bräunlich oder hellgrau gefärbte Röhren aus der kaum sichtbaren Basis. Die Oberfläche der Röhren ist mit kleinen flachen Warzen bedeckt. Innen sind die Röhren meist hell cremefarben.
**Verwechslung:** *A. archeri* ist sehr ähnlich gefärbt, aber außen glatt oder nur wellig. *Aplysina fistularis* ist stets gelb oder orange gefärbt.
**Lebensraum:** Die Art ist ab etwa 20 m bis 30 m Tiefe zu finden. Sie ist stets am Riff oder an anderen harten Untergründen verwachsen; auch häufig auf Teilen von Schiffswracks.
**Besonderheiten:** Der Große Röhrenschwamm ist idealer Unterschlupf für eine Vielzahl von Kleinlebewesen. Vor allem Fische der Gattung *Gobiosoma* leben regelmäßig in den Röhren. Manche *Gobiosoma*-Arten sind auf bestimmte Schwammarten spezialisiert. Diese und die folgenden Arten der Gattung *Aplysina* wurden früher in die Gattung *Verongia* eingeordnet.

## *Aplysina archeri*
### Violetter Röhrenschwamm, Stove-Pipe Sponge

Klasse Demospongiae

**Merkmale:** Dieser Schwamm ist der vorigen Art sehr ähnlich, aber außen glatt, höchstens wellig, und innen oft in der Außenfarbe gefärbt oder nur etwas heller. Er wird bis 2 m groß.
**Verwechslung:** Siehe vorherige Art. *Aplysina lacunosa* ist bläulich bis graugrün gefärbt, meist leicht mit Epibionten überwachsen und kommt erst ab etwa 20 m vor. Die beiden Arten werden auch in der vorhandenen Literatur oft verwechselt.
**Lebensraum:** Diese Art kommt auf Steilriffen, Wracks etc. ab etwa 20 m Tiefe vor.
**Besonderheiten:** Wie in vielen Röhren- und Korbschwämmen halten sich auch hier gerne kleine Schleimfische und Grundeln sowie andere Kleinfische und Wirbellose auf.

## *Aplysina fistularis*
### Gelber Röhrenschwamm, Yellow Tube Sponge

Klasse Demospongiae

**Merkmale:** Die bis zu 1,20 m langen, oft von groben Warzen bedeckten Röhren sind gelb oder orange gefärbt und an der Basis miteinander verwachsen. Im Flachwasser können die Röhren kürzer sein und neigen hier zu Auswüchsen am oberen Röhrenende. Im tieferen Wasser sind die Röhren länger und gleichmäßiger geformt.
**Verwechslung:** Siehe vorherige Art.
**Lebensraum:** Der Schwamm ist von 5 bis 35 m Tiefe auf festem Untergrund zu finden.
**Besonderheiten:** Bei unvorsichtiger Berührung sondert der Schwamm eine lila Flüssigkeit ab, welche die Haut (oder den Tauchanzug) verfärben kann.

## *Aplysina gigantea*

**Großer Verongia, Giant Verongia**

Klasse Demospongiae

**Merkmale:** Eine oder mehrere kräftige Röhren, die miteinander an der Basis und bis zur Hälfte verwachsen sein können. Die Außenfarbe ist gelb, wobei die dicken Warzen oder Wellen grünbraun bis graubraun gefärbt sind, da sie oft mit Algen überwachsen sind. Die Innenseite der Röhren ist gelb. Eine Größe bis 80 cm und mehr ist möglich.

**Verwechslung:** *Aplysina fistularis* ist stets auch außen kräftig gelb gefärbt. *Aplysina lacunosa* ist eher bläulich bis graugrün gefärbt und meist leicht mit Epibionten überwachsen und kommt erst ab etwa 20 m vor. Beide Arten werden auch in der vorhandenen Literatur oft verwechselt.

**Lebensraum:** Diese Art kommt ab 15 m bis 50 m auf festem Untergrund vor.

**Besonderheiten:** Exemplare wie das auf dem Foto können bis zu 100 Jahre alt sein, da viele Schwämme sehr langsam wachsen.

Wie viele Schwämme des tieferen Korallenriffs benötigt auch *A. gigantea* klares und sauberes Wasser. Oft leben unzählige Schwammwürmer (*Haplosyllis* sp.) auf der Innenseite der Röhren dieses Schwammes. In den Röhren findet man fast immer Grundeln der Gattung *Gobiosoma*, die an der Öffnung sitzen und sich erst bei Annähern durch Tauchern in die Röhren selbst flüchten.

Mit zunehmender Tiefe erscheint die gelbe Färbung des Großen Verongia wie üblich grünlich. Dies ist aber auch noch in größerer Tiefe der Fall, was auf fluoreszierende Farbpigmente des Schwammes zurückgeführt wird. Normalerweise müsste dieser Schwamm ab etwa 30 m Tiefe eher blau erscheinen.

## *Agelas wiedenmyeri*

### Schokoladen-Röhrenschwamm, Brown Clustered Tube Sponge

Klasse Demospongiae (Großes Bild)

**Merkmale:** Typisch sind die gedrängt stehenden, aus einer eher breiten Basis wachsenden kurzen, am Osculum oft eingedellten Röhren. Die Grundfarbe schokoladenbraun ist arttypisch. Die Oberfläche der Kolonie ist glatt und nur gering mit Epibionten bewachsen.
**Verwechslung:** *A. schmidti* hat deutlicher ausgeprägte Röhren. Möglicherweise handelt es sich aber hier um ein Synonym. Die Gattung wird in manchen älteren Werken auch *Agelus* genannt.
**Lebensraum:** Die Art kommt eher an lichtabgewandten Stellen, wie am Fuß größerer Korallenstöcke, an der Öffnung von Spalten oder unter Überhängen etc. in 5 bis 25 m Tiefe vor.

## *Agelas conifera*

### Brauner Röhrenschwamm, Brown Tube Sponge

Klasse Demospongiae (Kleines Bild)

**Merkmale:** Die Grundform besteht aus Röhren, die aus einer Basis hervortreten, aber stets mehr oder weniger miteinander verwachsen sind. Diese Grundform kann so stark variieren, dass manche Kolonien regelrechte Äste bilden, an denen man die Röhrenform nur noch an den endständigen Oscula erkennen kann. Die Farbe variiert von graubraun bis mittelbraun. Der Schwamm wird bis 1 m hoch.
**Verwechslung:** Es sind mehrere ähnlich gefärbte Arten vorhanden.
**Lebensraum:** Von 10 bis 40 m Tiefe.
**Besonderheiten:** Wie bei einigen Schwammarten findet man auch hier Krustenanemonen der Arten *Parazoanthus parasiticus*, *P. swiftii* und *P. puertoricense*, die sich oft in großer Zahl in die Oberfläche des Schwammes einbetten.

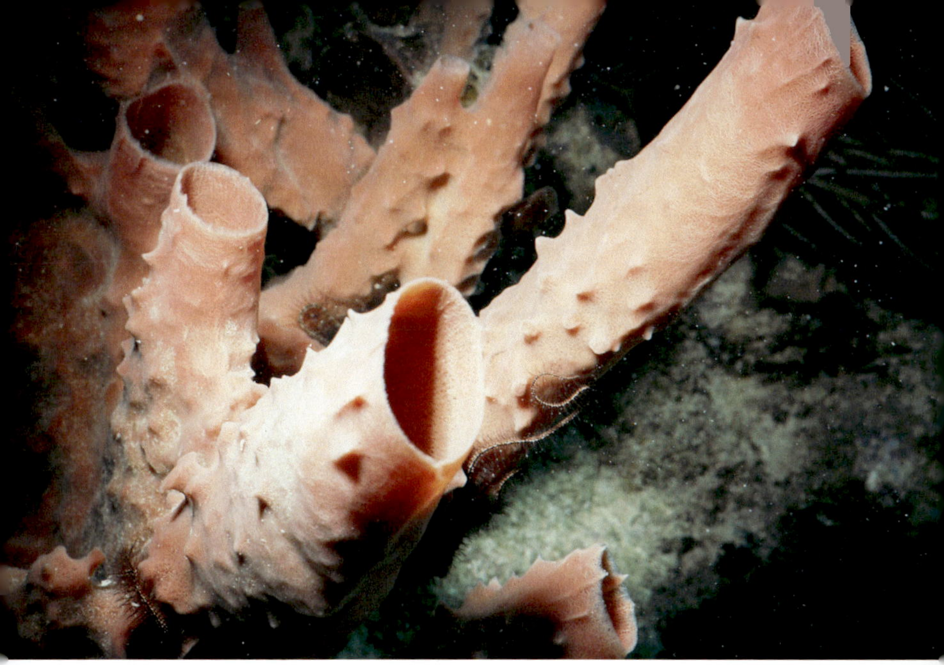

## *Callyspongia vaginalis*

### Ästiger Vasenschwamm, Branching Vase Sponge

Klasse Demospongiae

**Merkmale:** Typisch sind mehrere feste, oft miteinander verwachsene Röhren, die meist dicht mit zapfenartigen Auswüchsen bedeckt sind. Die Farbe ist sehr variabel: Die Schwämme sind von helllila über grau bis grüngrau gefärbt. Der Rand der Öffnung ist manchmal glatt (ganzrandig), oft aber auch mit an den Außenseiten vorhandenen Zapfen besetzt und wirkt dadurch gesägt. Der Ästige Vasenschwamm wird bis 70 cm hoch.

**Verwechslung:** Die Art kann durch ihre Vielgestaltigkeit leicht mit ähnlichen Schwämmen verwechselt werden. Am ehesten mit den folgenden Arten *Callyspongia plicifera* und *Niphates digitalis*, die aber sowohl von der Oberflächenstruktur als auch von der Wuchsform her betrachtet bei genauerer Untersuchung gut unterscheidbar sind.

**Lebensraum:** Der Schwamm lebt auf und zwischen Korallen von 5 bis in 20 m Tiefe.

**Besonderheiten:** In strömungsreichen Gebieten verwachsen die Röhren häufig zu Gruppen, die dann im Extremfall wie ein flacher Fächer aussehen können. Manche Kaiserfische ernähren sich teilweise vom Gewebe dieser Schwämme. Das Gewebe dieser Schwammart ist eher weich und sehr biegsam. Sie kann daher in der Strömung hin- und herwiegen.

## *Callyspongia plicifera*

### Irisierender Vasenschwamm, Azure Vase Sponge

Klasse Demospongiae

**Merkmale:** Der Irisierende Vasenschwamm bildet auffällige, eher taschenförmige Röhren mit weiter Öffnung. Die Außenwand ist fest und mit wellen- oder wabenförmigen Graten modelliert. Der Osculumrand ist schwach gesägt bis teilweise glatt. Die Färbung ist Artmerkmal und reicht von kräftig rosa bis blasslila irisierend. Der Schwamm wird bis 50 cm groß, seltener sieht man ihn zu mehreren zusammenstehend.

**Verwechslung:** *Nyphates digitalis* kommt ebenfalls in dieser Farbe vor. Er ist dann nur durch die eher siebartig modellierte Oberfläche zu unterscheiden. Er bleibt außerdem etwas kleiner. Abgestorbene Exemplare verfärben sich beige mit dunklem Rand.

**Lebensraum:** Die Art kommt zwischen Korallen in 5 bis 25 m Tiefe vor.

**Besonderheiten:** Auf und im Schwamm findet man besonders häufig den Schlangenstern *Ophiothrix suensonii*, aber auch der Haarstern *Nemaster rubiginosa* hält sich hier auf. Selbst die Spinnenkrabbe *Stenorhynchus seticornis* verbirgt sich gerne in der Höhlung solcher Schwämme.

*In diesem abgestorbenen Vasenschwamm lebt die Garnele Lysmata wurdemanni.*

## *Niphates digitalis*

### Vielfarbiger Vasenschwamm, Pink Vase Sponge

Klasse Demospongiae

**Merkmale:** Dies ist ein meist einzeln stehender, vasenförmiger Schwamm mit großer Öffnung. Der Rand der Öffnung ist in der Regel kräftig gezähnt. Die Außenseite sieht porös aus und ist mit feinen, netzartig strukturierten Warzen bedeckt. Die Farbe variiert von graugrün über blau bis rosa oder blasslila. Die Art wird bis 30 cm groß.

**Verwechslung:** Diese Art ist leicht verwechselbar mit der vorigen Art, da von beiden Vasenschwämmen oft untypische Exemplare vorkommen.

**Lebensraum:** Das Vorkommen ist wie bei der vorigen Art; die Tiefenverbreitung liegt bei 8 bis 25 m.

**Besonderheiten:** Diese Art wird gelegentlich von Schwamm-Krustenanemonen besetzt (*Parazoanthus* sp.).

## *Cribrochalina vasculum*

### Brauner Korbschwamm, Brown Bowl Sponge

Klasse Demospongiae

**Merkmale:** Dies ist ein typischer Korbschwamm, dessen Korbform aber nicht immer so deutlich ausgeprägt wie in der Abbildung ist. Er ist schokoladenbraun ohne auffällige Auswüchse oder Strukturen. Lediglich die Innenseite ist quer wellenförmig skulpturiert.

**Verwechslung:** Ähnliche Arten haben stets eine warzige oder anders skulpturierte Außenhaut.

**Lebensraum:** Die Art ist an Korallenriffen in 10 bis 30 m Tiefe zu finden.

**Besonderheiten:** Die an sich glatte Oberfläche fühlt sich sandpapierartig an.

## *Xestospongia muta*

**Großer Korbschwamm, Giant Barrel Sponge**

Klasse Demospongiae

**Merkmale:** Dieser riesige Korbschwamm fällt durch seine meist fassartige Form und die stark vertikal skulpturierte Oberfläche auf. Der Rand der Öffnung ist oft grob gesägt. Das Gewebe ist sehr hart, die Färbung beschränkt sich auf Brauntöne. Diese Art wird bis 1,8 m hoch.

**Verwechslung:** Allein durch die Größe ist dieser Schwamm kaum zu verwechseln. Die Korbform kann aber stark variieren.

**Lebensraum:** Der Große Korbschwamm lebt ab 15 bis 40 m Tiefe. Die größten Exemplare kommen eher an der unteren Verbreitungsgrenze vor.

**Besonderheiten:** Selbst größere Fische nutzen solche Schwämme gerne als Unterstand. Trotz ihrer Festigkeit kann man diese Schwämme leicht beschädigen. Anfassen ist also untersagt.

## *Ircinia campana*

**Stinkender Vasenschwamm, Stinker Sponge**

Klasse Demospongiae

**Merkmale:** Typisch ist die Trichterform mit großer Öffnung, die im Durchmesser die Höhe des Schwammes erreichen kann. Die Außenseite ist braun bis rotbraun mit zahlreichen kleinen Warzen, die Innenseite heller. Die Art erreicht bis über 60 cm Durchmesser.

**Verwechslung:** Die Trichterform ist arttypisch. Allerdings können andere, sehr variable Korbschwämme manchmal ähnliche Formen annehmen.

**Lebensraum:** Die Art kommt bereits im flachen Wasser bis in etwa 30 m Tiefe vor.

**Besonderheiten:** Im Inneren des Trichters wachsen manchmal sogar Steinkorallen, Hydrozoenstöcke oder andere Schwämme. An die Luft gebracht, riecht dieser Schwamm unangenehm; daher die deutsche Artbezeichnung.

## *Ircinia strobolina*

**Schwarzer Ballschwamm, Black Ball Sponge**

Klasse Demospongiae

**Merkmale:** Der bis zu fußballgroße Schwamm ist dunkelbraun bis schwarz gefärbt, dicht mit an der Spitze durch Sandablagerungen weiß erscheinenden-Warzen besetzt und weist an der leicht eingedellten Oberseite in Gruppen angeordnete, ca. 0,5 cm große Löcher (Oscula) auf. Seine Oberfläche ist weich. Die Wuchsform kann seltener auch kissenförmig sein.

**Verwechslung:** Verblüffend ähnlich sieht die Art *Spheciospongia vesparium* aus, die aber eine harte, zudem nicht von Warzen bedeckte, sondern unregelmäßig gewellte Oberfläche hat, die häufig von Sediment verschmutzt oder von Algen bewachsen ist.

**Lebensraum:** Diese Art lebt im Flachwasser ab 5 m Tiefe bis 25 m. Man entdeckt sie häufig im vollen Licht stehend.

**Besonderheiten:** Der Schwarze Ballschwamm riecht übel, wenn er an die Luft gelangt. Man weiß von vielen Schwämmen, dass sie Stoffe produzieren können, die verhindern, dass sich Aufwuchs auf ihnen festsetzt. Andere Schwämme nutzen gezielt Aufwuchs als Tarnung. Durch die große Vielfalt der Schwämme hat die Wissenschaft hier ein großes Reservoir an Naturstoffen zur Verfügung, die derzeit nach und nach erforscht und isoliert werden, um ihre Eignung für Arzneimittel etc. zu testen.

## *Tedania* sp.

### Feuerschwamm, Fire Sponge

Klasse Demospongiae

**Merkmale:** Dieser unscheinbare, braun bis orange gefärbte Schwamm bildet unregelmäßige Kolonien, die nur gelegentlich die dann erhabenen Oscula hervortreten lassen. Er erreicht bis 30 cm Größe.

**Verwechslung:** Durch die unregelmäßige Wuchsform ist die Art nur schwer zu bestimmen. Möglicherweise handelt es sich bei der abgebildeten Art um *T. ignis*.

**Lebensraum:** Im Flachwasser von Lagunen und Buchten, vor allem zwischen Seegras oder Algen, auch zwischen Mangrovenwurzeln ist der Feuerschwamm zu finden.

**Besonderheiten:** Wie der Name schon andeutet, kann man sich bei Berührung mit diesem Schwamm starke Hautreizungen zuziehen, die manchmal tagelang anhalten.

## *Ectyoplasia ferox*

### Brauner Krustenschwamm, Brown Encrusting Octopus Sponge

Klasse Demospongiae

**Merkmale:** Die Normalform wächst in flachen, enkrustierenden Kolonien mit zahlreichen, in einem Osculum endenden Kegeln oder Röhren. Die Lippe am Osculum ist meist heller gefärbt, die Grundfarbe ist rotbraun bis braun. Häufig überwuchert die Art aber Gorgonien und nimmt dann deren ästige Form an. Wird bis 40 cm groß.

**Verwechslung:** Die ästige Form kann mit *Aplysina fulva* verwechselt werden. Deren Oscula sind aber vertieft, bei *E. ferox* sind diese stets erhaben. *Hemectyon ferox* ist ein Synonym dieser Art.

**Lebensraum:** Man findet die Art meist häufiger auf abgestorbenen Riffteilen.

**Besonderheiten:** Ebenfalls giftig, kann Hautreizungen verursachen.

## *Ulosa ruetzleri*
### Orangefarbener Netzschwamm, Orange Lumpy Encrusting Sponge
Klasse Demospongiae

**Merkmale:** Typisch für diesen Schwamm sind die wabenartig angeordneten Oscula mit erhabenen, meist durchsichtigen bis weißen Ausfuhröffnungen und die ebenfalls fein-wabenartige Struktur des Gewebes. Die Färbung ist stets gelb bis hellorange. Der Schwamm wird bis 25 cm groß.
**Verwechslung:** Eine Verwechslung ist eventuell mit *Mycale laevis* möglich, da er, aber eher selten, auch lebende Korallen am Rande umwachsen kann. *Ulosa hispida* soll kaum von dieser Art zu unterscheiden sein.
**Lebensraum:** Auf abgestorbenen Korallen und anderem festem Untergrund, auch auf Mangrovenwurzeln (Rote Mangrove, *Rhizophora mangle*) sieht man diesen Schwamm von 5 bis in 25 m Tiefe.

## *Agelas clathrodes*
### Elefantenohr-Schwamm, Orange Elephant Ear Sponge
Klasse Demospongiae

**Merkmale:** Dies ist ein auffällig großer, orangerot bis ziegelrot gefärbter Schwamm, der in verschiedenen Wuchsformen vorkommt. Große, ohrenförmige Kolonien sind typisch, aber auch flache, eher enkrustierende oder mehrfach gelappte Exemplare kommen vor. Die Oberfläche ist rau, wellig und unregelmäßig skulpturiert, die Oscula sind unauffällig eingestreut. Die Art wird bis 1,8 m hoch.
**Verwechslung:** Kaum möglich.
**Lebensraum:** Dieser Schwamm kommt ab 15 m Tiefe bis in 40 m und mehr vor.
**Besonderheiten:** Die Art liebt strömungsreiche, ausgesetzte Riffteile. Häufig ist sie, vor allem am Fuß, mit Epibionten bewachsen. Oft halten sich Haarsterne (*Nemaster grandis*) auf den Schwämmen fest, um Plankton zu fischen.

## *Mycale laevis*

**Gelber Korallenschwamm, Orange Icing Sponge**

Klasse Demospongiae

**Merkmale:** Dieser Schwamm ist stets goldgelb gefärbt, hat eine raue Oberfläche mit unterschiedlich großen Poren und erhabenen Oscula, die in einer durchsichtigen, am Rande leicht gezackten Röhre enden. Die Art erreicht bis 50 cm Durchmesser.

**Verwechslung:** Die beschriebene Art kann mit Bohrschwämmen verwechselt werden, da manchmal nur die Öffnungen sichtbar sind. Siehe *Cliona delitrix*.

**Lebensraum:** Der Gelbe Korallenschwamm kommt stets zusammen mit Steinkorallen vor und ist bis in 30 m Tiefe zu finden.

**Besonderheiten:** Dieser Schwamm hat die Eigenart, die Unterseite und die Ränder von Korallen völlig zu überwachsen. Er scheint dadurch der Koralle nicht zu schaden, sondern sie eher vor Bohrschwämmen und anderen Parasiten zu schützen. Die Korallen passen sich meist an das Wachstum des Schwammes an und verändern dadurch oft ihre typische Form. Häufig werden *Porites*-Arten sowie *Montastrea cavernosa* und *M. annularis* befallen.

## *Cliona delitrix*

### Roter Bohrschwamm, Red Boring Sponge

Klasse Demospongiae

**Merkmale:** Auf Steinkorallen findet man auffällig warzenartig strukturierte, leuchtend orangerote Flächen. Die unregelmäßig verteilten Oscula sind röhrenförmig erhaben. Bis 30 cm des Schwammes sind äußerlich sichtbar.

**Verwechslung:** *Mycale laevis* sieht ähnlich aus, hat aber keine warzenartige Oberfläche und ist stets heller gelb gefärbt. Auffällig ist der Gelbe Bohrschwamm, *Siphodictyon coralliphagum*, der lediglich an den gelben, röhrenartigen Oscula, die aus der betroffenen Koralle ragen, erkennbar ist.

**Lebensraum:** Der Rote Bohrschwamm kommt auf und in Steinkorallen von 5 bis 30 m Tiefe vor.

**Besonderheiten:** Dies ist ein typischer Bohrschwamm, der die einmal befallenen Steinkorallen mit der Zeit von innen heraus zerstört. Er löst den Korallenkalk mit einer säureartigen Substanz. Diese Art wird häufig zusätzlich von *Parazoanthus parasiticus* und *Ophiothrix suensonii* bewohnt. Um zu verhindern, dass die Schwammteile, die auf der Koralle wachsen, von dieser wieder überwuchert werden, sondert der Schwamm wachstumshemmende Substanzen ab.

## *Clathria* sp.

### Grauer Krustenschwamm, Peach Encrusting Sponge

Klasse Demospongiae

**Merkmale:** Typisch für diese Gruppe enkrustierend wachsender Schwämme sind die sternförmig auf das Osculum zulaufenden, deutlich auffallenden Kanäle. Dazwischen findet man eine deutlich ausgeprägte Perforierung (Poren). Die Farbe ist bei den einzelnen Arten der Gattung oft sehr variabel.

**Verwechslung:** Die Art ist mit ähnlichen Schwämmen der Gattungen *Halisarca* (siehe Foto rechts unten) oder enkrustierenden *Rhaphidophlus*-Arten verwechselbar. Man achte besonders auf die Anordnung der Kanäle und Poren, nur bedingt auf die Färbung. Die beschriebene Art erreicht bis 25 cm Durchmesser.

**Lebensraum:** Dieser Schwamm lebt auf abgestorbenen Korallen und anderem Hartsubstrat. Meist kommt er an geschützten Stellen, unter Steinen oder in Höhlungen vor, wo das Sonnenlicht nicht direkt hingelangt.

**Besonderheiten:** Auf Grund der Bestimmungsschwierigkeiten ist eine eindeutige Zuordnung bei vielen inkrustierenden Schwämmen besonders schwierig.

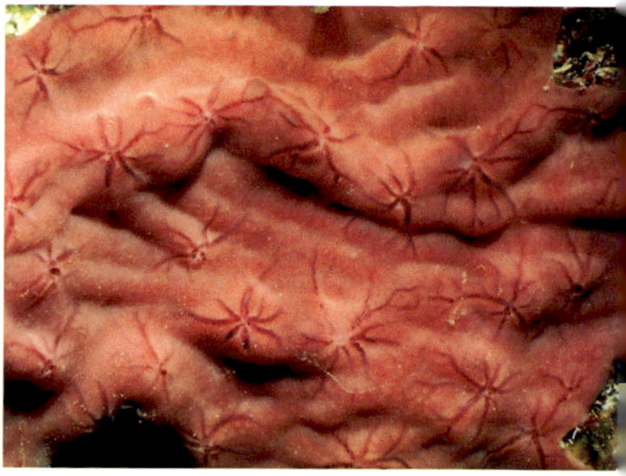

## *Rhaphidophlus juniperinus*
**Ziegelroter Geweihschwamm, Thin Rope Sponge**

Klasse Demospongiae

**Merkmale:** Charakteristisch sind fingerdünne, oft wirr wachsende Äste mit zwischen kleinen Warzen unregelmäßig angeordneten Oscula. Die Färbung variiert nur gering von rot über ziegelrot bis rosa.
**Verwechslung:** Siehe vorherige Arten.
**Lebensraum:** Häufig ist dieser Geweihschwamm auf Steilwänden oder tieferliegenden Riffdächern ab 8 m bis 30 m Tiefe zu finden.
**Besonderheiten:** Die Art wird sehr oft von der Goldgelben Schwamm-Krustenanemone *Parazoanthus swiftii* besiedelt. Dennoch wird sie von einer großen Zahl von Fischen gefressen.

## *Iotrochata birotulata*
**Grüner Fingerschwamm, Green Finger Sponge**

Klasse Demospongiae

**Merkmale:** Die unregelmäßig verzweigten Arme dieses Schwammes sind graugrün gefärbt, sehr unregelmäßig geformt und oft warzig oder wellig strukturiert. Die Oscula fallen daher kaum auf, obwohl sie teilweise erhaben sind. Die Art wird bis 40 cm groß.
**Verwechslung:** Andere Fingerschwammarten können dann ähnlich aussehen, wenn sie ebenfalls dicht mit *Parazoanthus swiftii* überwachsen sind.
**Lebensraum:** Der Grüne Fingerschwamm ist auf Korallenstöcken oder sogar an Steilwänden, fast immer an Korallenblöcken festgewachsen. Er kommt ab 5 m bis 25 m Tiefe vor.
**Besonderheiten:** Dieser Schwamm ist fast immer dicht mit *Parazoanthus swiftii* bewachsen.

## *Amphimedon compressa*

### Aufrechter Geweihschwamm, Erect Rope Sponge

Klasse Demospongiae

**Merkmale:** Dieser stets mit mehr oder weniger geraden Ästen und eher aufrecht wachsende Schwamm fällt durch die meist feuerrote Färbung auf. Es gibt aber auch braune und fleischfarbene Varianten. Die Oscula sind unregelmäßig verteilt und besitzen keine dünne Lippe. Die Oberfläche der Kolonien ist rau und faserig strukturiert.

**Verwechslung:** Die Art ist leicht verwechselbar mit anderen roten Geweihschwämmen, z. B. *Aplysina cauliformis* (Oscula in Reihen angeordnet, siehe Foto Seite 43 rechts), *Aplysina fulva* (Oscula mit dünner, meist heller gefärbter Lippe und unregelmäßig angeordnet). Als Synonym wird *Haliclona rubens* verwendet.

**Lebensraum:** Diese Art kommt auf dem Riffdach oder an abfallenden Riffwänden vor.

**Besonderheiten:** Nicht immer ist die steil aufragende Wuchsform typisch. Je nach Strömung etc. ragen die Verzweigungen auch seitlich oder schräg nach oben. Die rote Farbe färbt bei Berührung ab! Taucher, die sich unvorsichtig oder rücksichtslos verhalten, erkennt man an solchen Flecken auf dem Tauchanzug.

### *Aplysina fulva*

**Vielfarbiger Geweihschwamm, Scattered Pore Rope Sponge**

Klasse Demospongiae

**Merkmale:** Diese Art zeigt häufig wild durcheinander wachsende, manchmal auch steil aufragende finger- bis daumendicke Verzweigungen. Die Oscula zeigen unregelmäßig verteilte, typischerweise aber mit einer hellen bis gelben Lippe ausgestattete Oscula. Die Farbe variiert von braun über Grüntöne bis rot. Die Oberfläche ist eher glatt.

**Verwechslung:** Bei *A. cauliformis* (siehe Foto rechts) sind die Oscula in Reihen angeordnet. Sonst ähneln sich die beiden Arten aber stark.

**Lebensraum:** Die Art kommt ab 5 m, meist aber tiefer vor. Sie ist vor allem an Riffabhängen und -wänden zu finden.

### *Aplysina cauliformis*

**Reihenporiger Geweihschwamm, Branched Rope Sponge**

Klasse Demospongiae

**Merkmale:** Im Gegensatz zu *A. fulva* sind die Oscula in Reihen angeordnet. Die Wuchsform ist aber sehr ähnlich und variiert je nach Standort und Strömung. Auch hier ist die Färbung sehr variabel. Tiefrot, violett oder hellblau kommen nebeneinander vor.

**Verwechslung:** Die Oscula sind hier immer in Reihen angeordnet (vgl. *A. fulva*).

**Lebensraum:** Vom flachen Wasser ab etwa 10 m bis in 40 m Tiefe.

# Nesseltiere (Cnidaria), Rippenquallen (Ctenophora)

Früher ordnete man die Nesseltiere in die Ordnung Hohltiere ein, zu denen noch die Rippenquallen (Ctenophora) gehörten. Heute werden beide getrennt behandelt. Obwohl letztere durchaus auch am Korallenriff vorkommen, sind sie normalerweise Tiere der Hochsee (siehe *Ocryopsis maculata,* Seite 107). Nur die Gattung *Coeloplana*, kleine, festsitzende Rippenquallen, findet man häufig auf verschiedenen Lederkorallen oder auf den Stacheln von Seeigeln. Sie bestehen aus einem weißlichen, unscheinbaren Körper, der auf der Koralle festsitzt, und aus langen, fadenartigen Tentakeln, die in der Strömung treiben und dort Plankton fangen. Da sie eher unscheinbar sind, werden sie leicht übersehen und sollen daher hier nicht weiter beschrieben werden. Die Nesseltiere sind aber eine für das Korallenriff ausgesprochen wichtige und vielgestaltige Gruppe.

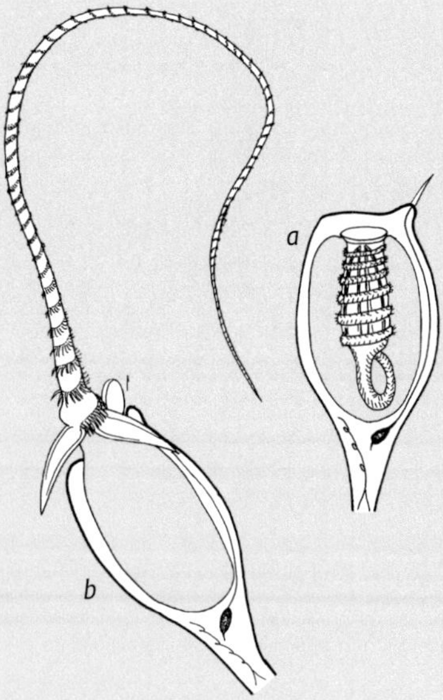


*Nesselzellen im Schnitt: a) Nesselzelle im kontrahierten Zustand und b) nach der „Explosion".*

Der Stamm der Nesseltiere hat für die Korallenriffe der Weltmeere besondere Bedeutung. Hieraus stammen nämlich auch die Tiere, die das Korallenriff maßgeblich aufbauen, die riffbildenden oder hermatypischen Steinkorallen. Aber auch einige andere Gruppen gehören zu diesem Stamm, die dem Taucher oder Schnorchler besonders auffallen, da sie überall im Riff zu finden sind.

Typisch für alle Nesseltiere sind die Nesselkapseln, die vor allem an den Tentakeln, aber auch am Körper der verschiedenen Arten oft in ganzen Batterien vorhanden sind. Bei der geringsten Berührung explodieren sie regelrecht. Ein im Inneren der Kapsel aufgerollt liegender Schlauch wird wie ein umgestülpter Strumpf nach außen geschleudert. An seiner Spitze stehen je nach Art unterschiedlich geformte Stilette, die die Haut des Opfers oder Angreifers durchschlagen. In den Kapseln befindet sich außerdem ein Gift, das sich in die Wunde ergießt und das Opfer lähmt. Bei stark nesselnden Tieren (Feuerkorallen, Quallen oder bestimmten Hydrozoen) kann dies auch dem Menschen gefährlich werden und zu schmerzhaften „Verbrennungen" der Haut führen.

Außer den Durchschlagskapseln gibt es Klebkapseln, die das Opfer festhalten, und Wickelkapseln, die sich in Haaren und anderen Körperanhängseln verfangen und so ein Entkommen des Opfers verhindern. Nach dem Einsatz sind die

Nesselkapseln zerstört und werden durch neu gebildete ersetzt.

Die Cnidaria werden in vier große Klassen eingeteilt, in die

- Hydratiere (Hydrozoa)
- Würfelquallen (Cubozoa)
- Schirmquallen (Scyphozoa)
- Blumentiere (Anthozoa)

Würfelquallen sind Hochseetiere und spielen für uns hier keine wichtige Rolle. Sie werden daher in diesem Buch nicht behandelt.

## Hydratiere (Hydrozoa)

Hydratiere sind meist kleine, verzweigte, buschartige Tierkolonien, die häufig ein Skelett aus einer chitinartigen Substanz bilden, auf dem die Polypen sitzen. Diese sind durch eine alles überziehende dünne Außenhaut miteinander verbunden. Andere Arten bestehen lediglich aus einer Ansammlung von Polypen, die auf einem geeigneten Untergrund siedeln und durch Ausläufer (Stolonen) miteinander verbunden sind. Am auffälligsten sind aber die Hydrozoen, die Kalkskelette erzeugen. Zwei verschiedene Arten von winzigen Polypen leben in diesen Kalkskeletten: Wehrpolypen mit Nesselzellen und Fresspolypen. Nur die Tentakel stehen wie ein heller Flaum kaum sichtbar auf der Oberfläche der Kolonie. Zu ihnen gehören z.B. die Feuerkorallen, deren Wehrpolypen, wie die von etlichen kleineren Hydrozoenstöckchen auch, stark nesseln können, was zu unangenehmen Hautreizungen und Schwellungen führen kann.

Die verschiedensten Vermehrungsmethoden kommen bei den Hydrozoen vor. Am verbreitetsten ist die vegetative Vermehrung. Aus den schon beschriebenen Stolonen sprießen neue Polypen. Immer wieder wird aber eine kleine Meduse von den Polypen gebildet, abgeschnürt und ins Plankton entlassen. Sie ist das eigentliche Geschlechtstier. Die Hydromeduse erzeugt die Geschlechtsprodukte, die verschmelzen und eine Planula-Larve bilden, die sich festsetzt und zu einem neuen Polypen heranwächst. Einige Hydrozoenarten sind bevorzugte Nahrung mancher Nacktschnecken, die sich oft auf ganz bestimmte Arten spezialisiert haben.

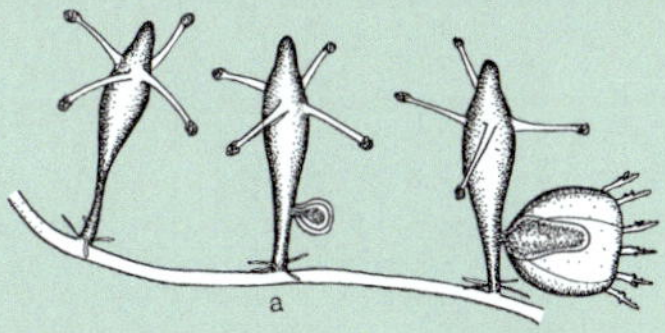


*Hydrozoa. Hier sieht man an einem Polypen eine sich abschnürende Meduse. Am mittleren Polypen entsteht eine weitere.*

## Schirmquallen (Scyphozoa)

Die Schirmquallen werden nur gelegentlich von Stürmen oder Strömungen ans Korallenriff getrieben. Sie unterscheiden sich von den Medusen der Hydrozoen vor allem durch ihre Größe, aber auch durch die Art der Vermehrung. Hier sind es nämlich die Quallen selbst, die die Ge-

*Grundbauplan der Scyphozoa. Schirmquallen findet man üblicherweise im offenen Meer und nicht am Riff.*

schlechtsprodukte bilden und direkt ins Wasser entlassen. Durch ihre Verschmelzung entsteht eine Planula-Larve, die sich nach einiger Zeit festsetzt und sich zu einem kleinen, unscheinbaren Polypen entwickelt. Dieser schnürt die so genannte Eryphia-Larve ab, die sich im Plankton nach einiger Zeit zur erwachsenen Qualle umbildet. Nur wenige Arten findet man regelmäßig in Riffnähe.

## Blumentiere (Anthozoa)

Die Blumentiere leben ausschließlich im Meer. Sie sind eine unglaublich vielfältige Klasse, die einen großen Teil der Farbenpracht und Attraktivität der Korallenriffe ausmacht. Außerdem ist eine Unterklasse von ihnen, die Steinkorallen, verantwortlich für die massiven Korallenriffe, um die es in diesem Buch hauptsächlich geht. Im Gegensatz zu den Hydrozoen bilden sie nie Medusen, sondern lediglich einzelne Polypen, wie bei den Seerosen, oder ganze Polypenkolonien, wie z.B. bei den Steinkorallen oder den Weichkorallen. Auch für die Blumentiere sind die Nesselzellen typisch, die sich hauptsächlich in den Tentakeln der Polypen befinden.

Die Anthozoa werden in zwei Unterklassen unterteilt, in die Hexacorallia, die sechs Tentakel oder ein Vielfaches davon besitzen, und in die Octocorallia, die stets acht Tentakel haben.

### Sechsstrahlige Korallen (Hexacorallia)

Die Hexacorallia unterteilt man in die Antipatharia (Dörnchenkorallen), Ceriantharia (Zylinderrosen), Corallimorpharia (Scheibenanemonen), Zoantharia (Krustenanemonen), Actiniaria (Aktinien oder Seerosen) und Madreporaria (Steinkorallen).

Die Hexacorallia sind die wichtigste Gruppe der Anthozoa im Korallenriff. Diese Korallen sind maßgeblich am Aufbau des Riffs beteiligt. Gemeinsam mit den in ihrem Gewebe lebenden einzelligen Algen (Zooxanthellen) produzieren sie ein massives Kalkskelett, das letztendlich den größten Masseanteil im Riff ausmacht. Wichtigstes Unterscheidungsmerkmal zu den anderen Anthozoa-Gruppen: Die Polypen sind immer sechsteilig oder ein Vielfaches davon (im Gegensatz zu den Octocorallia, die immer achtteilig sind.

**Dörnchenkorallen (Antipatharia):** Die Dörnchenkorallen oder Schwarzen Korallen produzieren ein Skelett, das braun oder schwarz und relativ hart ist. Es ist aus Proteinen aufgebaut und wird in konzentrischen Ringen angelegt, deren Struktur oft Artmerkmal ist. Dieses harte Material wird geschnitten, poliert und zu Schmuck verarbeitet. Inzwischen ist dies jedoch zum Wohl der schönen Korallen an vielen Stellen verboten oder reglementiert. Auf den Kauf von Korallenschmuck sollte man dennoch generell verzichten, da für die Schmuckindustrie große Mengen benötigt werden, die aus dem Riff herausgebrochen werden müssen.

Die Polypen der Dörnchenkorallen haben im Gegensatz zu den äußerlich ähnlichen Gorgonien nur sechs Tentakel und keine Kalkeinschlüsse im Skelett. Sie wachsen nicht aus Vertiefungen oder Kelchen, sondern sitzen dem Skelett lediglich auf. Die Dörnchenkorallen sind eine bisher nur wenig wissenschaftlich bearbeitete Gruppe, obwohl sie sehr lange kommerziell genutzt werden. Entsprechend schwierig ist die Bestimmung vor allem der kleineren Arten.

**Zylinderrosen (Ceriantharia):** Die Zylinderrosen leben in sandigen oder schlammigen Böden in halb oder ganz eingegrabenen Wohnröhren, die sie selbst aus Schleim, Nesselkapseln und organischen Partikeln herstellen. Eine solche Wohnröhre liegt je nach Untergrund entweder dem Sand direkt auf oder ragt zehn bis zwanzig Zentimeter senkrecht aus dem Boden. Im Gegensatz zu den Aktinien oder Seeanemonen besitzt das Vorderende einen Ring von kurzen Primärtentakeln um die Mundöffnung und einen zweiten Kreis langer, dünner Sekundärtentakel um diesen inneren Kreis, die dem Beutefang dienen und stark nesseln. Die Tentakelkrone kann bei Gefahr blitzartig eingezogen werden.

Die meisten Zylinderrosen sind nachtaktiv, im tieferen Wasser oder an schattigen Stellen öffnen einige Arten aber auch tagsüber ihre Tentakel. Die meisten nachtaktiven Arten sind relativ klein und farblos bis durchsichtig. Sie liegen direkt dem Sand auf und werden häufig übersehen, da sie sich beim geringsten Schatten, der auf sie fällt, zurückziehen.

**Scheibenanemonen (Corallimorpharia):** Die Scheibenanemonen bestehen aus einem flachen, lappigen, dem Boden meist direkt aufliegenden Polypen mit einem sehr kurzen Fuß. Das Mundfeld kann glatt sein und Warzen oder kurze Tentakel tragen. Da die Vermehrung hauptsächlich durch Abschnürung von Gewebeteilen erfolgt, findet man ganze Kolonien von Scheibenanemonen mit oft dicht zusammenstehenden, teilweise sich überlappenden Einzelpolypen, die nicht miteinander verbunden sind. Meist leben sie ausschließlich von ihren Zooxanthellen. Nur wenige Arten können darüber hinaus auch feste Nahrung zu sich nehmen. Scheibenanemonen sind typische Besiedler von abgestorbenem Riffgestein.

**Krustenanemonen (Zoantharia):** Die Krustenanemonen bilden stets Kolonien aus kleineren Polypen, deren Einzeltiere immer miteinander verbunden sind. Bei einigen Arten lösen sich diese Verbindungen nach einiger Zeit, so dass einzelne Polypen neue Kolonien bilden können. Bei anderen Arten sind die Polypen deutlich sichtbar miteinander verbunden, doch auch hier können sich Kolonieteile abspalten, um neue Kolonien zu bilden. Die meisten Krustenanemonen können über ihre Symbiose mit Zooxanthellen hinaus auch feste Nahrung in Form von Planktontieren zu sich nehmen.

**Seeanemonen (Actiniaria):** Die Seerosen fallen dem Beobachter schon deshalb auf, weil sie häufig bunt gefärbt sind. Typisch sind einer oder mehrere Tentakelkränze auf dem oberen Ende eines mehr oder we-

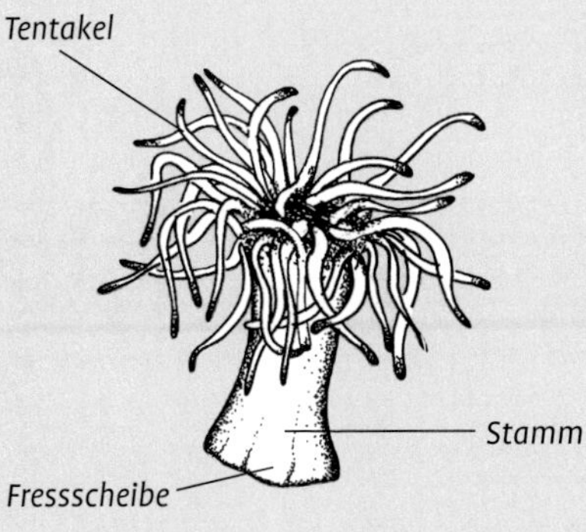


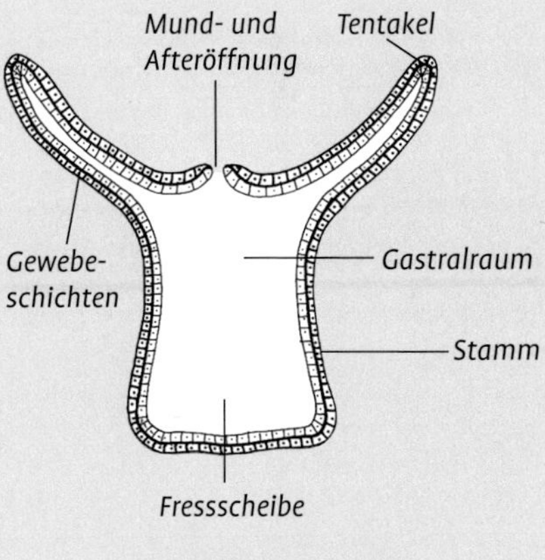


*Actiniaria: Ansicht und Schnitt.*

niger zylindrischen Körpers, der nie ein Kalkskelett bildet. Die Tentakel sind entweder spitz zulaufend, fingerförmig, spiralig gedreht oder extrem kurz. Grundsätzlich sind sie hohl. Diese Hohlräume sind direkt mit dem Magenraum (Gastralraum) verbunden. Meist ist eine Fußscheibe vorhanden, mit der sich das Tier auf dem Untergrund festhalten kann. Andere Arten besitzen einen eher fleischigen, runden Fuß, mit dem sie sich auch in weichen Untergründen festhalten können. Ring- und Längsmuskeln erlauben den Tieren, sich bei Störungen schnell zurückzuziehen.

Seerosen sind meist getrenntgeschlechtlich, d.h. die Männchen stoßen Spermien aus, die sich entweder im freien Wasser mit den von den Weibchen ausgestoßenen Eiern verbinden oder im Magenraum der Weibchen mit den dort lagernden Eiern zusammenkommen. Daraus entwickelt sich in den meisten Fällen eine Actinulalarve, die planktonisch lebt und sich nach etwa zwei Monaten an geeigneter Stelle festsetzt.

Aktinien können sich, wenn auch langsam, fortbewegen. Dadurch kann ein besser geeigneter Standort aufgesucht werden. Normalerweise kann man dies aber kaum beobachten. Eine Ausnahme sind die Aktinien, die mit Einsiedlerkrebsen zusammenleben. Sie sind durch ihren Partner mobil und unabhängig von einem geeigneten Standort.

Für die Aktinien sind die bei allen Blumentieren vorkommenden Nesselzellen ebenfalls typisch. Sie kommen nicht nur in den Tentakeln und am Stamm vor. Es gibt auch Aktinien, die so genannte Akontien bilden. Dies sind Schnüre, die ganze Batterien von Nesselzellen tragen, welche bei Gefahr, z.B. starker Berührung, ausgestoßen werden und den Feind abschrecken sollen. Aktinien haben trotz dieser Einrichtungen Feinde. Sie werden von Schnecken angefressen, räuberische Seesterne machen sich zuweilen über sie her und selbst einige Fische fressen die Tentakel.

Seerosen sind reine Fleischfresser. Sie leben von Krebsen, Fischen und anderen Tieren, die sich in den Fangarmen verfangen. Trotzdem haben es viele Tiere geschafft, hautnah mit diesen stark nesselnden Tieren zusammenzuleben. Einige Krebse, und hier allen voran die zarten Garnelen der Gattung *Periclimenes,* leben in enger Gemeinschaft mit Seerosen. Aber auch manche Fischarten überwinden die Nesselkraft der Seerosen. Berühmt sind die Clownfische aus der Gattung *Amphiprion* und *Premnas*, die aber in der Karibik fehlen. Obwohl einige Seerosen auch symbiontische Algen (Zooxanthellen) in ihrem Körpergewebe beherbergen, stammen die bunten Farben meist nicht von ihnen, sondern von besonderen Farbstoffen. Seerosen kommen in allen Riffbereichen vor. Man findet sie nahe der Wasseroberfläche in Ebbetümpeln, auf dem Riffdach, in Höhlen und am Rifffuß. Die kleinsten Arten sind nur wenige Zentimeter groß, manche Riffanemonen erreichen über einen Meter Durchmesser.

**Steinkorallen (Madreporaria):** Die Steinkorallen unterscheiden sich im Körperbau nicht wesentlich von den anderen Blumentieren. Im Gegensatz zu den anderen Unterklassen bilden sie aber ein steinhartes Außenskelett aus Kalk (Aragonit), das ihnen auch ihren Namen eintrug. Alle Polypen stehen mit ihrem Außengewebe, das den Korallenstock überzieht, in Verbindung. Sie sind daher in der Lage, die oft riesigen massiven Strukturen der Korallenriffe aufbauen. Doch die Steinkorallen schaffen dies nicht ohne Hilfe. In ihrem Gewebe beherbergen alle hermatypischen, d.h. riffbildenden Korallen so genannte Zooxanthellen. Dies sind einzellige Algen. Diese beiden Partner stellen sich gegenseitig ihre Stoffwechselproduk-

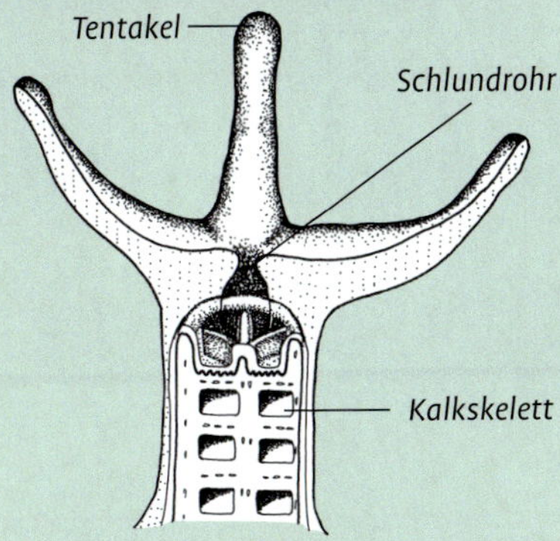


*Der Polyp einer Steinkoralle im Schnitt.*

te zur Verfügung. Es handelt sich also um eine echte Symbiose. Nun besitzen auch andere Blumentiere solche Zooxanthellen. Bei den Steinkorallen aber schlägt sich die Zusammenarbeit dieser sehr unterschiedlichen Partner in einer erheblich höheren Kalkproduktion nieder, als dies die Steinkorallen alleine zuwege brächten. Diese Algen sind also zu einem guten Teil mitverantwortlich für das Zustandekommen der Korallenriffe.

Es gibt jedoch auch nicht riffbildende Steinkorallen. Sie leben meist an abgeschatteten Stellen und bilden lediglich kleine Stöcke oder sogar nur Einzelpolypen. Häufig sind gerade diese Arten besonders farbenprächtig. Sie ernähren sich hauptsächlich von Plankton, das sie mit ihren nesselnden Tentakeln fangen. Zwar fangen auch die riffbildenden Steinkorallen Plankton, doch können sie häufig auch ohne solche Nahrung existieren, denn die Zooxanthellen erzeugen mit Hilfe des Sonnenlichts Stoffwechselprodukte im Überfluss, die die Steinkorallen als Nährstoffe verwenden.

Steinkorallen vermehren sich normalerweise vegetativ durch Knospung. So entstehen die großen Stöcke mit ihren unzähligen Polypen. Es gibt darüber hinaus auch Zwitter. Doch einmal im Jahr, je nach Gegend zu unterschiedlichen Zeiten, stoßen wie auf Befehl viele Korallenarten gleichzeitig Millionen von Eiern und ganze Wolken von Spermien aus (Foto Seite 7). Diese verbinden sich im freien Wasser und es entsteht die Planula-Larve, die sich nach einiger Zeit im Plankton an geeigneter Stelle festsetzt und einen neuen Korallenstock gründet. Findet diese Larve keinen ihr zusagenden Untergrund, stirbt sie.

## Achtstrahlige Korallen (Octocorallia)

Die Octocorallia zeichnen sich durch Polypen aus, die stets acht gefiederte Tentakel tragen. Zu ihnen gehören die Alcyonacea (Weichkorallen/Lederkorallen), von denen wegen des tiefen Vorkommens keine Arten hier erwähnt sind, und die für die Karibik typischen Gorgonacea (Hornkorallen).

**Hornkorallen (Gorgonacea):** Die Hornkorallen besitzen ein inneres Skelett aus einer hornartigen, oft schwarz oder braun gefärbten Substanz (Gorgonin), das meist flexibel ist und von einer lebenden, farbigen Rindenschicht ummantelt ist, in die die Polypen sich zurückziehen können.

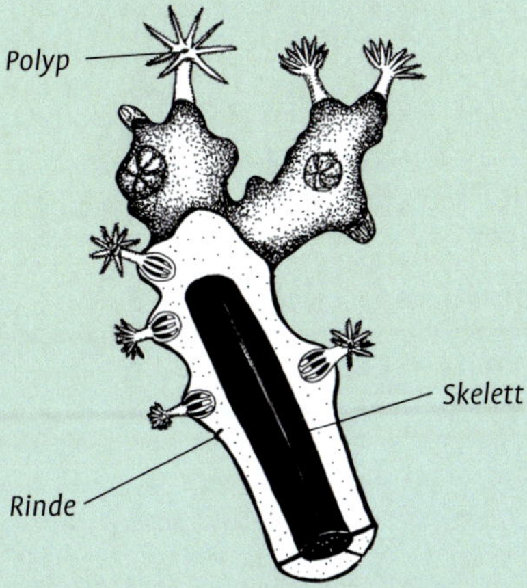


*Die Gorgonien besitzen ein Innenskelett.*

## *Millepora alcicornis*

### Verzweigte Feuerkoralle, Branching Fire Coral

Klasse Hydrozoa, Familie Milleporidae

**Merkmale:** Diese Feuerkoralle bildet bis zu 60 cm hohe, stark verzweigte, meist aber nicht immer auf einer Ebene liegende Fächer aus hartem, gelb bis gelbbraun gefärbtem Kalk. Die einzelnen Polypen sind mikroskopisch klein und im geöffneten Zustand nur als feiner Flaum zu erkennen. Die Enden der Äste sind stets heller bis weiß.

Da diese Feuerkoralle regelmäßig Gorgonien und andere Hornkorallen überwuchert, nimmt sie dann deren charakteristische Form an.

**Verwechslung:** Typisch ist die starke Verzweigung. Ähnliche Arten sind anders gefärbt und wesentlich kleiner. Die in die Familie Stylasteridae gehörende *Stylaster roseus* z.B. ist violett gefärbt mit weißen Spitzen und wird kaum 10 cm groß (siehe Seite 52).

**Lebensraum:** Diese Feuerkoralle kommt ab wenigen Metern Tiefe bis in 40 m vor.

**Besonderheiten:** Trotz der Kleinheit der Polypen nesseln Feuerkorallen stark. Vor allem an empfindlichen Körperteilen (Unterseite der Arme, Gesicht etc.) können regelrechte Verbrennungen und Schwellungen entstehen. So genannter Sekundärkontakt verschlimmert die Wirkung häufig. Die erste Berührung kann daher relativ harmlos verlaufen. Bei der nächsten Berührung ist die Haut aber sensibilisiert und reagiert mit starker Rötung und Schwellung, die erst nach vielen Tagen wieder zurückgeht. Selbst nach etlichen Wochen kann die betroffene Körperpartie wieder zu jucken anfangen.

**Aquarium:** Diese Art gilt inzwischen als gut haltbar. Sie überwuchert gerne Gorgonien und veralgt leicht.

## *Millepora complanata*

### Platten-Feuerkoralle, Blade Fire Coral

Klasse Hydrozoa, Familie Milleporidae

**Merkmale:** Diese Art formt aufrecht stehende, an ihrem oberen Rand wellig geformte Platten, die an der Basis das Substrat überziehen. Der obere Rand der Platten ist heller bis weiß besäumt. Senffarben bis gelbbraun. Die kleinen Polypen erscheinen als feine Poren, geöffnet als weißer Flaum. Die Platten-Feuerkoralle wird bis 50 cm hoch.

**Verwechslung:** Die Wuchsform ist arttypisch. Manche Steinkorallen entwickeln aber ähnliche Formen, sind jedoch durch ihre erheblich größeren Polypen gut unterscheidbar. *Millepora squarrosa* bildet sehr kleine (bis 5 cm), wabenartig strukturierte, meist inkrustierende Kolonien von beiger Farbe und ist eher selten. Es ist unsicher, ob es sich bei den drei beschriebenen Milleporidae-Arten um eigenständige Arten oder nur um Varianten von *M. complanata* handelt. Erst mit gentechnischen Methoden könnte man dies sicher entscheiden.

**Lebensraum:** Diese Art kommt ab dem Flachwasser bis in 20 m Tiefe vor. Sie ist stets im vollen Sonnenlicht und gerne in der Strömung, selbst in der Brandungszone, zu finden.

**Besonderheiten:** Wie die vorige Art kann auch *M. complanata* starke Hautreizungen verursachen, die nur langsam abheilen. Sie wird häufig von Röhrenwürmern (*Spirobranchus giganteus*) besiedelt.

## *Stylaster roseus*

### Rosa Feuerkoralle, Rose Lace Coral

Klasse Hydrozoa, Familie Stylasteridae

**Merkmale:** Die Rote Feuerkoralle bildet kleine, stark dichotom verzweigte, stets auf einer Ebene liegende fragile Fächer, die schwach bis kräftig rosarot gefärbt sind. Die Spitzen sind dünner werdend und weiß. Kleine Polypenkelche sind sichtbar, vor allem an den Triebspitzen. Die Polypen selbst sind durchscheinend. Die Art wird bis 10 cm groß.

**Verwechslung:** Diese Art kann im Ausnahmefall auch ganz weiß oder ganz rosa gefärbt sein. Sie wird gelegentlich auch *S. rosaceus* genannt. Es ist die einzige Art dieser Familie in der Karibik, die in zugänglichen Tiefen lebt.

**Lebensraum:** Diese Feuerkoralle ist stets in kleinen, unzugänglichen Spalten und Löchern oder Höhlen an exponierten Riffsteilwänden anzutreffen, oft kopfüber nach unten hängend. Sie kommt von 5 bis in 30 m Tiefe vor. Sie ist ausgesprochen lichtscheu und kommt daher an sonnendurchfluteten Stellen nicht vor.

**Besonderheiten:** Eine toxische Wirkung dieser Feuerkoralle ist nicht bekannt. Viele verwandte *Stylaster*-Arten sind ausgesprochene Tiefseebewohner. *Stylaster roseus* ist daher die einzige Art der Karibik, die Taucher überhaupt zu Gesicht bekommen.

## *Gymnangium longicauda*

### Feder-Hydrozoe, Feather Hydroid

Klasse Hydrozoa, Familie Plumariidae

**Merkmale:** Diese Hydrozoenkolonie bildet nur am Boden miteinander verwachsene, meist in Gruppen stehende, dünne braune Ästchen, die mit etwa gleich langen dünnen Seitenästen fiederartig verzweigt sind. Die wechselständig angeordneten Verzweigungen sind weißlich bis durchscheinend gefärbt, was von den winzigen Polypen verursacht wird. Die Art wird bis über 20 cm hoch.

**Verwechslung:** *Gymnangium speciosum* hat kürzere Seitenarme und ist insgesamt kleiner als diese Art. Kleine *Antipathes*-Arten können ähnlich aussehen, werden aber mindestens doppelt so groß. Das Foto rechts zeigt eine verblüffend ähnliche *Antipathes*-Art, die allerdings nicht näher bestimmt werden kann.

**Lebensraum:** Die beschriebene Art wächst vom Flachwasser bis in 30 m Tiefe. Sie ist besonders in Zonen mit mäßiger Strömung zu finden.

**Besonderheiten:** Die winzigen Polypen können Hautreizungen verursachen.

## *Sertularella speciosa*

### Verzweigter Hydrozoe, Branching Hydroid

Klasse Hydrozoa, Familie Sertulariidae

**Merkmale:** Die dünnen Seitenarme stehen wechselständig auf einem einzelnen, dickeren, bräunlich gefärbten Zentralarm. Die deutlich sichtbaren, weißlich gefärbten Polypen stehen oben und unten wechselständig an den Seitenzweigen. Man sieht die Art meist in kleinen Gruppen vorkommend. Sie erreicht bis 12 cm Größe.

**Verwechslung:** Die vorige Art hat viel kleinere Polypen und zahlreichere, aber viel kürzere Seitenäste.

**Lebensraum:** Die beschriebene Art lebt ab 10 bis 30 m Tiefe in Zonen stärkerer Wasserbewegung.

**Besonderheiten**: Diese Art ist leicht toxisch; sie verursacht Hautreizungen.

## *Cnidoscyphus marginatus*

### Unverzweigter Hydrozoe, Unbranched Hydroid

Klasse Hydrozoa, Familie Sertulariidae

**Merkmale:** Die selten verzweigte Hauptachse dieses Hydrozoen besteht aus den kurz gestielten, in einem schützenden Kelch sitzenden, wechselständig angeordneten Polypen. Man sieht sie stets in kleinen Gruppen wachsend. Die Art erreicht bis 10 cm Größe.

**Verwechslung:** Typisch ist die von den Polypen aufgebaute unverzweigte Hauptachse.

**Lebensraum:** Die beschriebene Art ist häufig auf Schwämmen, Gorgonien und anderem lebenden oder toten Substrat zu finden. Sie kommt vom Flachwasser bis in 40 m Tiefe vor.

**Besonderheiten:** Diese Art hat eine leicht hautreizende Wirkung. Sie wird oft von feinen Algen leicht überwuchert.

## *Halocordyle disticha*

### Weihnachtsbaum-Hydrozoe, Christmas Tree Hydroid

Klasse Hydrozoa, Familie Halocordylidae

**Merkmale:** Typisch für diese Art sind die braungrün gefärbten, fast gleich dicken Haupt- und Seitenäste, die mit auffälligen, weißlich bis rosa gefärbten Polypen besetzt sind. Diese Polypen stehen nur oben auf den Seitenästen. Die Hauptachse besitzt einen endständigen Polypen. Die Art ist stets in Gruppen zu finden. Sie wird bis 12 cm hoch.

**Verwechslung:** Eine der häufigsten Arten, aber dennoch leicht mit ähnlichen Arten verwechselbar.

**Lebensraum:** Die Weihnachtsbaum-Hydrozoe lebt überall auf abgestorbenen und lebenden Gorgonien, Schwämmen etc. Selbst auf Müll oder Wrackteilen ist sie zu finden. Sie bevorzugt strömungsreichere Riffteile und kommt meist im flacheren Wasser ab 3 m Tiefe vor.

**Besonderheiten:** Diese Art ist leicht hautreizend. Es gibt Nahrungsspezialisten, die sogar nesselnde Hydrozoen verspeisen. Besonders dafür bekannt sind Fadenschnecken, welche die Nesselzellen der Hydrozoen in ihre Körperanhängsel einbauen können und dadurch für Feinde ungenießbar werden.

**Aquarium:** Es wurde schon öfter versucht, Hydrozoenstöcke im Aquarium zu halten. Auf Dauer ist dies meines Wissens bisher nicht gelungen. Das Hauptproblem scheint zu sein, dass die Tierstöcke sehr schnell veralgen und dann absterben. Auch in der Natur werden Hydrozoen gelegentlich von Algen überwuchert, vor allem in Gebieten mit stärkerer Wasserverschmutzung.

## *Cassiopeia xamachana*

### Mangrovenqualle, Mangrove Upsidedown Jelly

Klasse Scyphozoa, Familie Cassiopeidae

**Merkmale:** Die Mangrovenqualle besteht aus einem glatten, ungeteilten Schirm, dessen Oberseite von meist acht blumenkohlartig verästelten Mundtentakeln bedeckt ist. Dazwischen stehen aufrecht einige fähnchenartige lappige Anhängsel, die blau, gelbgrün oder weiß gefärbt sein können. Die Gesamtfarbe variiert zwischen weiß, grünlich gelb und blau. Der Durchmesser kann bis zu 25 cm erreichen.

**Verwechslung:** *Cassiopeia frondosa* sieht zum Verwechseln ähnlich aus, wird aber meist als eigene Art betrachtet.

**Lebensraum:** Die Art kommt zwischen Seegras, auf schlammigen oder sandigen Böden, vor allem in Mangrovegebieten, seltener auf Sandflächen zwischen Korallen vor. Sie ist stets in strömungsgeschützten Gebieten bis maximal 15 m Tiefe, meist im ganz flachen Wasser, zu finden.

**Besonderheiten:** Nur Jungtiere bis 4 cm schwimmen häufiger. Die erwachsene Mangrovenqualle liegt normalerweise auf dem Untergrund und versorgt sich durch rhythmisch pumpende Bewegungen mit Frischwasser und Plankton. Sie lebt aber nicht nur von Kleinkrebsen etc., sondern beherbergt in ihrem Gewebe symbiotische Algen, die Zooxanthellen, welche die Färbung dieser Quallen verursachen. Der Schirm befindet sich unten, die Qualle liegt also mit dem Kopf nach unten auf dem Sand, was ihr den englischen Namen „Upsidedown Jellyfish“ eingebracht hat. Die Vermehrungszeit der Mangrovenqualle reicht von April bis August. In dieser Zeit sollen die Tiere noch stärker nesseln als sonst.

## *Aurelia aurita*

### Ohrenqualle, Moon Jelly

Klasse Scyphozoa, Ordnung Semaeostomae

**Merkmale:** Der Körper besteht aus einer durchsichtigen, transparent bläulich bis rosa eingefärbten, schirmförmig gebogenen Scheibe, deren Rand von vielen feinen, kaum sichtbaren Tentakeln besetzt ist. Die Vermehrungsorgane sind als vierfach gelappte Masse durch den Schirm sichtbar. Bis 30 cm Durchmesser sind möglich.

**Verwechslung:** Es gibt viele ähnliche Quallen, die aber seltener sind und nur gelegentlich von Strömungen in Riffnähe verfrachtet werden.

**Lebensraum:** Die Ohrenqualle lebt im flacheren Freiwasser vor dem Riff.

**Besonderheiten:** Die meisten Quallen werden nur gelegentlich von Strömungen oder Stürmen an die Küste geschwemmt, was sie häufig das Leben kostet. Die Ohrenqualle jedoch findet man regelmäßig auch in Riffnähe. Sie nesselt nur sehr schwach.

**Aquarium:** Diese Art wurde vor allem in Schauaquarien schon öfter gehalten und gezüchtet. Sie eignet sich daher besonders gut, um die einzelnen Stadien der Quallenvermehrung aufzuzeigen. Spezialbecken sind aber notwendig, da auch die Ohrenquallen leicht durch Ecken und Kanten der Aquarien beschädigt werden können.

## *Cirripathes leutkeni*

### Drahtkoralle, Wire Coral

Klasse Anthozoa, Ordnung Antipatharia, Familie Antipathidae

**Merkmale:** Diese Dörnchenkoralle wächst stets ohne jegliche Verzweigungen. Die Polypen stehen in eher großen Abständen in einer Reihe entlang des bleistiftdicken Stammes und sind tagsüber meist nicht ganz geöffnet. Die Farbe variiert von hellgelb über grünlich bis rot. Die Drahtkoralle wird bis zu 3 m lang.

**Verwechslung:** Die Art wurde früher auch als *Stichopathes leutkeni* bezeichnet. Sie wird gelegentlich mit *Ellisella barbadensis* verwechselt, die aber ihre Polypen dicht und gleichmäßig über die ganze Kolonie verteilt hat.

**Lebensraum:** Ab 15 m, meist aber um 25 m und tiefer vorkommend.

**Besonderheiten:** Die Drahtkoralle ist oft von winzigen, nur dort vorkommenden Grundeln oder Garnelen besetzt.

## *Antipathes* sp.

### Dörnchenkoralle, Schwarze Koralle, Bushy Black Coral

Klasse Anthozoa, Ordnung Antipatharia, Familie Antipathidae

**Merkmale:** Diese Dörnchenkorallenart wächst als Busch mit dünnen, oft wirr stehenden Zweigen, die mit kleinen Polypen dicht besetzt sind. Die Polypen können zwar kontrahiert, aber nicht ganz eingezogen werden. Die Grundfarbe ist orange- bis braungelb. Die ganze Kolonie kann bis zu 4 m hoch werden.

**Verwechslung:** Die Schwarze Koralle wird oft mit *A. pennacea* (Zweige haben gegenständige und längere Seitenverzweigungen) oder anderen buschförmig wachsenden Gorgonien (*Pseudopterogorgia* o. Ä.) verwechselt. Bei genauerer Inspektion erkennt man aber gut die stacheldrahtartig angeordneten Polypen.

**Lebensraum:** Die Art lebt ab 15 m Tiefe bis 100 m, bevorzugt in über 25 m Tiefe.

## *Antipathes gracilis*

### Fächer-Dörnchenkoralle, Orange Sea Fan Black Coral

Klasse Anthozoa, Ordnung Antipatharia, Familie Antipathidae

**Merkmale:** *A. gracilis* wächst wie manche Gorgonien als Fächer mit dichotomen Verzweigungen, die meist auf einer Ebene wachsen. Die Färbung ist arttypisch orangerot bis ziegelrot. Die abgebildete große Kolonie besteht aus vielen solcher Fächer. Einzelne Fächer werden bis über 1 m hoch.

**Verwechslung:** Mit anderen *Antipathes*-Arten und mit *Nicella*-Gorgonien u. a. Man achte wie immer auf die nicht vorhandenen Polypenkelche als sicheres Bestimmungsmerkmal, die bei ähnlichen Gorgonien stets sichtbar sind.

**Lebensraum:** Die Art kommt ab 20 m Tiefe bis über 100 m vor.

**Besonderheiten:** Die Fächer-Dörnchenkoralle wächst meist am Fuß von Steilriffen auf eher flachem Grund oder auf Plateaus und liebt Strömung.

**Besonderheiten:** *Antipathes*-Arten werden in der Schmuckindustrie verwendet. Verwendbare Tierstöcke müssen sehr alt sein, um vernünftig große Stammabschnitte zu liefern. Entsprechend schnell sind die Bestände erschöpft. Alte Kolonien sind vermutlich um 100 Jahre alt. Viele der früher imposanten Black-Coral-Wälder sind heute durch diese Industrie vernichtet.

## *Antipathes tanacetum*

### Flaschenbürsten-Dörnchenkoralle, Bottle-Brush Black Coral

Klasse Anthozoa, Ordnung Antipatharia, Familie Antipathidae (Bild oben)

**Merkmale:** Die rostrote Basis dieser Kolonien ist dicht mit wechselständig angeordneten Zweigen besetzt, die wiederum viele kleine Polypen tragen. Die Polypen können nicht in Kelche eingezogen, sondern nur kontrahiert werden (Merkmal aller Dörnchenkorallen). Die Hauptzweige der Flaschenbürsten-Dörnchenkoralle sind unverzweigt, kommen aber stets in dichtstehenden Gruppen vor. Die Flaschenbürsten-Dörnchenkoralle erreicht eine Höhe bis 50 cm.

**Verwechslung:** Vor allem große Hydrozoenstöcke können ähnlich aussehen. *Antipathes barbadensis* unterscheidet sich lediglich durch die unregelmäßiger angeordneten Seitenzweige. Da verschiedene Wuchsformen vorkommen können, ist eine exakte Bestimmung dieser Dörnchenkorallen oft schwierig.

**Lebensraum:** Die Art lebt ab 25 m bis auf über 80 m Tiefe und stets an lichtabgewandten, wenig umströmten Stellen.

**Besonderheiten:** Die Drahtkoralle ist oft von winzigen, nur dort vorkommenden Grundeln oder Garnelen besetzt. Diese Garnelen leben oft nur auf dieser Art. Ihr ganzer Lebenszyklus findet also auf dieser einen Koralle statt. Stirbt die eine Art ab, stirbt die Garnele mit.

## *Arachnanthus nocturnus*

### Zylinderrose, Banded Tube-Dwelling Anemone

Klasse Anthozoa, Ordnung Ceriantharia, Familie Cerianthidae

**Merkmale:** Die äußere Tentakelreihe besteht aus langen, spitz zulaufenden, braun und weiß gebänderten Tentakeln, die innere Reihe auf der hellen Körperscheibe aus kurzen, weißlich bis durchsichtig gefärbten Tentakeln. Der eigentliche wurmförmige Körper steckt in der zu einem Großteil eingegrabenen, selbst aus Körperschleim und Nahrungsresten etc. hergestellten, pergamentartigen Röhre. Die Tentakel werden bis 5 cm groß.

**Verwechslung:** Es gibt mehrere ähnliche Arten, die kaum sicher bestimmt werden können. Kleine oder junge Exemplare sind fast durchsichtig weiß oder gehören zu einer verwandten Art (siehe Foto oben rechts).

**Lebensraum:** Die Zylinderrose lebt auf Sandflächen, meist geschützt zwischen Korallenstöcken. Sie ist tagsüber nicht sichtbar, da ganz in die Röhren zurückgezogen. Die Art kommt vom Flachwasser bis in 30 m Tiefe vor.

**Besonderheiten:** Zylinderrosen nesseln stark und sind (in der Karibik) stets nachtaktiv.

**Aquarium:** In besonderen Aquarien sind Zylinderrosen problemlos zu halten. Wichtig ist feines Planktonfutter, das aus Bosmiden, Copepoden etc. bestehen sollte.

## *Pseudocorynactis carribeorum*

### Karibische Juwelenanemone, Orange Ball Corallimorph

Klasse Anthozoa, Ordnung Corallimorpharia, Familie Corallimorphidae

**Merkmale:** Typisch sind die durchsichtigen Tentakel, die in auffälligen, stecknadelkopfgroßen, orangefarbenen Knöpfchen enden. Der Stamm ist ebenfalls orangefarben, aber häufig nicht sichtbar, da in Spalten verborgen. Die Art wird bis 8 cm hoch.

**Verwechslung:** Es gibt keine Verwechslungsmöglichkeit.

**Lebensraum:** Die Karibische Juwelenanemone lebt an geschützten Stellen im Riff von 10 bis 25 m Tiefe. Der gesamte Körper mit Tentakeln ist tagsüber in einer Schleimröhre eingezogen. Die Röhre selbst steckt im Sand oder Geröll an geschützten Stellen, z.B. unter Überhängen, in Spalten und kleinen Höhlen. Nachts öffnen sich die Tentakel und fangen Plankton aus dem vorbeiströmenden Wasser.

**Besonderheiten:** Die Art ist nachtaktiv. Bei Beleuchtung werden die Tentakel eingezogen. Das erschwert das Fotografieren erheblich. Sobald man ein Exemplar mit der Lampe entdeckt hat, muss daher der Lichtkegel sofort wieder abgewandt werden. Wenn die Juwelenanemone sich wieder beruhigt hat und die Tentakel wieder voll ausgefahren sind, hat man nur wenige Sekunden Zeit, ein Bild eines voll geöffneten Exemplars zu machen.

**Aquarium:** Die Haltung ist unbekannt.

## *Ricordea florida*

### Florida-Scheibenanemone, Florida Corallimorph

Klasse Anthozoa, Ordnung Corallimorpharia, Familie Ricordiidae

**Merkmale:** Die flache Körperscheibe ist mit von innen nach außen zunächst knopfartigen, dann länger werdenden Tentakeln besetzt. Die Färbung variiert von grünlich über beige bis gelblich. Der Durchmesser beträgt bis 6 cm.

**Verwechslung:** Es gibt mehrere ähnliche Arten, die aber andere Tentakelformen aufweisen. Die Korallen der Gattung *Scolymia* sehen ebenfalls ähnlich aus, sind aber hart (siehe Fotos Seite 89) und haben fast keine Tentakel, sondern höchstens Warzen, die außerdem stets in symmetrischen Reihen angeordnet sind.

**Lebensraum:** Die Art kommt überall im Riff vor, manchmal selten, andernorts ganze Matten bildend. Sie lebt bis in 25 m Tiefe.

**Besonderheiten:** Florida-Scheibenanemonen kommen ohne feste Nahrung aus, da sie wie viele Steinkorallen etc. von den Stoffwechselprodukten der in ihrem Gewebe befindlichen einzelligen Algen (Zooxanthellen) zu leben vermögen.

**Aquarium:** Die Art ist sehr gut haltbar. Leider wurden die Tiere vor allem in Florida in den 1980er- und 1990er-Jahren so intensiv gesammelt, dass sie heute nur noch stellenweise häufig vorkommen. Da sie sich aber in gut geführten Aquarien durch Teilung vermehren können, sollte man Nachzuchten aus solchen Herkünften bevorzugen oder ganz auf die Tiere verzichten.

## *Parazoanthus tunicans*

### Hydrozoen-Krustenanemone, Hydroid Zoanthid

Klasse Anthozoa, Ordnung Zoantharia, Familie Zoanthidae

**Merkmale:** Die zierlichen, weißgelb bis gelborange gefärbten Polypen wachsen um die Zweige des Hydrozoen *Dentithecata dendritica* und andere Arten und überziehen diese. Die Polypen selbst werden lediglich 6 mm groß.

**Verwechslung:** Ähnliche Arten bevorzugen andere Wirte oder sind anders gefärbt.

**Lebensraum:** Die Art lebt auf Hydrozoenstöckchen in 10 bis über 40 m Tiefe.

**Besonderheiten:** Diese Krustenanemonen überwuchern ihren Wirt und töten dabei die überwachsenen Kolonieteile des Hydrozoenstöckchens ab.

**Aquarium:** Die Haltung ist sicher möglich. Die Art wird aber selten gezielt eingeführt.

## *Parazoanthus parasiticus*

### Schwamm-Krustenanemone,

Klasse Anthozoa, Ordnung Zoantharia, Familie Zoanthidae

**Merkmale:** Die bis 6 mm großen, hellgelb bis schmutziggelb oder grüngelb gefärbten Polypen wachsen bevorzugt auf Schwämmen vieler Arten.

**Verwechslung:** Die anderen Schwamm-Krustenanemonen sind anders gefärbt.

**Lebensraum:** Die Art kommt auf vielen Schwammarten von 8 bis 35 m Tiefe vor.

**Besonderheiten:** Obwohl diese Krustenanemonen oft in großer Zahl ihren Wirt befallen und dessen Filtertätigkeit mit Sicherheit negativ beeinflussen, schützen sie ihn wiederum durch ihre Nesselwirkung vor Fressfeinden.

**Aquarium:** Aufgrund der Empfindlichkeit der zugehörigen Schwämme ist die Haltung kaum dauerhaft möglich.

## *Parazoanthus swiftii*

### Goldgelbe Schwamm-Krustenanemone, Sponge Zoanthid

Klasse Anthozoa, Ordnung Zoantharia, Familie Zoanthidae

**Merkmale:** Typisch für diese Art sind die goldgelb gefärbten Polypen, die sich mäandrierend in das Gewebe des befallenen Schwammes einbetten. Die Polypen werden bis 6 mm groß.

**Verwechslung:** Die Farbe ist sicheres Artmerkmal. Typisch ist außerdem die mäandrierende Wuchsform der Kolonie.

**Lebensraum:** Die Art ist besonders häufig auf Fingerschwämmen, wie *Iotrochata birotulata*, *Rhaphidophlus juniperinus* u. Ä. in 15 bis 40 m Tiefe zu finden.

**Besonderheiten:** Die betroffenen Schwäme scheinen normal weiterzuleben. Die Polypen schützen sicher auch vor Fressfeinden, da sie leicht nesseln.

## *Parazoanthus puertoricense*

### Braune Schwamm-Krustenanemone, Maroon Sponge Zoanthid

Klasse Anthozoa, Ordnung Zoantharia, Familie Zoanthidae

**Merkmale:** Typisch sind die bis 6 mm großen, dunkelbraun bis dunkelviolett gefärbten, weit über den Schwamm verteilten Polypen, bei denen nur der Tentakelkranz und ein kurzes Stück des Stammes sichtbar sind.

**Verwechslung:** Die braune Farbe und die vergleichsweise geringe Zahl der Polypen sind eindeutige Bestimmungsmerkmale.

**Lebensraum:** Die Braune Schwamm-Krustenanemone wächst auf einer Vielzahl von Schwämmen in 15 bis 30 m Tiefe.

**Besonderheiten:** Siehe vorherige Arten.

## *Zoanthus pulchellus*

### Korallen-Krustenanemone, Mat Zoanthid

Klasse Anthozoa, Ordnung Zoantharia, Familie Zoanthidae

**Merkmale:** Die bis zu 1 cm großen Polypen weisen eine Doppelreihe von kurzen Tentakeln auf. Die Farbe kann von weißgrau, braun, grün oder braun mit grünem Zentrum variieren.

**Verwechslung:** Die Polypen wachsen stets dicht beieinander, was ihnen das Aussehen von geöffneten Steinkorallen verleiht. Sieht man aber zusammengezogene Polypen, so erkennt man sofort, dass keine Kalkkelche vorhanden sind. *Zoanthus sociatus* ist ein Synonym von *Z. pulchellus*.

**Lebensraum:** Die Art kommt vom Flachwasser bis in maximal 20 m Tiefe vor, meist flacher als 5 m.

**Besonderheiten:** Diese Krustenanemone wächst häufig auf und um eher flächig wachsende Steinkorallen, wie *Porites*, *Diploria* o.Ä. In größerer Tiefe lebende Exemplare erscheinen im dortigen Dämmerlicht oft rosa bis orange leuchtend. Dies verschwindet bei Verwendung von Lampen.

**Aquarium:** Die Art ist gut haltbar, auch bei schlechterer Beleuchtung. Braune Schwamm-Krustenanemonen nesseln stark andere Wirbellose oder überwachsen sie sogar. Daher sind sie nur bedingt für Riffaquarien geeignet.

## *Palythoa caribaeorum*

### Kissen-Krustenanemone, White Encrusting Zoanthid

Klasse Anthozoa, Ordnung Zoantharia, Familie Zoanthidae

**Merkmale:** Die bis zu 1,5 cm großen Polypen wachsen so dicht zusammen, dass sie eine kissenförmige Kolonie bilden, die bis zu 1 m Durchmesser erreichen kann. Die Grundfarbe ist hellbraun bis grüngelb oder hellgelb.

**Verwechslung:** Kissen-Krustenanemonen ähneln durch ihre dichte Wuchsform sehr stark ähnlichen großpolypigen Steinkorallen (z. B. den Gattungen *Montastrea* oder *Isophyllastrea*). Diese besitzen aber ein Kalkskelett, das zumindest tagsüber gut sichtbar ist. Früher wurde die Art auch *P. caribea* genannt. *Palythoa grandis* (= *grandiflora*) kommt nur in kleinen Gruppen vor und hat doppelt so große Polypen.

**Lebensraum:** Die Art findet man von 5 bis 20 m Tiefe und stets auf harter Grundlage.

**Besonderheiten:** Die Polypen können wegen des fehlenden Kalkskeletts nicht eingezogen, sondern nur kontrahiert werden.

**Aquarium:** Die Kissen-Krustenanemone ist gut haltbar, aber kräftig nesselnd. Sie muss wie alle Krustenanemonen öfter gefüttert werden. Ihr Hautschleim ist giftig! Daher sind sie nur für Riffaquarien geeignet, wenn man genügend Abstand zu empfindlicheren Wirbellosen gewährleisten kann.

## *Condylactis gigantea*

### Karibische Riffanemone, Giant Anemone

Klasse Anthozoa, Ordnung Actiniaria, Familie Actiniidae

**Merkmale:** Typisch und auffallend sind die bis zu 20 cm langen, am Ende häufig verdickten, manchmal auch eher spitz zulaufenden, in einem dichten Büschel stehenden Tentakel. Der Körper ist meist in Spalten verborgen. Die Grundfarbe ist schmutzigweiß bis gelb oder grüngelb, die Spitzen der Verdickungen an den Tentakelenden sind oft rosa bis lila gefärbt. Die Körperscheibe ist fest auf dem Untergrund verankert und meist nicht sichtbar, da in einer Spalte verborgen. Die Art erreicht bis 40 cm Durchmesser.

**Verwechslung:** In der Karibik gibt es keine ähnliche Art.

**Lebensraum**: Die Art lebt häufig im flacheren Wasser, kommt allerdings noch bis 30 m Tiefe vor. Sie ist stets auf festem Untergrund angeheftet und bevorzugt in Spalten verankert.

**Besonderheiten:** Einige Garnelen und der Schleimfisch *Malacoctenus boehlkei* leben in Gemeinschaft mit dieser Anemone. Typisch und häufig findet man die Garnelen *Periclimenes pedersoni*, *P. yucatanicus* und *Thor amboinensis* zwischen den Tentakeln.

**Aquarium:** In hellen Riffbecken ist die Karibische Riffanemone gut haltbar. Sie wechselt anfangs wie viele Anemonen aber gerne ihren Standort.

## *Stichodactyla helianthus*

### Sonnenanemone, Teppichanemone, Sun Anemone

Klasse Anthozoa, Ordnung Actiniaria, Familie Stichodactylidae

**Merkmale:** Auf der flachen, bis zu 14 cm großen Scheibe befinden sich Hunderte kurzer Tentakel gleichmäßig verteilt. Die Grundfarbe variiert von grüngrau bis braun. Die Art kommt bis in 10 m Tiefe vor.

**Verwechslung:** Die Art, früher *Stoichactis helianthus* genannt, wird manchmal mit *Ricordea florida* verwechselt, die aber viel kleiner ist.

**Lebensraum:** Die Sonnenanemone lebt im Flachwasser ruhiger Zonen in Riffnähe. Sie kommt meist in größeren Gruppen vor, die den Boden teppichartig bedecken, und benötigt festen Untergrund zum Ansiedeln.

**Besonderheiten:** Die Art nesselt kräftig, was auch beim Menschen zu Hautreizungen führen kann. Die Vermehrung erfolgt meist durch Teilung der Körperscheibe. Dies führt zu den teppichartigen Ansammlungen.

**Aquarium:** Diese Art ist gut haltbar, nesselt aber andere Wirbellose. Sie muss öfter gefüttert werden, wandert gerne und ist daher für ein Riffaquarium nicht geeignet.

## *Bartholomea lucida*

### Stecknadelanemone, Knobby Anemone

Klasse Anthozoa, Ordnung Actiniaria, Familie Aiptasiidae

**Merkmale:** Typisch sind die dünnen, spitz zulaufenden, durchsichtigen Tentakel mit den auf ihnen unregelmäßig verstreut liegenden, stecknadelkopfgroßen weißen Knöpfchen, die mit Nesselzellen gefüllt sind. Der Körper selbst ist immer in Spalten versteckt. Die Länge der Tentakel beträgt bis 10 cm, ihre Anzahl bis mehrere Hundert.

**Verwechslung:** Sehr ähnlich erscheint die Korkenzieheranemone *Bartholomea annulata*, die aber keine Knöpfchen, sondern spiralig angeordnete weiße Linien auf den Tentakeln aufweist. Früher wurde diese Art *Heteractis lucida* genannt.

**Lebensraum:** Die Art kommt vom Flachwasser bis 30 m Tiefe vor. Sie bevorzugt klares Wasser der meerseitigen Riffe. Man entdeckt sie stets auf hartem Untergrund und eng in Spalten gezwängt. Bei Störungen zieht sie sich meist ganz und ruckartig in diese Spalten zurück.

**Besonderheiten:** Besonders in dieser Anemone findet man häufig die Garnele *Periclimenes pedersoni* sowie *P. rathbunae*. Die Stecknadelanemone nesselt den Menschen nur leicht, da die Nesselkapseln die menschliche Haut nicht zu durchschlagen vermögen.

## *Bartholomea annulata*

### Korkenzieheranemone, Corkscrew Anemone

Klasse Anthozoa, Ordnung Actiniaria, Familie Sagartidae

**Merkmale:** Die bis zu 200 langen, spitz endenden, durchsichtigen Tentakel sind mit weißen Bändern unvollständig geringelt, was ihnen eine korkenzieherähnliche Optik gibt. Die Grundfarbe ist gelblich bis schmutzig graugelb. Die Tentakel werden bis zu 25 cm lang.

**Verwechslung:** Kleinere Exemplare ähneln der vorigen Art verblüffend. Bei genauerem Hinsehen kann man beide aber leicht unterscheiden. Ältere Exemplare verlieren zudem in Körperscheibennähe die Ringelung der nun kaum noch durchsichtigen Tentakel und sind dann auch kräftiger gefärbt.

**Lebensraum:** Die Korkenzieheranemone ist häufig auch in Mangrovenkanälen, unter Bootsstegen und in trüberem, kaum bewegtem Wasser, aber auch im Riff bis mindestens 40 m Tiefe zu finden. Manchmal entdeckt man sie sogar in leeren Gehäusen von großen Schnecken. Die Art ist eine der häufigsten Anemonen in der Karibik.

**Besonderheiten:** Auch hier wird häufig die Garnele *Periclimenes pedersoni* und der Rote Pistolenkrebs *Alpheus armatus* angetroffen. Von letzterem sieht man oft nur die langen weißen Tentakel, da er sich meist am versteckten Fuß der Anemone aufhält. Die weiße Bänderung der Tentakel trägt ganze Batterien von Nesselzellen. Dennoch sind diese für die menschliche Haut nur bei Allergien gefährlich.

**Aquarium:** Die Art nesselt! Sie kann nur in besonderen Anemonenbecken gehalten werden. Eine Fütterung ist notwendig.

## Unbestimmte Art

**„Schwamm-Anemone", Sponge Anemone**

Klasse Anthozoa, Ordnung Actiniaria, Familie unbekannt

**Merkmale:** Die etwa 5 bis 8 cm große Mundscheibe ist von ca. 30 bis 10 cm langen, spitz zulaufenden Tentakeln umgeben. Die Färbung ist dunkel oliv bis graubraun, die Tentakel sind hell gefleckt oder geringelt. Je älter die Exemplare sind, umso dunkler werden sie. Die Mundscheibe weist eine charakteristische Zeichnung auf. Die Schwamm-Anemone kommt vom Flachwasser bis etwa 40 m Tiefe vor.

**Verwechslung:** Glasrosen (*Aiptasia*) sehen ähnlich aus, wachsen aber selten zwischen Schwämmen.

**Lebensraum:** Schwamm-Anemonen findet man stets in Falten oder Hohlräumen von Schwämmen. Bei Berührung können sie sich dorthin zurückziehen.

**Besonderheiten:** Obwohl häufig, wurde diese Art bislang nicht wissenschaftlich bestimmt. Die Ähnlichkeit mit Glasrosen der Gattung *Aiptasia* ist aber so groß, dass sie vermutlich mit ihnen eng verwandt sind. Es bleibt zu hoffen, dass sich Anemonenspezialisten bald mit dieser überall vorkommenden Art beschäftigen und sie korrekt bestimmen.

**Aquarium:** Durch die Assoziation mit Schwämmen ist die Art für die Haltung ungeeignet, da sich die passenden Schwammarten in der Regel im Aquarium nicht lange genug halten lassen. Ob sie auch ohne Schwämme überleben könnten, ist unbekannt.

## *Epicystis crucifer*

### Warzige Anemone, Beaded Anemone

Klasse Anthozoa, Ordnung Actiniaria, Familie Phymanthidae

**Merkmale:** Um die mit Warzen bedeckte Mundscheibe sind ca. 200 bis zu 3 cm lange, sich verjüngende Tentakel angeordnet. Die Grundfärbung der Warzigen Anemone variiert von grau über braun bis hin zu olivgrün, selten mit roten oder lila Spitzen. Die Unterseite der Mundscheibe weist kleine rötliche bis violette, in gleichmäßigen Reihen angeordnete Warzen auf.

**Verwechslung:** Die ähnlich gefärbte Schwammanemone hat längere Tentakel und bleibt erheblich kleiner. *Phymanthus crucifer* scheint ein Synonym dieser recht variabel aussehenden Anemone zu sein.

**Lebensraum:** Die Art lebt in ruhigen, geschützten Bereichen des Riffs (Rückriff), auf Sandflächen und zwischen Korallenschutt, meist halb eingegraben. Sie kommt bis 10 m Tiefe vor.

**Besonderheiten:** Diese Anemonen sind wie viele andere Arten auch in der Lage, ihren Standort zu verlassen, wenn er ungeeignet ist.

**Aquarium:** Die Art ist gut haltbar, aber dann lästig, wenn sie wandert. Ein einmal eingenommener Standort wird jedoch meist beibehalten. Die Warzige Anemone muss öfter gefüttert werden. Sie gilt als sehr beständig.

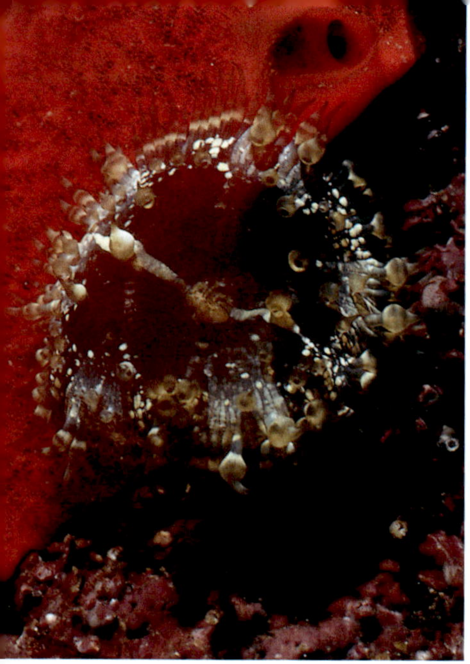

## Unbestimmte Art
### „Blasen-Anemone“, Bubble Anemone

Klasse Anthozoa, Ordnung Actiniaria, Familie unbekannt

**Merkmale:** Typisch ist die flache Mundscheibe und kurze, manchmal mit verdickten Enden versehene, weißbraun bis weißgrau gestreifte Tentakel. Sie erreicht bis 4 cm Durchmesser.
**Verwechslung:** Ähnlich wie *Epicystis crucifer*, aber viel kleiner.
**Lebensraum:** Die Blasen-Anemone findet man stets am Rand von Schwämmen oder darauf wachsend. Ab 10 bis 40 m Tiefe.
**Besonderheiten:** Diese Anemone wächst oft auf rot gefärbten Schwämmen, die ungenießbar sind und daher einen zusätzlichen Schutz bieten. Es gibt derzeit keine wissenschaftliche Bezeichnung für diese Art.
**Aquarium:** Eine Haltung ist unbekannt.

## *Lebrunia coralligens*
### Krebsaugenanemone, Hidden Anemone

Klasse Anthozoa, Ordnung Actiniaria, Familie Alciidae

**Merkmale:** Die Tentakel dieser Anemone stehen aus engen Ritzen und Spalten im Riff hervor. Am Ende sind die goldbraun gefärbten, streichholzdicken und kaum 3 cm langen, selten einfach verzweigten Tentakel verdickt und weisen einen hellen Ring auf.
**Verwechslung:** Mit *Lebrunia danae* möglich, die aber stets verzweigte Arme hat.
**Lebensraum:** In engen Spalten und Ritzen von Korallenstöcken; bis 15 m Tiefe.
**Besonderheiten:** Die tagsüber sichtbaren Tentakel nennt man Pseudo- oder Sekundärtentakel. Sie werden bei Störungen schnell völlig eingezogen. Erst nachts werden die eigentlichen Tentakel ausgestreckt. Achtung! Diese Art nesselt auch die menschliche Haut.

## *Lebrunia danae*

### Ästige Anemone, Danas Anemone, Branching Anemone

Klasse Anthozoa, Ordnung Actiniaria, Familie Aliciidae

**Merkmale:** Die tagsüber sichtbaren (Pseudo-) Tentakel dieser Anemone weisen dicke Knöpfe und verzweigte, spitz zulaufende Enden auf. Sie sind goldbraun und weiß, häufig auch bläulichweiß gefärbt. Die ganze Anemone kann etwa 30 cm lang werden.
**Verwechslung:** Eine Verwechslung ist nur mit *Lebrunia coralligens* möglich, die aber keine verzweigten Tentakel aufweist.
**Lebensraum:** Spalten und Ritzen von lebenden oder toten Korallenstöcken vom Flachwasser bis 60 m Tiefe.
**Besonderheiten:** Man sieht nur die Pseudotentakel (Sekundärtentakel), die sich bei Störungen schnell zurückziehen können. Erst nachts werden die normalen Tentakel ausgestreckt.

## *Telmatactis americana*

### Stempel-Anemone, Club Tipped Anemone

Klasse Anthozoa, Ordnung Actiniaria, Familie Telmatactidae

**Merkmale:** Die kurzen, am Ende knopfartig verdickten Tentakel sind hellbraun durchscheinend gefärbt, mit dunkelbraunen Pünktchen und Flecken übersät. Der dicke fleischige Stamm ist mit einem dünneren Fuß am Substrat festgewachsen. Die Art erreicht bis 10 cm Durchmesser.
**Verwechslung:** Es gibt keine Verwechslungsmöglichkeit.
**Lebensraum:** Die Stempelanemone kommt vom Flachwasser bis in 15 m Tiefe vor. Sie ist stets unter Steinen verborgen, lediglich die Tentakelkrone schaut hervor.
**Besonderheiten:** Diese Anemone findet man am ehesten nachts oder beim Umdrehen von Steinen.
**Aquarium:** Die Art ist für die Haltung ungeeignet, da verborgen lebend.

## *Aiptasia tagetes*

### Karibische Glasrose, Pale Anemone

Klasse Anthozoa, Ordnung Actiniaria, Familie Aiptasiidae

**Merkmale:** Auf dem oft langen Stiel sitzt eine etwa 0,5 bis 3 cm große, durchsichtige, weißlich blau oder dunkel gefärbte Mundscheibe, die von bis zu 100 dünnen, langen, spitz zulaufenden Tentakeln umgeben ist. Die Grundfarbe der Karibischen Glasrose ist durchsichtig weißlich bis schmutzig braun.

**Verwechslung:** Möglicherweise gibt es mehrere Glasrosen-Arten. *A. pallida* scheint aber eher ein Synonym zu sein.

**Lebensraum:** Man findet diese Art häufig im Flachwasser in ruhigen Lagunen, auf Steinen, den Pfeilern von Bootsstegen oder Mangrovenwurzeln meist in größeren Gruppen dicht beieinander. Aber die Karibische Glasrose kommt auch tiefer (bis ca. 20 Meter) auf festem Untergrund, z.B. an den Wänden von Schiffswracks etc. vor.

**Besonderheiten:** Diese Seerosenart kommt auch mit schlechterer Wasserqualität zurecht.

**Aquarium:** Die Karibischen Glasrosen sind gut haltbar, können aber bei guter Vermehrung sehr lästig werden. Sie lassen sich dann nur mit Mühe wieder unter Kontrolle bringen. Das Ablesen ist regelmäßig ohne Erfolg, da man die Tiere dabei nur stark verletzt und die Reste sich wieder regenerieren können. Auch die Injektion von hochkonzentriertem Salzwasser oder sogar Säure führte nur zu geringen Erfolgen und ist sehr mühselig. Neuerdings versucht man durch das Einsetzen der Gestreiften Schwammgarnele *Lysmata wurdemanni* (Seite 162) eine zu starke Ausbreitung der Glasrosen zu verhindern.

## *Viatrix globulifera*

### Seegrasanemone, Turtle Grass Anemone

Klasse Anthozoa, Ordnung Actiniaria

**Merkmale:** Die Mundscheibe (bis 1,5 cm Durchmesser) und die Tentakel dieser Anemone (bis 5 cm lang) sind weißlich durchsichtig gefärbt.

**Verwechslung:** Eine Verwechslung ist eventuell mit Glasrosen denkbar, die aber nicht den langen Fuß dieser Seeanemonen besitzen. *Bunodeopsis antilliensis* ist ein Synonym.

**Lebensraum:** Die Seegrasanemone findet man vor allem in Seegraswiesen auf den Blättern von Seegras festgeheftet. Sie kann sich ablösen und dann frei herumschwimmen. Viele Anemonen sind in der Lage, sich fortzubewegen. Die meisten Arten kriechen kaum merklich und brauchen so Stunden oder Tage, um den Standort sichtbar zu verändern. *Viatrix globulifera* aber löst sich manchmal vollständig ab und schwimmt umher. Da sie dabei nicht gezielt eine Richtung einschlagen kann sondern mit der Strömung driftet, ist das Auffinden eines geeigneten Standortes eher Zufall. Trotzdem ist dies eine Anpassung, welche die schnelle und weite Verbreitung der Art ermöglicht.

**Besonderheiten:** Die Art ist stark nesselnd, was zu Hautblasen führen kann.

**Aquarium:** Für Aquarienhaltung ist die Seegrasanemone ungeeignet, da sie oft freischwimmt und stark nesselt.

## *Actinia* sp.
### „Karibische Pferdeaktinie“, Black Rock Anemone

Klasse Anthozoa, Ordnung Actiniaria, Familie Actiniidae

**Merkmale:** Es handelt sich um eine bis tischtennisballgroße, braunschwarz bis rotschwarz gefärbte Anemone mit dickem Stamm und kurzen, spitz zulaufenden Tentakeln.

**Lebensraum:** Diese Art lebt stets am Strand im Ebbe-Flut-Bereich, wo kleine Tümpel selbst bei Niedrigebbe noch mit Wasser gefüllt sind. Auch unter Steinen.

**Besonderheiten:** Sie kann sich bei Wassermangel stark zusammenziehen und unter Steinen stundenlang mit nur wenig Feuchtigkeit aushalten.

**Aquarium:** Die Art ist an sich gut haltbar, wird aber bei nicht ausreichender Fütterung immer kleiner. Da sie sich oft in Spalten verkriecht, ist die gezielte Fütterung schwierig.

## *Anthopleura krebsi*
### Felsenanemone, Orange Rock Anemone

Klasse Anthozoa, Ordnung Actiniaria, Familie Actiniidae

**Merkmale:** Die Felsenanemone besitzt eine bis zu 3 cm große, flach an der Unterlage aufliegende Mundscheibe mit kurzen Tentakeln und ist meist kräftig orangegelb bis braunorange gefärbt mit helleren Flecken auf der Mundscheibe.

**Verwechslung:** Die Pferdeaktinie ist dunkler gefärbt und wird erheblich größer.

**Lebensraum:** Man findet diese Art an und unter Steinen in Ebbetümpeln, meist in großer Zahl dicht zusammen.

**Besonderheiten:** Auch diese Art hält längere Ebbezeiten mit wenig Feuchtigkeit gut aus.

**Aquarium:** Ohne ständige Fütterung wird diese Art immer kleiner.

## *Acropora cervicornis*

### Geweihkoralle, Staghorn Coral

Klasse Anthozoa, Ordnung Madreporaria, Familie Acroporidae

**Merkmale:** Typisch sind die mehr als fingerdicken, geweihförmig verzweigten, hellbraun bis gelbbraun gefärbten Äste dieser Koralle. Die Polypen sind klein und bedecken die Zweige vollständig. Auffallend ist der endständige, etwas vergrößerte und meist hellere Polyp an der Triebspitze jedes Zweiges. Die Kolonien werden bis zu 3 m groß.

**Verwechslung:** Die anderen, ähnlich aussehenden *Acropora*-Arten bleiben kleiner.

**Lebensraum:** Die beschriebene Art kommt ab dem Flachwasser bis auf 40 m Tiefe vor. Meist ist sie aber nicht tiefer als 15 m zu finden. Sie lebt zwischen anderen Korallen im Riff, aber auch auf Sandflächen.

**Besonderheiten:** Das Innere der Kolonien ist oft abgestorben und von Algen etc. überkrustet. Dennoch leben die Kolonien noch, was an den wachsenden Triebspitzen erkannt werden kann. Diese Korallenart kann bis zu 15 cm im Jahr wachsen. Die Polypen der Geweihkoralle sind nachtaktiv.

## *Acropora palmata*

### Elchgeweihkoralle, Elkhorn Coral

Klasse Anthozoa, Ordnung Madreporaria, Familie Acroporidae

**Merkmale:** Die elchgeweihartigen Zweige dieser braunen bis gelbraunen *Acropora*-Art erreichen bis zu 4 m Höhe. Die für *Acropora*-Korallen typischen endständigen Polypen sind hier nur am hellen Außenrand der Wachstumszone zu erkennen.

**Verwechslung:** Es gibt keine Verwechslungsmöglichkeit.

**Lebensraum:** Die Art lebt vor allem im Flachwasser bis 15 m Tiefe.

**Besonderheiten:** Die Elchgeweihkoralle ist nachtaktiv. Die Äste sind in der Regel nach der Strömung ausgerichtet. Im Flachwasser seichter Korallenriffe war dies bislang die dominierende Art. In den letzten Jahren nahm sie jedoch immer mehr ab. Man vermutet, dass dies mit der Meereserwärmung zusammenhängt. Vorsicht! Die Äste wachsen oft bis zur Wasseroberfläche. Schnorchler und Schwimmer können sich daran leicht verletzen. Die Wunden entzünden sich zwar selten, heilen aber nur langsam. Beim Schnorcheln sollte man daher immer ein langärmeliges Shirt und lange Hosen tragen oder alle Korallen weiträumig umschwimmen. Taucher sind durch ihre Anzüge besser geschützt.

## *Porites porites*

### Fingerkoralle, Finger Coral

Klasse Anthozoa, Ordnung Madreporaria, Familie Poritidae

**Merkmale:** Diese Art bildet geweihartig verzweigte Kolonien, deren finger- bis daumendicke Äste sich nicht verjüngen und stumpf enden oder manchmal sogar verdickt sind. Manche Kolonien mit kurzen Zweigen wachsen dichtgedrängt zusammen, andere sind eher weitläufig verzweigt. Wegen dieser unterschiedlichen Wuchsform werden die Formen *porites*, *divaricata* und *furcata* unterschieden. Auch die Farbgebung ist variabel von beige über braun oder grün bis rosa. Die Kolonien werden maximal 1 m hoch, die Äste bis zu 6 cm dick.

**Verwechslung:** Die einzelnen Formen von *P. porites* können wie bei anderen Korallen auch genauso gut von den unterschiedlichen Umweltbedingungen herrühren. Es ist daher fraglich, ob eine solche zusätzliche Einteilung Sinn macht.

**Lebensraum:** Die Art lebt in allen Riffbereichen vom Flachwasser bis in über 40 m Tiefe.

**Besonderheiten:** Die stark verzweigten Kolonien bieten vielen anderen Tieren Unterschlupf. Vor allem kleine Riffbarsche schlafen nachts hier. Die Polypen sind meist auch tagsüber offen.

## *Porites astreoides*
### Gelbe Porenkoralle, Mustard Hill Coral

Klasse Anthozoa, Ordnung Madreporaria, Familie Poritidae

**Merkmale:** Typisch für tiefere Riffzonen sind große Köpfe, deren Oberfläche knollenartig strukturiert ist, im Flachwasser wachsen sie aber auch inkrustierend. Deutlich sichtbar sind die kleinen Polypen, deren nur leicht ausgestreckte Tentakel auch tagsüber gut zu sehen sind. Die häufigste Färbung ist senfgelb, es kommen aber auch graubraune oder graue Exemplare vor. Die Kolonien der Gelben Porenkoralle erreichen bis zu einem halben Meter Durchmesser, die Einzelpolypen sind aber lediglich 3 bis 4 mm groß.

**Verwechslung:** Mit den sehr ähnlichen *Madracaris-*, *Stephanocoenia-* und *Montastrea-*Arten ist die beschriebene Art leicht zu verwechseln.

**Lebensraum:** Die gelbe Porenkoralle ist überall vom Flachwasser bis in über 40 m Tiefe häufig.

**Besonderheiten:** Die Polypen sind meist auch tagsüber offen.

## *Dendrogyra cylindrus*
### Säulenkoralle, Pillar Coral

Klasse Anthozoa, Ordnung Madreporaria, Familie Meandrinidae

**Merkmale:** Auffällig sind die säulenförmig aufragenden, an der Basis deutlich dickeren und verwachsenen Kolonien, die bis zu 3 m hoch werden können. Die Färbung ist hellbraun bis dunkelbraun.

**Verwechslung:** Durch die typische Wuchsform ist die Säulenkoralle kaum verwechselbar.

**Lebensraum:** Die Art kommt vom Flachwasser bis etwa 25 m Tiefe vor.

**Besonderheiten:** Hier sind die Polypen auch tagsüber stets offen.

## *Montastrea cavernosa*

### Großpolypige Sternkoralle, Great Star Coral

Klasse Anthozoa, Ordnung Madreporaria, Familie Faviidae

**Merkmale:** Typisch und auffällig sind die großen, tagsüber dick von Gewebe überzogenen Polypen, die dicht an dicht stehen. Ihre Farbe variiert auffällig. Sowohl ziegel- bis braunrote, braune und grüne sowie graue und beigefarbene Kolonien kommen vor. Die Polypen werden bis etwa 1 cm groß, die ganze Kolonie erreicht bis zu 2,5 m und ist meist domförmig gewölbt, oft aber auch plattig-inkrustierend geformt. Die Art ist häufig.

**Verwechslung:** *Montastrea annularis* hat viel kleinere Polypen.

**Lebensraum:** Die Großpolypige Sternkoralle kommt vom Flachwasser bis in über 80 m Tiefe vor.

**Besonderheiten:** Die Polypen sind tagsüber meist geschlossen, geöffnet findet man sie nur nachts (siehe kleines Foto). In kleinen Löchern der Kolonien leben manchmal Grundeln (siehe Seite 298: *Acanthemblennaria maria* und *Emblemaria pandionis*).

## *Montastrea annularis*
### Kleinpolypige Sternkoralle, Boulder Star Coral

Klasse Anthozoa, Ordnung Madreporaria, Familie Faviidae

**Merkmale:** Diese Art wächst in den unterschiedlichsten Formen (siehe Foto oben und rechts). Sowohl große, aufragende, wellige Blöcke als auch flach inkrustierende Kolonien kommen vor. Gelegentlich findet man auch aus dicken Lappen aufgebaute Exemplare. Große Blöcke können bis zu 3 m aufragen. Die Polypen aber sind nur max. 3 bis 4 mm groß. Die Färbung variiert von grüngelb über braun und rotbraun bis grau.
**Verwechslung:** *Montastrea cavernosa* hat erheblich größere Polypen, *Porites porites* kleinere. Die einzelnen Wuchsformen von *Montastrea annularis* werden heute oft als eigene Arten angesehen.
**Lebensraum:** Die Art ist von 5 bis 25 m Tiefe recht häufig.

## *Siderastrea siderea*
### Riff-Sternkoralle, Massive Starlet Coral

Klasse Anthozoa, Ordnung Madreporaria, Familie Siderastreidae (Kleines Foto oben)

**Merkmale:** Die großen, kugelförmigen oder domförmigen Kolonien erreichen bis zu 2 m Durchmesser. Die Polypen selbst sind eher klein (ca. 3 bis 5 mm) und vertieft. Die Färbung der Kolonie variiert von grauweiß über beige bis gelblich.
**Verwechslung:** *Montastrea*-Arten haben erhabene Polypen. Eine andere *Siderastrea*-Art, *S. radians*, bildet keine runden Dome, sondern wächst inkrustierend und hat tiefere Polypenkelche, deren Septen außerdem scharfkantiger sind.
**Lebensraum:** Die Art kommt vom Flachwasser bis 40 m Tiefe vor.

## *Tubastrea coccinea*

### Orangefarbene Kelchkoralle, Orange Cup Coral

Klasse Anthozoa, Ordnung Madreporaria, Familie Dendrophyllidae

**Merkmale:** Tagsüber fallen die tieforange bis gelb gefärbten und stets miteinander verwachsenen, bis zu 1,5 cm großen Polypen-Kelche wegen ihrer Farbe auf, obwohl die Polypen selbst zu dieser Zeit zurückgezogen sind.

**Verwechslung:** Es gibt einige ähnliche Arten, die aber keine miteinander verwachsenen Polypen aufweisen, also höchstens in kleinen Gruppen zusammen wachsen (Solitärpolypen).

**Lebensraum:** Diese Art ist vom Flachwasser bis in über 40 m Tiefe zu finden, stets aber an lichtabgewandten Plätzen und unter Überhängen.

**Besonderheiten:** Die orangegelb gefärbten Polypen öffnen sich normalerweise nur nachts, sind dann aber ein geradezu überwältigender Anblick. Relativ selten sind parasitische Nacktschnecken, die man wegen der identischen Farbe aber nur bei genauerer Untersuchung erkennen kann. Sie fressen vom Korallengewebe und schädigen dadurch die Polypen. Da sie nur gewisse Mengen des Gewebes verzehren, kann die Koralle trotzdem lange weiterleben.

**Aquarium:** Einigen wenigen Spezialisten gelingt es neuerdings, *Tubastrea*-Korallen erfolgreich zu pflegen. Dies gelingt aber nur bei mehrmals täglicher Fütterung. Für die meisten Aquarianer ist die Haltung dieser herrlichen Korallen daher unrealistisch.

## *Eusmilia fastigiata*

### Blumenkoralle, Smooth Flower Coral

Klasse Anthozoa, Ordnung Madreporaria, Familie Caryophyllidae

**Merkmale:** Die bis zu 60 cm großen Kolonien bestehen aus großen, am gestielten Grund miteinander verwachsenen, oben oval geformten und mit deutlichen Lamellen versehenen Polypen, die grüngrau bis braun gefärbt sind. Der Einzelpolyp ist bis 3 cm groß.

**Verwechslung:** In der Karibik existiert keine ähnliche Art.

**Lebensraum:** Die Blumenkoralle findet man vom Flachwasser bis ca. 60 m Tiefe. Sie lebt eher an geschützten und nicht zu hellen Stellen.

**Besonderheiten:** Die Polypen sind nur nachts geöffnet. Zur Zeit der Korallenvermehrung im Herbst füllen sich die sonst durchscheinenden Tentakel der Polypen mit Eiern und erscheinen dadurch weißlich. Die Eier werden nach einiger Zeit ausgestoßen (Foto rechts).

## *Favia fragum*

**Kugelkoralle, Sternkoralle, Golfball Coral**

Klasse Anthozoa, Ordnung Madreporaria, Familie Faviidae

**Merkmale:** Die Kugelkoralle besitzt bis an den Kelch miteinander verwachsene, durch eine vertiefte Linie nur leicht getrennte, bis zu 1,5 cm große Polypen. Die Färbung variiert von gelbbraun bis grüngelb. Die Kolonien bilden normalerweise domförmige bis kugelige Formen, können aber auch festen Untergrund überziehen.

**Verwechslung:** Bei *Dichocenia stokesii* sind die Polypen größer und stärker voneinander getrennt sowie unregelmäßiger geformt.

**Lebensraum:** Die Art besiedelt Flachwasser bis ca. 30 m Tiefe.

**Besonderheiten:** Die Polypen sind meist nur nachts geöffnet.

## *Agaricia humilis*

**Salatkoralle, Lowrelief Lettuce Coral**

Klasse Anthozoa, Ordnung Madreporaria, Familie Agariciidae

**Merkmale:** Diese für die Gattung eher untypische Koralle besitzt miteinander verwachsene Polypenkelche, die aber unregelmäßig verlaufen. Die Färbung variiert von grüngelb bis braun. Die Kolonie wächst inkrustierend und wird bei größeren Exemplaren mehr oder weniger tellerförmig, aber nie größer als etwa 15 cm.

**Verwechslung:** *Favia fragum* ähnelt dieser Art, hat aber sehr regelmäßig geformte Kelche, die außerdem durch eine Linie voneinander getrennt sind. *A. humilis* wird teilweise auch als Wuchsform von *Agaricia agaricites* bezeichnet.

**Lebensraum:** Vom Flachwasser bis über 30 m Tiefe, aber meist an geschützten Stellen in ruhigerem Wasser.

**Besonderheiten:** Die Polypen sind nur nachts geöffnet.

## *Scolymia cubensis/wellsi*

### Scheibenkorallen, Mushroom Coral, Disk Coral

Klasse Anthozoa, Ordnung Madreporaria, Familie Mussidae

**Merkmale:** Diese Solitärkorallen bestehen aus einem einzigen Polypen, der allerdings bei diesen beiden Arten maximal 10 cm Durchmesser erreichen kann. Der Kelch liegt normalerweise flach auf dem Untergrund auf und ist sehr variabel gefärbt: von gelbbraun über braun bis leuchtend grün.

**Verwechslung:** Die *Scolymia*-Arten sind lebend schwer voneinander zu unterscheiden. Zur genaueren Identifikation benötigt man das Skelett. *Scolymia lacera* kann man aber im adulten Zustand schon an der Größe unterscheiden. Sie wird bis zu 15 cm groß. Die ähnlichen *Mussa*-Arten haben stets miteinander verwachsene Polypen.

**Lebensraum:** Die Scheibenkorallen findet man ab etwa 10 m Tiefe bis wahrscheinlich über 100 m Tiefe. Im flacheren Wasser leben sie stets an abgeschatteten Plätzen.

**Besonderheiten:** Die Polypen sind nur nachts geöffnet.

## *Mycetophyllia lamarckiana*

### Kaktuskoralle, Rigged Cactus Coral

Klasse Anthozoa, Ordnung Madreporaria, Familie Mussidae

**Merkmale:** Auch diese Art bildet flach auf der Unterlage aufliegende Kolonien, die aber aus völlig miteinander verwachsenen Polypen bestehen und durch die dicken, gratartigen, leicht gewundenen Wulste an der Oberfläche auffallen. Diese Wulste begleiten den Rand der Kolonie und wachsen dann nach innen zum Zentrum, das aber frei bleibt. Die Färbung variiert von braungrau bis leuchtend grün. Die gesamte Kolonie kann bis zu 30 cm Durchmesser erreichen.

**Verwechslung:** Es gibt mehrere ähnliche *Mycetophyllia*-Arten, die sich an der Anordnung, Größe und Form der wulstartigen Grate unterscheiden. Bei *M. ferox* sind diese eher wenig ausgeprägt und miteinander verwachsen, bei *M. aliciae* sind sie unregelmäßig auf der Kolonie verteilt und bei *M. reesi* bestehen sie nur aus runden Warzen, die aber in gleichmäßigen, kreisförmigen Reihen angeordnet sind. Alle Arten variieren sehr stark in der Färbung.

**Lebensraum:** Kaktuskorallen leben von 10 bis in 60 m Tiefe. Man findet sie stets an schattigen Plätzen, z. B. auf Absätzen an Steilwänden.

**Besonderheiten:** Die Polypen sind tagsüber geschlossen.

## *Mycetophyllia ferox*

### Raue Kaktuskoralle, Rough Cactus Coral

Klasse Anthozoa, Ordnung Madreporaria, Familie Mussidae

**Merkmale:** Typisch für diese inkrustierend wachsende Art sind die manchmal geschlossenen Grate, die in der Regel auch heller als die dazwischen liegenden Vertiefungen sind. Auch warzige Erhebungen kommen zwischen den Graten vor. Die Grundfarbe ist graubraun bis braun oder grünbraun. Die Art erreicht bis 50 cm Durchmesser.

**Verwechslung:** Es handelt sich um die einzige Art der Gattung, bei der die Grate miteinander verbunden sein können (siehe Foto oben).

**Lebensraum:** Die Raue Kaktuskoralle kommt von 5 bis 30 m Tiefe vor. Meist lebt sie eher an abgeschatteten Stellen oder tiefer am Riff.

**Besonderheiten:** Die Polypen sind nur nachts geöffnet. Interessant ist, dass die nahe verwandte Art *M. reesi* (Ridgeless Cactus Coral) Polypen ohne Tentakel besitzt. Aber auch die anderen Arten der Gattung *Mycetophyllia* besitzen nur sehr kurze Tentakel. Die Korallen wirken dadurch eher fleischig als steinhart und werden häufig für Anemonen oder Lederkorallen gehalten.

## *Diploria strigosa*

### Gemeine Hirnkoralle, Symmetrical Brain Coral

Klasse Anthozoa, Ordnung Madreporaria, Familie Faviidae

**Merkmale:** Es handelt sich hier um große, domartig geformte, oft auch inkrustierend wachsende Kolonien mit sehr regelmäßig angeordneten mäandrierenden Graten, die von weitem eine gehirnartige Struktur erkennen lassen. Die Grate sind gleichmäßig rund und weisen nur selten eine kaum erkennbare mittlere Trennlinie auf. Die Färbung variiert von graublau über graubraun und gelbbraun bis grün (vor allem die Flächen zwischen den Graten). Eine Kolonie hat bis 2 m Durchmesser.

**Verwechslung:** Typisch sind die gleichmäßig mäandrierenden Grate ohne Trennlinie am Scheitelpunkt.

**Lebensraum:** Die Gemeine Hirnkoralle findet man vom Flachwasser bis 40 m Tiefe.

**Besonderheiten:** Wie viele Steinkorallen werden auch die Hirnkorallen häufig von Kalkröhrenwürmern, Wurmschnecken etc. bewohnt. Gelegentlich siedeln sogar artfremde Korallen auf ihnen (siehe Foto links).

## *Diploria labyrinthiformis*

### Doppeltgewundene Hirnkoralle, Groved Brain Coral

Klasse Anthozoa, Ordnung Madreporaria, Familie Faviidae

**Merkmale:** Wie die vorige Art bildet auch *D. labyrinthiformis* domartige Kolonien, die aber durch eine deutliche, mehr oder weniger breite Mittellinie doppelt erscheinende Mäander aufweist, die zudem höher werden und dadurch tiefere Einschnitte zwischen den Graten bewirken. Die Farbe ist gelbbraun bis braungrau. Bis 1,5 m Durchmesser werden erreicht.

**Verwechslung:** Typisch sind die durch eine mehr oder weniger stark ausgeprägte, aber stets sichtbare Gratlinie am Scheitelpunkt geteilten Mäander.

**Lebensraum:** Diese Art lebt vom Flachwasser bis über 40 m Tiefe.

**Besonderheiten:** Auf den Hirnkorallen leben häufig winzige Grundeln, die zwischen den Graten Zuflucht finden. Wahrscheinlich sind diese Grundeln auf reich strukturierte Korallen spezialisiert, möglicherweise sogar auf einzelne Arten. Sie verlassen ihren Wirt nie. Selbst Paarung und Brutpflege finden auf der Koralle statt.

## *Colophyllia natans*

### Falsche Hirnkoralle, Boulder Brain Coral

Klasse Anthozoa, Ordnung Madreporaria, Familie Faviidae

**Merkmale:** Diese Hirnkoralle bildet ebenfalls Dome, die aber meist flacher sind und häufig sogar inkrustierend wachsen, wobei die einigermaßen runde Form erhalten bleibt. Die Färbung der Grate ist braun, die Zwischenräume sind grün, graubraun oder weißlich, manchmal auch gleichfarbig. Kolonien erreichen bis 2 m Durchmesser.

**Verwechslung:** Typisch ist hier neben der eher zarten Trennlinie am Scheitelpunkt eine zweite auffällige scharfe Begrenzung des Grates an der Stelle, an der der Grat in die Kanäle zwischen den Graten übergeht. Eine weitere häufige Art ist *Meandrina meandrites* (siehe Foto links), die leicht mit *Colophyllia natans* verwechselt werden kann.

**Lebensraum:** Die Falsche Hirnkoralle lebt vom Flachwasser bis weit über 40 m Tiefe.

**Besonderheiten:** Die Polypen sind nur nachts geöffnet.

## *Agaricia fragilis*

### Zerbrechliche Plattenkoralle, Fragile Saucer Coral

Klasse Anthozoa, Ordnung Madreporaria, Familie Agariciidae

**Merkmale:** Die Kolonien bestehen aus unregelmäßig runden, dicht am Untergrund dicht anliegenden Platten, deren Oberfläche durch meist deutlich ausgeprägte, konzentrisch verlaufende Grate strukturiert ist. Die Grundfarbe ist ein dunkles gelbbraun bis grünbraun, oft aber auch heller. Der Durchmesser beträgt bis ca. 20 cm.

**Verwechslung:** Es gibt mehrere ähnliche Arten aus dieser Gattung, die aber alle entweder größer werden oder viele zusammenhängende Platten formen. Dennoch ist die einwandfreie Bestimmung der *Agaricia*-Arten schwierig und unter Wasser oder anhand von Fotos nicht immer möglich.

**Lebensraum:** Die beschriebene Art lebt vom flacheren Wasser ab 5 m Tiefe bis in weit über 50 m. Besonders im Flachwasser mag sie es stets lichtgeschützt unter Überhängen und an unzugänglichen Stellen.

**Besonderheiten:** Die Kelche der kleinen Polypen sind manchmal weiß gefärbt. Sie werden nur nachts geöffnet. Vorsicht, sie sind sehr zerbrechlich! Korallen sollte man aber generell nicht anfassen.

## *Agaricia lamarcki/undata/grahamae*

### Salatkorallen, Sheet Coral, Scroll Coral, Lettuce Coral

Klasse Anthozoa, Ordnung Madreporaria, Familie Agariciidae

**Merkmale:** Diese drei schwer voneinander zu unterscheidenden Arten bilden plattenartige, meist blattförmig gerundete, an der Basis festgewachsene und sich oft überlappende Kolonien. Die Grate sind konzentrisch angeordnet und verlaufen wellig. Die Polypenkelche sind manchmal als kleine weiße, sternförmig geschlitzte Punkte zu erkennen. Alle Arten sind gelbbraun, goldbraun bis braun gefärbt. Die einzelnen Platten können bis zu 1 m Durchmesser erreichen.

**Verwechslung:** Die Unterschiede sind nur bei genauem Hinsehen zu erkennen. *A. grahamae* besitzt gleichlange Septen, *A. lamarcki* verschieden lange. *A. undata* ist eher selten und kommt erst ab 15 m Tiefe vor. Außerdem ähneln auch die Arten *A. agaricites* (stärker wellige und fast hirnkorallenartig gewundene Grate) und *A. tenuifolia* (die Platten wachsen aufrecht) den vorgenannten. Alle genannten Arten wachsen oft dicht beieinander.

**Lebensraum:** Salatkorallen gibt es vom Flachwasser bis in große Tiefen.

**Besonderheiten:** Die Vielfalt der Wuchsformen, häufig auch durch Strömungen etc. verursacht, macht eine exakte Unterscheidung der Arten schwierig.

## *Oculina varicosa*

### Kelchkoralle, Elfenbeinkoralle, Large Ivory Coral

Klasse Anthozoa, Ordnung Madreporaria, Familie Oculinidae

**Merkmale:** Die deutlich erhabenen Polypen sitzen an den bleistiftdicken, nur mäßig verzweigten, aber dicht beieinander stehenden Ästen. Die Färbung ist gelbbraun bis grüngelb, seltener rötlich (tiefere Regionen). Die Größe der Kolonien erreicht bis 1 m, die Polypen sind unter 1 cm groß.

**Verwechslung:** *Oculina tenella* bleibt wesentlich kleiner, die Polypen sitzen auf sehr dünnen Ästchen. Die Farbe ist meist weiß bis hellbeige. *O. diffusa* wächst in dichten Klumpen, bleibt ebenfalls kleiner und wird häufig von allerlei Organismen überwachsen.

**Lebensraum:** Kelchkorallen kommen vom Flachwasser bis in große Tiefen vor. Sie sind eher selten.

**Besonderheiten:** Je nach Tiefe sind die Kolonien kräftiger und farbiger (Flachwasser) oder graziler und weißlich oder blasslila (Tiefe). Dadurch entstehen auch Verwechslungen. Die Kolonien werden oft von verschiedenen Wirbellosen durchwachsen, z. B. von Schwämmen. Außerdem leben unzählige Kleinfische, Krebse etc. zwischen den dicht zusammenstehenden Ästen aller stark verzweigter Korallenarten.

## *Briareum asbestinum*

### Karibische Meerhand, Corky Sea Finger

Klasse Anthozoa, Ordnung Gorgonacea, Familie Briareidae

**Merkmale:** Auffällig ist die violette Grundfarbe dieser Gorgonie, die allerdings bei geöffneten Polypen nur schlecht zu sehen ist. Die grünbraunen, braunen oder graubraunen Polypen sitzen in einem erhabenen Kelch dicht an dicht auf der durch die Kelche unregelmäßig warzigen Oberfläche der Rinde. Zwei Wuchsformen kommen vor: 1. Einer bis mehrere unverzweigte, mehr als daumendicke Äste, die bis zu 75 cm hoch werden können. 2. Als Überzug über festem Untergrund, aber auch auf anderen Gorgonien etc.

**Lebensraum:** Die Art lebt bis 30 m Tiefe, meist aber im flacheren Wasser an eher geschützten Stellen.

**Besonderheiten:** Die Polypen sind zu unregelmäßigen Zeiten geöffnet.

## *Erythropodium caribaeorum*

### Inkrustierende Gorgonie, Encrusting Gorgonian

Klasse Anthozoa, Ordnung Gorgonacea, Familie Anthothelidae

**Merkmale:** Die beige bis hellbraun gefärbte Rinde dieser Gorgonie bildet einen lederartigen Überzug auf festem Untergrund. Da die Polypen tagsüber meist geöffnet sind, sieht man die Rinde nur an manchen Stellen. Die geöffneten Polypen wirken wie ein weicher Flaum, der in der Strömung hin- und herwiegt. Die Kelche der Polypen sind nur als helle Flecken sichtbar. Die Kolonien können bis zu einem Quadratmeter überziehen.

**Verwechslung:** Wenn alle Polypen komplett eingezogen sind, wird diese Gorgonie manchmal mit inkrustierenden Schwämmen verwechselt. Es fehlen aber die schwammtypischen größeren Öffnungen.

**Lebensraum:** Bis 30 m Tiefe.

## *Muriceopsis flavida*

### Kurzästige Seerute, Rough Sea Plume

Klasse Anthozoa, Ordnung Gorgonacea, Familie Plexauridae

**Merkmale:** Farblich variable Gorgonie. Typisch sind die allseitig um die dünnen, kurzen Äste angeordneten hellen bis weißen Polypen. Auch die einzelnen Ästchen sind allseitig auf den Hauptästen verteilt. Die Rinde ist meist hellila, aber auch hellbeige bis graugelb gefärbt. Diese Gorgonie erreicht bis 1 m Höhe.

**Verwechslung:** Ohne genaues Betrachten der Polypenstellung kaum von den *Pseudopterogorgia*-Arten zu unterscheiden. Diese haben stets in Reihen angeordnete Polypen, während sie bei *Muriceopsis* ohne erkennbare Reihung allseitig angeordnet sind. Unterscheidung ist nur Experten möglich (mikroskopische Untersuchung).

**Lebensraum:** Vom Flachwasser bis in über 30 m Tiefe.

## *Pseudopterogorgia sp.*

### Buschige Seerute, Sea Plume

Klasse Anthozoa, Ordnung Gorgonacea, Familie Plexauridae

**Merkmale:** Typisch sind die in Reihen um die dünnen, mehr oder weniger langen Äste angeordneten Polypen. Auch die Verästelungen des Hauptastes sind in einer Ebene angeordnet, also beidseitig des Hauptastes. Die Äste sind lila bis grauweiß, seltener gelblich bis bräunlich.

**Verwechslung:** Es existieren mehrere ähnliche Arten, die sich kaum voneinander unterscheiden. *P. americana* soll durch die schleimige Oberfläche auffallen (Anfassen dennoch unterlassen, da es die Tiere schädigt). *P. bipinnata* fällt durch die eher kurzen, fast rechtwinklig an der Hauptachse in einer Ebene stehenden Seitenäste auf. In allen Fällen gibt es aber Varianten.

**Lebensraum:** Die Buschige Seerute lebt im Flachwasser bis in über 40 m Tiefe.

## *Plexaura homolla*

### Schwarze Hornkoralle, Black Sea Rod

Klasse Anthozoa, Ordnung Gorgonacea, Familie Plexauridae

**Merkmale:** Diese Gorgonie wächst in mehr oder weniger flachen, stark verzweigten Fächern. Die Rinde ist meist dunkelbraun bis fast schwarz gefärbt, die kaum erhabenen Kelche der Polypen sind viel heller und fallen dadurch als hellbeige Punkte auf. Auch die geöffneten Polypen sind hellbeige. Die Art wird bis 80 cm hoch.

**Verwechslung:** *Plexaura flexuosa* (siehe Foto rechts) hat meist dichotom verzweigte Fächer, eine helle Rinde und fast gleichfarbige Polypen.

**Lebensraum:** Die Art findet man vom flachen Wasser bis weit über 50 m Tiefe.

**Besonderheiten:** Viele *Plexaura*-Arten haben sehr variable Wuchsformen, was die Bestimmung erschwert. Im tieferen Wasser wird diese Art z. B. dünner und bildet stärker nach oben wachsende Äste aus.

## *Plexaurella nutans*

### Große Seerute, Giant Slit-Pore Sea Rod

Klasse Anthozoa, Ordnung Gorgonacea, Familie Plexauridae

**Merkmale:** Die bis 1,5 m hoch werdenden, nur wenig verzweigten oder unverzweigten Äste dieser Gorgonie sind hellbeige bis braun gefärbt. Die Äste werden gut 3 cm dick.

**Verwechslung:** Typisch für diese Gattung sind die geschlitzten und leicht erhabenen Polypenkelche. Da die Form der Kolonien und ihre Färbung sehr variabel ist, sind die einzelnen Arten dieser Gattung nur sehr schwer voneinander zu unterscheiden.

**Lebensraum:** Die Art ist in 10 bis 40 m Tiefe zu finden.

## *Eunicea* sp.

### Warzige Seerute. Knobby Sea Rod

Klasse Anthozoa, Ordnung Gorgonacea, Familie Plexauridae

**Merkmale:** Die Arten aus dieser Gattung wachsen ebenfalls fächerförmig verzweigt. Die Polypenkelche sind stets stark knöpfchenartig erhaben und sitzen dicht an dicht auf den Ästen. Die Färbung variiert stark von hellbraun, gelbbraun über braun bis zu lila. Die Warzige Seerute wird bis 1 m hoch.

**Verwechslung:** Die Form der Polypenkelche kennzeichnet diese Gattung. Bei geöffneten Polypen sind diese Arten nur schwer von anderen, ähnlichen Gorgonien unterscheidbar. *Muricea*-Arten besitzen ähnlich erhabene Polypen, aber erheblich dünnere Äste und bleiben außerdem kleiner.

**Lebensraum:** Die Gattung kommt vom Flachwasser bis über 30 m Tiefe vor.

## *Pterogorgia anceps*

### Gefurchte Gorgonie, Angular Sea Whip

Klasse Anthozoa, Ordnung Gorgonacea, Familie Gorgoniidae

**Merkmale:** Typisch für diese Gattung sind die mehrfach gekielten, mit tiefen Furchen versehenen, meist fast auf einer Ebene wachsenden Äste, die aber stets von einem kräftigeren Basisstamm ausgehen. *P. anceps* besitzt eine gelbliche bis grüngelbe Grundfärbung, die an den Graten und Enden lila überhaucht sein können. Die weißlichen Polypen wachsen aus einem Schlitz an den gekielten Graten (siehe kleines Foto). Die Gefurchte Gorgonie wird bis 60 cm hoch.

**Lebensraum:** Man findet die Art vom Flachwasser bis in über 20 m Tiefe.

**Verwechslung:** *P. guadelupensis* unterscheidet sich durch die aus einem Grat herauswachsenden Polypen. *P. citrina* bleibt erheblich kleiner, und die Polypen wachsen aus kelchartigen Erhebungen an den Graten.

## *Gorgonia ventalina*

### Seefächer, Common Sea Fan

Klasse Anthozoa, Ordnung Gorgonacea, Familie Gorgoniidae

**Merkmale:** Die bis zu 2 m hohen Fächer bestehen aus dünnen, netzartig miteinander verbundenen Ästchen, die einer kräftigen, meist violett gefärbten Basis entspringen. Die Ästchen sind ebenfalls violett, blasslila, weißlich oder seltener gelb gefärbt (siehe kleines Foto). Meist sind die Hauptäste kräftiger gefärbt.

**Verwechslung:** *Gorgonia flabellum* ersetzt *G. ventalina* auf den Bahamas, kommt aber, wenn auch nur lokal, in der Karibik, fast nie jedoch in Florida vor. Sie unterscheidet sich nur darin, dass die Ästchen an der Innenseite abgeflacht sind, während die Fächer von *G. ventalina* nur an ihrer Oberfläche abgeflacht sind. Diese Unterscheidung in zwei Arten ist jedoch umstritten und beim Tauchen kaum feststellbar. Die insgesamt viel seltener vorkommende *G. mariae* bleibt wesentlich kleiner und fällt durch die viel gröber netzartige, eher ästige Verzweigung auf. Meist ist sie gelblich gefärbt.

**Lebensraum:** Die Art findet man meist im Flachwasser, seltener bis 30 m Tiefe.

**Besonderheiten:** Der Seefächer liebt reichlich Strömung und kommt sogar in Gebieten mit kräftiger Brandung vor.

## *Iciligorgia schrammi*

### Schwarze Koralle, Tiefseegorgonie, Deepwater Sea Fan

Klasse Anthozoa, Ordnung Gorgonacea, Familie Anthothelidae

**Merkmale:** Diese Gorgonie bildet große, dichotom verzweigte, nicht sehr regelmäßig geformte, meist in einer Ebene stehende Fächer. Die Färbung der glatten, leicht abgeflachten Äste ist rotbraun bis weinrot, seltener grau. Die kleinen Polypen der Schwarzen Koralle sind heller gefärbt und sitzen in kleinen Kelchen in Reihen am Außenrand der Zweigchen. Sie wird bis 2 m hoch.

**Verwechslung:** Alle anderen ähnlich aussehenden Gorgonien unterscheiden sich in der Dicke und Form der Zweige und in der Farbe der Polypen.

**Lebensraum:** Die hier beschriebene Art kommt von 15 m bis weit über 300 m Tiefe vor. Man findet sie stets an Steilwänden lichtgeschützt und in der vollen Strömung.

**Besonderheiten:** Die Polypen sind meist auch tagsüber geöffnet.

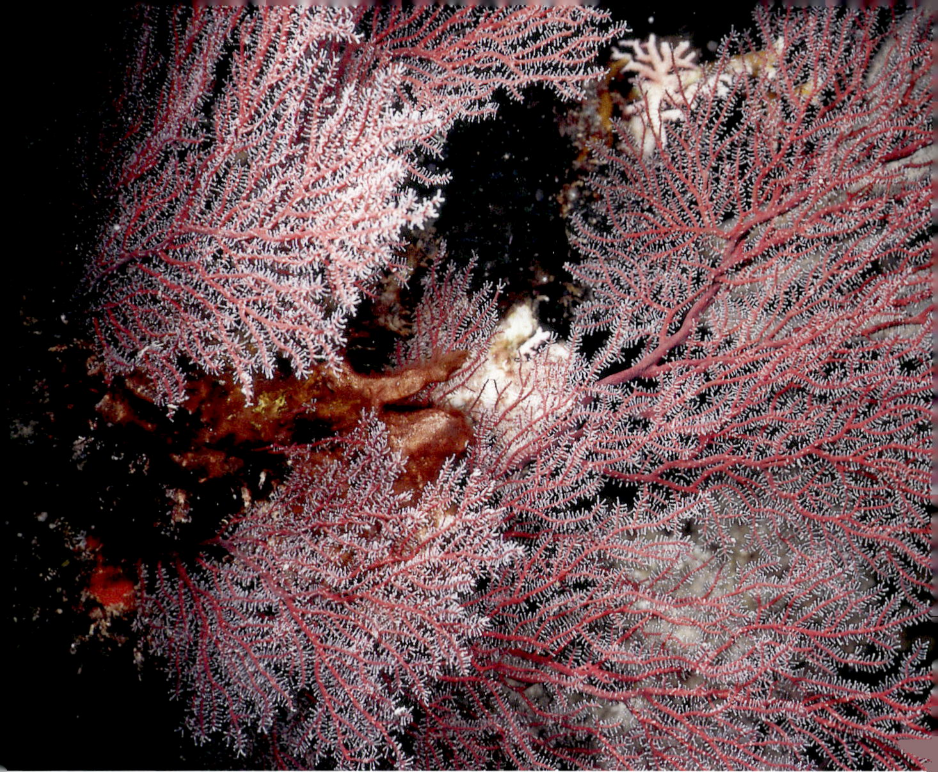

## *Nicella goreaui*

### Zerbrechliche Tiefseegorgonie, Orange Deep Water Fan

Klasse Anthozoa, Ordnung Gorgonacea, Familie Ellisellidae

**Merkmale:** Auffällig sind die besonders zarten, aus dünnen, dichotom verzweigten, meist rostroten bis orangefarbenen Zweigchen aufgebauten, dichten, in einer Ebene angeordneten Fächer. Die in den meisten Fällen geöffneten Polypen sind weiß gefärbt.

**Verwechslung:** Ohne Tauchlampe kann man die Tiefseegorgonien vor allem im tieferen Wasser auch für Dörnchenkorallen (Gattung *Antipathes;* siehe Seite 58ff) halten.

**Lebensraum:** Die Art kommt ab 30 m Tiefe bis weit über 100 m vor. Sie lebt an Steilwänden, unter Überhängen, in Höhleneingängen und Spalten.

**Besonderheiten:** Die Polypen sind auch tagsüber geöffnet. Manchmal sind ganze Felswände von diesen Gorgonien übersät. Solche Steilwände sind wahre Fundgruben für wirbellose Tiere, da hier ähnlich wie im Flachwasser der Korallenriffe eine Vielzahl von Kleinstbiotopen entstehen, die unzähligen Tieren Unterschlupf bieten.

## *Heterogorgia uatumani*

**Goldener Seefächer, Golden Sea Spray**

Klasse Anthozoa, Ordnung Gorgonacea, Familie Plexauridae

**Merkmale:** Die meist geöffneten, auffällig kräftig gelb bis goldgelb gefärbten Polypen stehen dicht an dicht auf den relativ dünnen, dichotom verzweigten Ästen. Oft werden flache Fächer gebildet, aber auch kleine Büsche. Die Fächer erreichen bis 50 cm Durchmesser.

**Verwechslung:** Es ist keine ähnlich gefärbte Art vorhanden.

**Lebensraum:** Man findet den Goldenen Seefächer ab 25 m Tiefe auf Steilwänden, an lichtgeschützten Überhängen, in Höhleneingängen und Felsspalten. Diese Art kommt bis in über 50 m Tiefe vor.

## *Ellisella barbadensis*

**Peitschenkoralle, Devil´s Sea Whip**

Klasse Anthozoa, Ordnung Gorgonacea, Familie Ellisellidae

**Merkmale:** Dünne, peitschenartige, meist in kleinen Gruppen stehende, aber nur an der Basis manchmal zusammengewachsene, unverzweigte Äste sind typisch für diese Gorgonie. Die Grundfärbung dieser Art ist graubraun bis orangerot, die Polypen sind heller gefärbt.

**Verwechslung:** Es gibt einige ähnliche Arten. *E. elongata* hat meist mehrere verzweigte Äste. Die Systematik dieser Gattung ist aber unsicher.

**Lebensraum**: Die Peitschenkoralle kommt ab 20 m Tiefe bis in über 150 m vor. Sie lebt stets an Steilwänden, auf Absätzen am Fuße von Wänden, nur in größerer Tiefe auch freistehend.

**Besonderheiten:** Auf den Ästen leben oft Garnelen und Grundeln, die nur hier vorkommen.

## *Ocyropsis maculata*

### Gefleckte Rippenqualle, Spot-Winged Comb Jelly

Stamm Ctenophora

**Merkmale:** Diese bläulich durchscheinende Rippenqualle besteht aus zwei glockenartig gewölbten Flügellappen, die je zwei große, schwarzbraune Flecken aufweisen. Sie wird bis 10 cm groß.

**Verwechslung:** Die Art wird häufig mit richtigen Quallen verwechselt.

**Lebensraum:** Normalerweise auf der Hochsee vorkommend, werden Rippenquallen häufig von Strömungen ans Riff getragen. In den meisten Fällen findet man beschädigte Tiere, da sie beim Anstoßen an Korallen und ähnliche Hindernisse oft Schaden nehmen.

**Besonderheiten:** Rippenquallen gehören zum Stamm Ctenophora und sind mit den bisher genannten Nesseltieren nicht näher verwandt. Sie sind hier nur wegen der Ähnlichkeit zu den Quallen aufgeführt. Vorsicht! Obwohl Rippenquallen nicht nesseln und daher stets harmlos sind, kann man sie leicht mit nesselnden Quallen verwechseln. In der Nacht leuchten die meisten Arten, vor allem bei Störungen durch Berührung.

# Moostierchen (*Bryozoa*)

Die Moostierchen gehören zum Stamm der Tentaculata, der Tentakelträger. Obwohl es in den tropischen Meeren viele attraktive Arten gibt, werden sie aufgrund der meist geringen Größe häufig übersehen. Bei den Moostierchen handelt es sich um winzige, oft kaum einen halben Millimeter große Tierchen, die aus zwei Teilen bestehen. Der Cystid bildet das harte Kalkgehäuse, der Polypoid ist für den Fang der mikroskopisch kleinen Nahrung verantwortlich. Viele Einzeltiere zusammen bilden eine Kolonie. Arttypisch sind die mikroskopisch kleinen Öffnungen, durch die der Polypoid seine Fangarme streckt und mit denen er Kleinstplankton fängt. Über 3000 Arten sind weltweit beschrieben worden. Nur wenige Arten können sicher anhand des Aussehens bestimmt werden. Gerade über die tropischen Vertreter findet man selten genauere Angaben in der Literatur. Beispielhaft soll hier nur eine auch farblich besonders auffällige Kolonie dargestellt werden. Einzeltiere kommen nie alleine vor. Sie sind aber stets verschiedenartig angeordnet. Man findet inkrustierende Kolonien, deren Einzeltiere eng zusammen in einer dünnen Schicht auf festen Untergrund angeheftet sind. Außerdem können die Einzeltiere wie verästelte Bäumchen aufeinander geschichtet stehen oder wellenförmige, hauchdünne, blütenartige Strukturen bilden. Die Vielfalt ist fast unbegrenzt. Fast immer ist die Anordnung der Einzeltiere zueinander und ihre Färbung arttypisch.

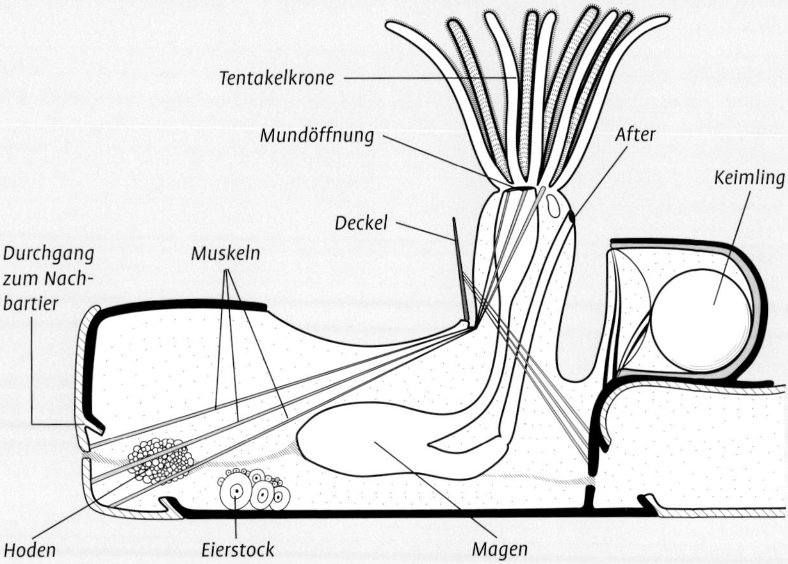


*Bryozoen sind Tierkolonien. Hier ein Einzeltier im Schnitt.*

## *Trematooecia aviculifera*

### Blutendes Moostierchen, Bleeding Teeth Bryozoan

Klasse Bryozoa, Ordnung Cheilostomata

**Merkmale:** Diese Art bildet kräftig rote, seltener goldbraune oder rosafarbene, krustenartige Überzüge von bis zu 15 cm Durchmesser. Die Einzeltiere leben in einem zahnförmigen Kelch.

**Verwechslung:** Andere Bryozoen haben meist eine charakteristische Struktur der Zooiden, die man aber oft nur unter dem Mikroskop unterscheiden kann. Koloniale Seescheiden besitzen mindestens zwei meist deutlich sichtbare Öffnungen.

**Lebensraum:** Die beschriebene Art lebt stets geschützt und unzugänglich unter Überhängen bis 30 m Tiefe.

**Besonderheiten:** Diese Art wird häufig mit kolonialen Seescheiden verwechselt. Die meisten Moostierchenarten übersieht man wegen ihrer Kleinheit fast immer. Sie sind eigentlich nicht selten, aber oft zwischen anderen Wirbellosen verborgen. Nur durch genaues Hinschauen wird man fündig. Wer Moostierchen gezielt suchen will, muss Steinbrocken und abgebrochene Korallenstöcke umdrehen. Die meisten Moostierchen sind nämlich lichtscheu und daher an solchen Stellen zu finden. Nicht vergessen: Die Steine wieder in ihre Ursprungsposition zurücklegen.

# Ringelwürmer (Annelida)

Aus diesem Stamm werden nur die Vielborster, die Polychaeten, regelmäßig entdeckt und beobachtet.

## Vielborster (Polychaeta)

Von den über 10000 Arten, die man zu den Polychaeten rechnet, wird man nur wenige Arten wirklich entdecken. Die meisten leben nämlich im Verborgenen, unter Steinen, in Spalten und Ritzen oder sind nachtaktiv. Wirklich auffällig sind nur Arten, die durch ihre bunten Tentakelkronen leicht entdeckt werden können. Typisch für die Vielborster ist der in Segmente gegliederte Körper mit den in Bündeln anhängenden Borsten (Borstenwürmer) und den Stummelfüßen (Parapodien). Am Kopfteil findet man die verschiedensten Fühler, Tentakel oder regelrechte Tentakelkränze, wie z. B. bei den Röhrenwürmern. Eine große Zahl von Arten lebt versteckt in Löchern des Korallenriffs, unter Steinen oder im Sand und Schlamm, andere bauen sich eigene Wohnröhren aus Kalk oder Schleim. Man unterscheidet frei lebende Borstenwürmer (Errantia), von den festsitzenden Arten (Sedentaria), die meist auffälliger sind und im Riff überall vorkommen. Hauptsächlich die letzteren sind gerade in der Karibik häufig und attraktiv, obwohl ihre Arten- und Individuenzahl weit geringer als die der Errantia ist.

Auch die Ernährung der Polychaeten ist unterschiedlich. Die meisten frei lebenden Arten sind Mikrophagen, d. h. sie leben von Bakterien, Detritus und sonstigem feinem Material, das Steine überzieht oder zwischen Sandkörnern und Geröll zu finden ist. Etliche, vor allem größere Arten, sind auch Räuber, die aber hauptsächlich Aas erbeuten. Die festsitzenden Arten sind Filtrierer, die mit ihrer Tentakelkrone Plankton fangen.

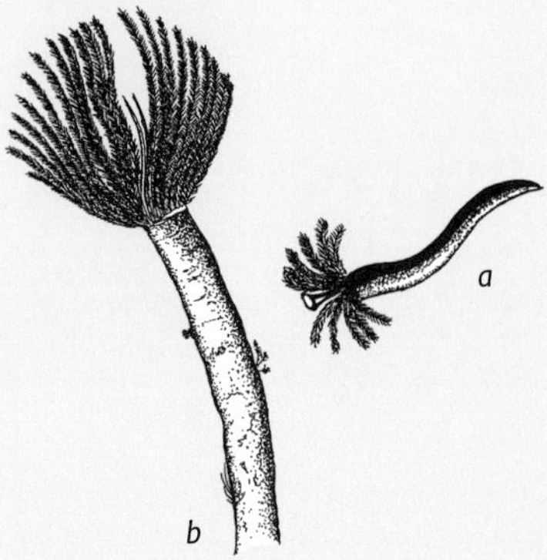


*Röhrenwürmer: a) Kalkröhrenwurm, b) Röhrenwurm mit pergamentartiger Röhre.*

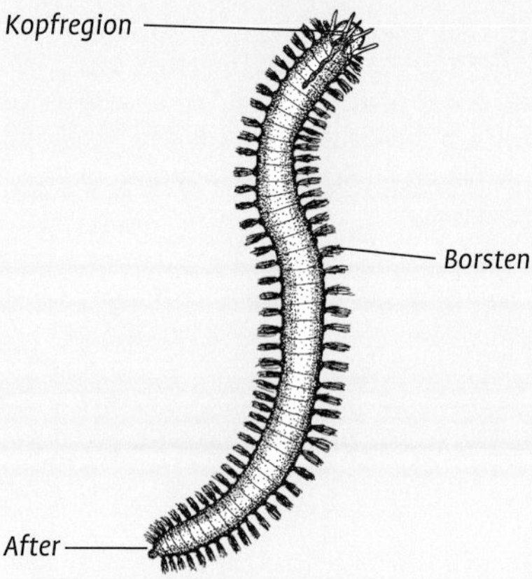


*Vielborster bewegen sich mit Hilfe ihrer zahlreichen Borsten vorwärts.*

## *Eupolymnia crassicornis*

### Spaghettiwurm, Spaghetti Worm

Klasse Polychaeta, Familie Terebellidae

**Merkmale:** Vom gesamten Wurm sind nur die weißen, bis zu 30 cm langen Kopfanhängsel zu sehen, die über den Korallenfels ausgestreckt werden. Der wurmartige, mit Borsten besetzte Körper verbirgt sich im Korallenfels oder unter Steinen und wird etwa 20 cm lang.

**Verwechslung:** Weitere Arten mit weißen Tentakeln sind bekannt, können aber durch die verborgene Lebensweise beim Tauchen nicht voneinander unterschieden werden. Dazu müsste man sie ausgraben, was die Tiere aber stark schädigt.

**Lebensraum:** Die Art lebt auf Korallenfels in allen Tiefenbereichen des Riffs, bevorzugt an eher unzugänglichen Stellen. Ähnliche Arten kommen auch in anderen Meeren vor.

**Besonderheiten**: Die Kopftentakel dienen dem Nahrungserwerb. Sie sind klebrig und tupfen kleine organische Partikel auf, die auf einer nur mit der Lupe sichtbaren Rinne des jeweiligen Tentakels zum Körper und dort zur Mundöffnung transportiert werden. Mit seinen Fangtentakeln kann der Wurm je nach Art und Alter eine Fläche von fast einem Quadratmeter nach Nahrung absuchen. Bei Störungen werden die berührungsempfindlichen Tentakel sofort eingezogen.

**Aquarium**: Kleinere Exemplare bzw. Arten werden häufig mit Lebenden Steinen eingeschleppt und erweisen sich als dauerhafte und nützliche Beckengäste, da sie heruntergefallene Nahrungsreste verwerten.

## *Hermodice carunculata*

### Feuerwurm, Bearded Fireworm

Klasse Polychaeta, Familie Amphinomidae

**Merkmale:** Dieser frei lebende Borstenwurm fällt durch den grünlich bis ziegelrot gefärbten Körper und vor allem durch die in dichten Büscheln an den einzelnen Körpersegmenten angeordneten weißen Borsten auf. Oberhalb der Borsten befinden sich fleischige Kiemenbüschel. Er wird bis 20 cm lang.

**Verwechslung:** *Chloeia viridis* ist viel kürzer und breiter und besitzt längere und dichtere Borsten.

**Lebensraum:** Der Feuerwurm lebt im Flachwasser bis in über 40 m Tiefe. Man findet ihn unter Steinen und Korallen verborgen, häufig aber auch frei herumkriechend.

**Besonderheiten:** Diese Art frisst Gewebeteile von verschiedenen Wirbellosen (Gorgonien, Korallen etc.; siehe Foto rechts), aber auch Aas. Achtung! Die glasartig scharfen Borsten bohren sich bei Berührung in die Haut und brechen ab. Brennen (Name Feuerwurm) und Entzündungen sind die Folge.

**Aquarium:** Die Art ist leicht zu halten, nagt aber an fast allen sessilen Wirbellosen und schädigt sie so stark. Daher ist der Feuerwurm nur für Spezialaquarien geeignet.

## *Sabellastarte magnifica*

### Großer Federwurm, Karibik-Röhrenwurm, Magnificent Feather Duster

Klasse Polychaeta, Familie Sabellidae

**Merkmale:** Der große Federwurm fällt durch seine bis zu 10 cm große, in einer doppelten Spirale gedrehte Fiederkrone auf, die in vielen Farben und Farbmustern vorkommt. Am häufigsten sind braune Exemplare mit weißen oder hellbraunen Mustern. Die ledrige, sehr reißfeste, pergamentartige Wohnröhre ist unter Steinen verborgen oder sogar von Korallen umwachsen, so dass nur die Tentakelkrone sichtbar ist. Es ist kein Operculum (Deckel zum Verschließen der Wohnröhre) vorhanden.

**Verwechslung:** Typisch ist die Form der Fiederkrone. Außerdem ist *S. magnifica* der weitaus größte Federwurm der Karibik.

**Lebensraum:** Überall auf und zwischen Riffgestein und Korallen vom Flachwasser bis in größere Tiefen kann man diese Art finden. Selbst in den Öffnungen von Schwämmen ist sie nicht selten.

**Besonderheiten:** Röhrenwürmer sind Strudler. Sie fangen mit ihrem Tentakelkranz die Nahrung, feine organische Teilchen, aus der Strömung und transportieren sie in einer kaum erkennbaren v-förmigen Rinne der Tentakel mit feinen Wimpern zur Mundöffnung. Verwertbare Teilchen werden gefressen, nicht verwertbare werden je nach Bedarf mit Schleim versehen und in die Wohnröhre eingebaut. Alle Röhrenwürmer können selbst geringste Erschütterungen (Druckwellen) unter Wasser hervorragend wahrnehmen und ziehen sich dann blitzschnell zurück. Hell-Dunkel-Unterschiede (Schatten des Tauchers) werden ebenfalls erkannt.

**Aquarium:** Die Art ist sehr gut haltbar. Verschiedene Fische und Krebse zupfen aber an den Tentakeln und verletzen so die Tiere. Röhrenwürmer müssen mit unverletzter Röhre gekauft werden.

## *Spirobranchus giganteus*

### Bunter Spiralröhrenwurm, Christmas Tree Worm

Klasse Polychaeta, Familie Serpulidae

**Merkmale:** Dieser Röhrenwurm ist sofort an seiner doppelten, spiralig gewundenen Fiederkrone und dem dazwischen stehenden Operculum (Verschlussdeckel) zu erkennen. Die Färbung ist extrem variabel. Sowohl gemusterte als auch einfarbige Tiere kommen direkt nebeneinander vor. Die Wohnröhre ist aus Kalk, aber bis auf die Öffnung vollständig eingewachsen. Die Öffnung selbst ist mit spitzen Dornen bewehrt. Die Tiere erreichen bis 4 cm Gesamtgröße.

**Verwechslung:** Diese Art ist weltweit in den tropischen Riffgebieten verbreitet. Eine Verwechslungsmöglichkeit besteht daher nicht. In der Karibik ist dieser Röhrenwurm besonders häufig.

**Lebensraum:** Man findet diesen Röhrenwurm im Flachwasser, vor allem auf dem sonnenbeschienenen Riffdach, in großen Korallenblöcken meist in großer Anzahl eingewachsen. Bevorzugt werden massige Formen, wie z.B. *Porites*-Korallen und die Feuerkorallen *Millepora*.

**Besonderheiten:** Bei unvorsichtiger Annäherung ziehen sich die Tiere blitzschnell zurück und verschließen die kalkige Röhre mit einem genau passenden Deckel (Operculum).

**Aquarium:** Die Tiere sind gut haltbar. Sie werden häufig auf Lebenden Steinen eingeführt.

## *Anamobaea orsteddii*

### Geteilter Röhrenwurm, Split-Crown Feather Duster

Klasse Polychaeta, Familie Sabellidae

**Merkmale:** Dieser Röhrenwurm fällt vor allem durch die in der Mitte durch eine Einkerbung geteilten, sehr variabel gefärbten Federkronen auf. Von rot über orange bis gelbbraun, meist zusätzlich mit weißen Flecken oder Bändern, reicht das Spektrum. Sie treten häufig in Gruppen oder Paaren auf. Die Krone ist bis 5 cm groß. Diese Art hat kein Operculum. Die Röhre ist pergamentartig weich, aber stets fast vollständig verborgen.

**Verwechslung:** Es gibt eine weitere *Anamobaea*-Art (mittig geteilte Krone), die aber erheblich kleiner bleibt.

**Lebensraum:** Der Geteilte Röhrenwurm ist überall auf Korallen und anderem festem Untergrund ab wenigen Metern Tiefe bis in 25 m zu finden.

**Besonderheiten:** Die Tiere kommen sehr häufig in Zweiergruppen vor, was manche dazu veranlasst, von einer Doppelkrone zu sprechen. Es handelt sich aber stets um Einzeltiere, im Gegensatz zu der nebenstehenden Art *Spirobranchus giganteus*, die tatsächlich über eine Doppelkrone verfügt.

## *Bispira brunnea*

### Kolonialer Röhrenwurm, Social Feather Duster

Klasse Polychaeta, Familie Sabellidae

**Merkmale:** Wie alle Sabellidae besitzt auch dieser Röhrenwurm eine pergamentartige Röhre, die aber einige Zentimeter über das Substrat hinausragt. Die Tentakelkrone ist gleichmäßig trichterförmig gefächert und je nach Standort unterschiedlich gefärbt. Die Grundfarbe ist weiß oder gelblich bis cremefarben, während zur Mitte hin intensives Violett, Orangebraun oder Schokoladenbraun hinzukommt. Seltener kommen auch braun gebänderte Kolonien vor. Die Tiere leben stets in Gruppen von wenigen bis vielen Exemplaren.

**Verwechslung:** Es gibt keine Verwechslungsmöglichkeit.

**Lebensraum:** Die Art kommt vom Flachwasser bis in ca. 20 m Tiefe vor.

**Besonderheiten:** Die Kolonialen Röhrenwürmer vermehren sich durch Ausläufer, also asexuell. Daher findet man sie stets in Gruppen. Die Färbung der Kolonien scheint je nach Herkunft unterschiedlich zu sein. In einer bestimmten Gegend sind die Tiere daher meist gleich gefärbt.

**Aquarium:** Eine Haltung ist unbekannt. Röhrenwürmer werden häufig von Garnelen und Fischen beschädigt. Also nur mit zarten und friedlichen Tieren vergesellschaften.

## *Bispira variegata*

### Kolonialer Sandröhrenwurm, Variegated Feather Duster

Klasse Polychaeta, Familie Sabellidae

**Merkmale:** Die gleichmäßig runde, trichterförmige Krone steckt in einer pergamentartigen Röhre, die häufig einige Zentimeter aus dem Sand oder zwischen Korallen herausragt. Die Färbung der Krone ist variabel, von fast weiß über bräunlich gebändert bis violett. Die Tiere treten stets in Gruppen auf. Die Krone ist bis 3 cm groß.

**Verwechslung:** Die Art wird häufig fälschlich als *Sabella melanostigma* oder *S. bipunctata* bezeichnet. Die verwandte *Bispira brunnea* kommt nie auf Sand, sondern immer auf Hartsubstrat vor.

**Lebensraum:** Sie leben immer auf Sandböden oder im Sand zwischen Korallen meist erst ab 10 m bis in größere Tiefen.

**Besonderheiten:** An der Basis der Krone können bei genauer Untersuchung die Augenflecken entdeckt werden.

## *Pomatostegus stellatus*

### Feuerroter Röhrenwurm, Star Horseshoe Worm

Klasse Polychaeta, Familie Serpulidae

**Merkmale:** Die doppelt gewundene, aber nach einer Seite U-förmig geöffnete Krone ist meist intensiv rot gefärbt, wobei die Spitzen langsam in Gelb übergehen. Aber auch andere Farbmuster kommen vor (rot-gelb-braun gebändert u. Ä.). Die Röhre ist aus Kalk, aber meist vollständig verborgen. Das Operculum fällt kaum auf, da es meist mit Algen etc. überwachsen ist. Krone bis 3 cm.

**Verwechslung:** Durch die variable Färbung ist die Art nicht immer eindeutig vom ähnlichen, aber stets rotgepunkteten Röhrenwurm (*Protula* sp.) unterscheidbar.

**Lebensraum:** Im Flachwasser bis über 30 m, aber stets geschützt zwischen Korallen, in Spalten oder unter Überhängen.

# Weichtiere (Mollusca)

Die Weichtiere haben alle Lebensräume dieser Erde erobert. Sie sind nach den Gliedertieren der artenreichste Tierstamm. Die meisten Arten zeichnen sich durch Gehäuse oder Schalen aus, etlichen fehlen diese aber oder sie sind nur rudimentär vorhanden.

In diesem Stamm finden wir vier Klassen:

- Käferschnecken (Placophora)
- Schnecken (Gastropoda)
- Tintenfische (Cephalopoda)
- Muscheln (Bivalvia)

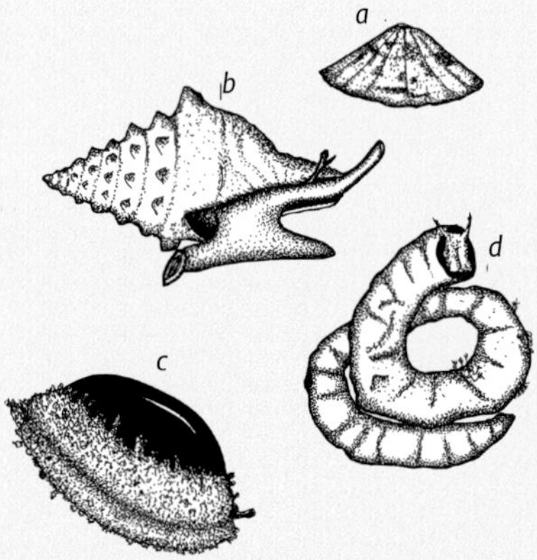


*Verschiedene Schnecken: a) Napfschnecke, b) Gehäuseschnecke, c) Kauri-Schnecke, d) Wurmschnecke.*

## Käferschnecken (Placophora)

Die Käferschnecken sind eine recht altertümliche Gruppe der Weichtiere. Sie zeichnen sich vor allem durch ihr gegliedertes Gehäuse aus, das sie von den „echten" Schnecken deutlich unterscheidet, da diese stets ein einteiliges Gehäuse besitzen. Der Hauptteil des Gehäuses ist aus acht Platten zusammengesetzt, die zueinander beweglich sind. Um diese Platten herum ist ein flexibler Rand angeordnet, der mit dem Untergrund dicht abschließt, was den Tieren auch den zeitweiligen Aufenthalt über Wasser ermöglicht. Werden Käferschnecken gewaltsam vom Untergrund gelöst, rollen sie sich regelrecht zusammen.

## Schnecken (Gastropoda)

Mit zu den bekanntesten und beliebtesten Meerestieren gehören die Schnecken, da sie meist farbenprächtige oder schön geformte Gehäuse besitzen, die schon seit ewigen Zeiten gesammelt werden. Kaum ein Meeresbesucher kann es sich verkneifen, einige besonders schöne Exemplare beim Strandgang mitzunehmen. Leider sind viele Schnecken (und Muscheln) durch das Sammeln bedroht, da von Spezialisten gerade seltene Arten bevorzugt werden. An sich ist gegen das Mitnehmen von einigen kleinen, am Strand gefundenen, bereits toten Allerweltsschnecken nichts einzuwenden. Der Naturfreund sollte sich aber mit dem Anschauen und Beobachten oder Fotografieren der Tiere begnügen und auch keine Schnecken von Straßenhändlern oder in Souvenir-Shops kaufen. Sie werden, um eine tadellose Schale zu erhalten, extra für den Handel getötet. Vielerorts ist das Sammeln von Schnecken und Muscheln ohnehin bereits verboten.

Die Schnecken zeichnen sich vor allem durch ihre einteilige Schale aus, wobei nicht alle Arten überhaupt eine solche besitzen. Der Körper selbst besteht aus dem fleischigen Fuß und dem Eingeweidesack, der bei den Gehäuseschnecken im Schneckenhaus

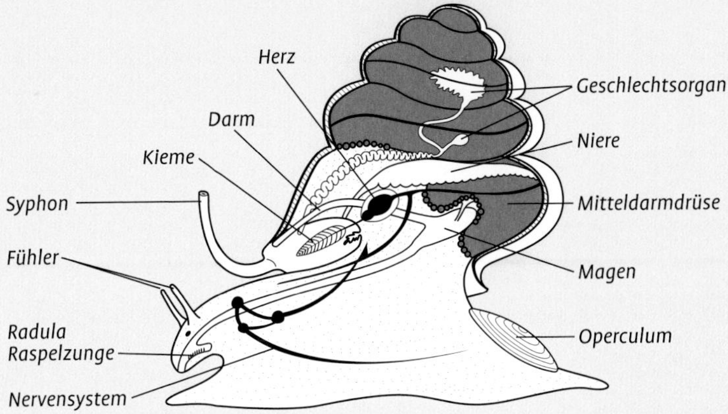


*Grundbauplan einer marinen Schnecke.*

verborgen ist. Der Fuß wiederum besteht aus dem Kopfteil mit den Augen und einer Raspelzunge (Radula), die zum Abweiden und Zerlegen der Nahrung dient. Bei vielen Arten findet man hier auch einen Syphon, ein schnorchelartiges Rohr, das die „Nase" der Schnecke darstellt und bei den grabenden Arten zusätzlich als Schnorchel dient, um auch in eingegrabenem Zustand noch eine Atmung zu ermöglichen.

Die meisten Schnecken sind getrenntgeschlechtlich, viele aber auch zwittrig. Häufig findet eine innere Befruchtung statt. Die Eier werden in teilweise farbenprächtigen oder skurril geformten Gelegen auf Korallenfelsen oder Pflanzen abgelegt. Nach einiger Zeit schlüpfen die Veliger- oder Trochophora-Larven, die sich erst nach einer längeren Planktonphase wieder niederlassen. Einige Arten sind aber auch lebendgebärend oder den Eiern entschlüpfen bereits winzige, fertig entwickelte Schnecken.

Man unterteilt die Schnecken ganz grob in zwei große Gruppen, in die Streptoneura (Gekreuztnervige Schnecken, etwa 56 000 Arten), zu denen praktisch alle Schnecken mit festem Gehäuse gehören, und in die Euthyneura (Geradnervige Schnecken, etwa 47 000 Arten), zu denen alle Nacktschnecken und die Schnecken mit rudimentärer (nur noch teilweise vorhandener) Schale gehören, z. B. die Seehasen oder die Schirmschnecken.

## Tintenfische, Kopffüßer (Cephalopoda)

Die Tintenfische oder Kopffüßer sind trotz ihrer unterschiedlichen Gestalt eng verwandt mit den Schnecken. Die meisten dieser eigenartigen, aber relativ intelligenten Tiere leben in tiefen Bereichen der Küstengewässer oder sogar in der Tiefsee. Wahre Monster von gewaltiger Größe sollen dort vorkommen. Die Arten des Korallenriffs sind dagegen Zwerge und völlig harmlos. Lediglich einige *Octopus*-Verwandte sind giftig. Einige sind ausschließlich nachtaktiv. Nur wenige Arten findet man regelmäßig am Riff.

Man teilt die Tintenfische ein in die **Achtarmigen Tintenfische** (Octobrachia oder Octopoda) und die **Zehnarmigen Tintenfische** (Decabrachia). Obwohl der bekannteste Achtarmige Tintenfisch (*Octopus vulgaris*) im Mittelmeer sehr häufig ist, findet man diese Tintenfische im Korallenriff seltener. Häufiger trifft man auf die Zehnarmigen Tintenfische, die vor allem nachts im

*a*

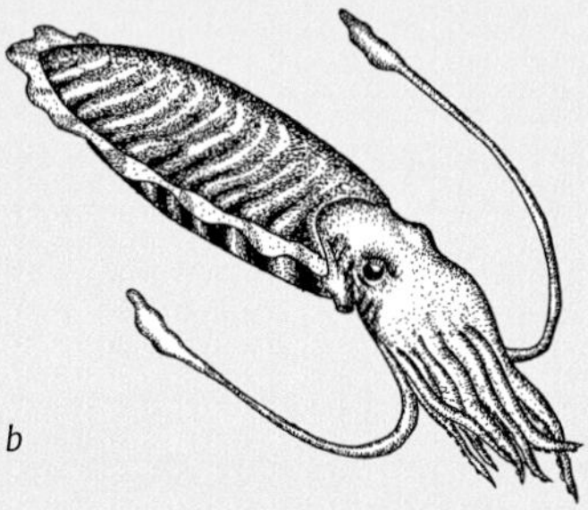

*b*

*Tintenfische: a) Achtarmiger Tintenfisch (Octopus), b) Zehnarmiger Tintenfisch (Sepia).*

Lampenlicht beobachtet werden können. Sie besitzen, wie der Name schon sagt, zehn Arme und schwimmen stets frei, während der Octopus am Boden kriecht und sich in Löchern versteckt. Beide Gruppen legen ihre Eier in Höhlen ab. Aus den Eiern schlüpfen nach einiger Zeit die fertig entwickelten winzigen Tintenfische, die sofort selbstständig auf Nahrungssuche gehen. Die Eltern vieler Arten betreiben bis zum Schlupf eine intensive Brutpflege.

## Muscheln (Bivalvia)

Hervorstechendes Merkmal der Muscheln sind die zweiteiligen Kalkschalen, die man häufig am Strand findet. Diese zwei Schalenhälften sind es auch, die diese Tiergruppe von den Schnecken mit ihrem einteiligen Gehäuse am deutlichsten unterscheidet. Die Schalenhälften sind durch ein Scharnier beweglich. Ein flexibles Schlossband (Ligament) hält die Schalen am Scharnier zusammen, ohne das Öffnen oder Schließen zu beeinträchtigen.

Das Tier selbst besteht aus dem Mantel, der Kiemen und Eingeweide bedeckt, und dem Fuß, der häufig als Graborgan dient. An der Fußwurzel befindet sich eine Byssusdrüse, die die gleichnamigen Byssusfäden absondert, mit denen sich viele Muscheln am felsigen Untergrund festheften können. Die Ernährungsweise der Muscheln entspricht der vieler anderer sessiler Meeresbewohner. Sie sind Filtrierer, d. h. sie filtern

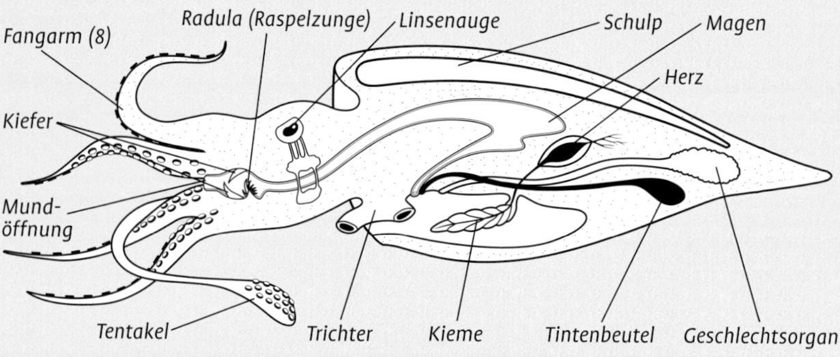


*Grundbauplan eines Zehnarmigen Tintenfischs.*

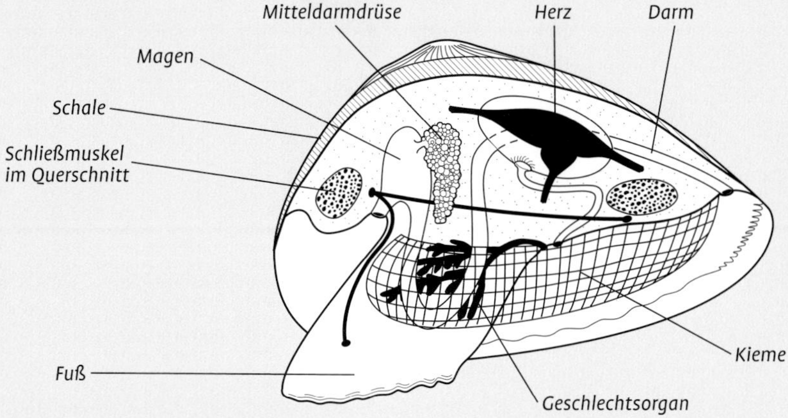


*Grundbauplan einer Muschel.*

das Meerwasser, um an die darin enthaltenen Kleinstpartikel zu gelangen. Eine Ansaugöffnung leitet das Wasser zu den Kiemen, die als Filterkorb dienen. Die Ausströmöffnung führt das gefilterte Wasser und die Exkremente wieder ab. Bei im Sand lebenden Muscheln sind diese beiden Öffnungen (Siphonen) oft verlängert und ragen über die Sandoberfläche hinaus, bei anderen Muscheln sind sie unter der Schale verborgen. Wieder andere Muscheln stülpen einen Teil ihres oft farbenprächtigen Mantels mit diesen Öffnungen ein Stück über die Schalen, um den im Mantel befindlichen Symbiosealgen möglichst viel Sonnenlicht zukommen zu lassen.

Am äußeren Rand dieses Mantels befinden sich oft Reihen von Augen, die tatsächlich Lichteindrücke wahrnehmen können. Oft ist der Mantelrand zusätzlich lappig oder tentakelartig ausgezogen, um die Sinneseindrücke der Muschel noch zu verbessern (Feilenmuscheln, Stachelaustern).

Muscheln sind überwiegend getrenntgeschlechtlich, Eier und Spermien werden einfach ins Wasser abgegeben, wo sie sich treffen und je nach Art zu Trochophora- oder Veligerlarven werden. Diese Larven setzen sich nach einiger Zeit auf einem geeigneten Untergrund fest und verwandeln sich dann zur Muschel.

Über 20 000 Muschelarten von 0,2 mm Körpergröße bis 130 cm Schalenumfang sind bisher nachgewiesen worden. Die meisten davon leben im Meer, wo sie viele Lebensräume besiedelt haben. Im Korallenriff finden wir Muscheln auf dem Riffdach, wo sie sich in Korallen einbohren oder an Felsen festheften. Am Riffabhang kleben große Stachelaustern an Höhlenwänden, andere Arten bevorzugen Steilwände oder halten sich an Gorgonien oder verzweigten Korallen fest. Viele Muscheln stecken halb im Sand und Schlamm oder im Dickicht der Seegraswiesen. Eine große Zahl aber lebt unsichtbar im Sand an der Riffbasis oder zwischen den Riffen in der Lagune. Sie können sich im Sand mit ihrem Grabfuß sogar recht gut fortbewegen. Wenn man mit der Hand oder mit einem groben Sieb durch den Sand fährt, findet man diese verborgen lebenden Tiere.

## *Acanthopleura granulata*

### Große Käferschnecke, Fuzzy Chiton

Klasse Placophora, Familie Chitonidae

**Merkmale:** Diese Käferschnecke fällt durch die kurzen, borstenartigen Anhängsel am Außenrand auf. Die Schalenplatten sind meist hellbraun oder hellgrau gefärbt und manchmal dunkel gefleckt. Der Außenrand ist unregelmäßig dunkel-hell gefleckt. Die Größe beträgt bis über 10 cm.

**Verwechslung:** Die Große Käferschnecke ist die größte Art der Karibik. Unterscheidungsmerkmale sind die Form der Schalenplatten und – bedingt – auch die Färbung.

**Lebensraum:** Die Tiere leben auf hartem Ufergrund stets an der Ebbe-Flut-Linie oder knapp darunter, bei Ebbe auch auf dem Trockenen.

**Besonderheiten:** Die Art ist auch über der Wasserlinie anzutreffen. Mit der raspelartigen Radula (Merkmal aller Schnecken) werden die Beläge auf den Steinen abgeweidet.

## *Diodora viridula*

### Napfschnecke, Keyhole Limpet

Klasse Gastropoda, Familie Fissurellidae

**Merkmale:** Die Schale ist flach und hütchenartig geformt. Auf der Oberfläche fällt das kleine zentrale Loch auf. Davon ausgehend ziehen sich viele Grate zum Rand. Die Grundfarbe ist graugrün, die Grate sind abwechselnd dunkler und heller. Der Durchmesser beträgt bis 3 cm.

**Verwechslung:** Es gibt etliche ähnliche Arten.

**Lebensraum:** Napfschnecken sind stets an oder oberhalb der Ebbe-Flut-Linie festgeheftet.

**Besonderheiten:** Diese Art lässt sich nur mit Gewalt ablösen. Sie lebt vom Aufwuchs auf den Felsen im Umkreis und kehrt meist auf denselben Standort zurück.

**Aquarium:** Die Napfschnecke kriecht gern über den Rand und findet dann oft nicht zurück. Sonst ist sie völlig problemlos zu halten.

## *Cassis tuberosa*

### Königs-Helmschnecke, King Helmet

Klasse Gastropoda, Familie Cassidae

**Merkmale:** Die Zeichnung des Gehäuses dieser Schnecke besteht aus wellenförmig angeordneten Binden in verschiedenen Braun- oder Rotbrauntönen. An der die Öffnung umrandenden Lippe befinden sich mehrere schwarze Flecke auf hellem Grund. Bei Alttieren wird die Zeichnung blasser. Die Tiere werden bis 23 cm groß.

**Verwechslung:** Es gibt mehrere ähnliche Arten, die nur anhand der Form der Öffnung erkannt werden können, die man beim lebenden Tier aber normalerweise nicht sieht.

**Lebensraum**: Diese Schnecken leben auf bzw. im Sandboden in der Nähe von Korallenriffen.

**Besonderheiten:** Tagsüber sind die Tiere meist eingegraben. Man sieht von dieser Schnecke nur den Syphon und ein kleines Stück des Gehäuses aus dem Sandboden herausragen. Doch auch dies wird meist übersehen. Die Königs-Helmschnecke lebt vor allem von Seeigeln, die ausschließlich nachts gejagt werden. Leider sind attraktive Arten wie die Königs-Helmschnecke auch bei Sammlern begehrt und werden daher oft rücksichtslos gesammelt und getötet, um die Gehäuse verkaufen zu können. Man sollte daher Abstand davon nehmen, Schneckenhäuser zu kaufen.

**Aquarium:** Für die Haltung ist diese Art wegen der räuberischen Lebensweise und der Größe ungeeignet.

*Denkmal für eine Schnecke: Der kommerzielle Fang der Conch-Schnecken hat in Key West in Florida eine große Bedeutung.*

## *Strombus* sp.

### Flügelschnecke, Conch

Klasse Gastropoda, Familie Strombidae

**Merkmale:** Der hintere Teil des Gehäuses ist turmartig gewunden, der vordere Teil eher glatt und mit einer weit ausladenden Lippe. Flügelschnecken sind meist mit Sand oder Schlamm bedeckt. Sie werden bis 25 cm groß.

**Verwechslung:** Es existieren viele ähnliche Arten, die nur anhand des Gehäusevergleiches bestimmt werden können. Die meisten Arten leben in tieferem Wasser als die dargestellte Art.

**Lebensraum:** Schon im flacheren Wasser auf Sand- oder Schlammgrund oder am Fuße von Korallenstöcken kann man diese Art finden.

**Besonderheiten:** Die Flügelschnecke lebt vegetarisch. Die zweibeinigen Bewohner von Key West nennt man übrigens „Conches", weil dort besonders viele der großen Strombus-Schnecken (engl. conch) gefangen und gegessen werden. Die Art *Strombus gigas* wird aber in der ganzen Karibik gefangen und gegessen. Wer die Spezialitäten aus Conch-Fleisch mag, braucht auch kein besonders schlechtes Gewissen zu haben, da der Fang und die Vermarktung der Schnecken sehr genau geregelt und gesetzlich reglementiert ist. Üblicherweise reagieren die amerikanischen Behörden sehr schnell, wenn kommerziell wichtige Arten zu sehr abnehmen. Schließlich hat niemand etwas davon, wenn nur noch so wenige Individuen übrig bleiben, dass der Fang eingestellt werden muss.

**Aquarium:** Für die Haltung ist diese Art wegen der räuberischen Lebensweise und der Größe ungeeignet.

### *Cyphoma gibbosum*

**Flamingozunge, Flamingo Tongue**

Klasse Gastropoda, Familie Ovulidae

**Merkmale:** Die weißliche Schale ist normalerweise nicht sichtbar, da sie vom cremefarbenen Mantel bedeckt ist, der auffällige gelbe, schwarz gesäumte Flecken aufweist. Die Größe erreicht bis 2,5 cm.

**Verwechslung:** *Cyphoma signatum* besitzt eine linienartige Anordnung der Flecken, ist aber sonst sehr ähnlich, *C. macgintyi* hat dunkle Flecken mit noch dunklerer Umrandung auf weißem Grund.

**Lebensraum:** Alle drei genannten Arten leben auf verschiedenen Gorgonien, von deren Gewebe sie fressen. Nur *C. gibbosum* ist einigermaßen häufig.

**Besonderheiten:** Trotz der parasitischen Lebensweise überleben die betroffenen Gorgonien normalerweise den Fraß der Schnecken, da diese nicht sehr häufig vorkommen.

### *Cypraea spurca acicularis*

**Atlantische Gelbe Kauri-Schnecke, Atlantic Yellow Cowrie**

Klasse Gastropoda, Familie Cypraeidae

**Merkmale:** Das Gehäuse ist oval, die Grundfarbe ist gelborange mit helleren und dunkleren verschwommenen Flecken. Der Mantel (hier nicht sichtbar) ist bräunlich mit helleren, fransenartigen Anhängseln. Die Größe beträgt bis 3 cm.

**Verwechslung:** Es gibt viele Arten, alle sind eher selten. Sie werden nur zufällig entdeckt. *C. spurca* ist noch die häufigste Art.

**Lebensraum:** Die beschriebene Art ist vor allem unter Steinen, Korallenstöcken etc. zu entdecken.

**Besonderheiten:** Der Mantel wird zur Tarnung über die Schale gezogen. Cowries wurden früher als Zahlungsmittel eingesetzt.

**Aquarium:** Cowries sind oft Nahrungsspezialisten. Daher sollte man besser auf eine Haltung verzichten, auch wenn sie gelegentlich im Handel angeboten werden.

## *Littorina ziczac*

### Zebra-Strandschnecke, Ziczac Periwinkle

Klasse Gastropoda, Familie Littorinidae

**Merkmale:** Kennzeichnend ist das spitze Gehäuse, das mehrfach gewunden ist. Die Grundfarbe ist weiß bis grau mit zickzackförmig verlaufenden, schwarzen bis braunen Linien. Die Größe beträgt bis 20 mm.
**Verwechslung:** *L. lineolata* kommt im gleichen Lebensraum vor, wird jedoch größer und ist schwächer gewunden.
**Lebensraum:** Zebra-Strandschnecken leben an der Ebbe-Flut-Linie oder darüber auf festem Felsgrund, in Ebbetümpeln etc.
**Besonderheiten:** Die Tiere kommen meist in großen Gruppen dicht gedrängt zusammen vor. Die Weibchen legen Eikapseln, die sich schwimmend verbreiten.
**Aquarium:** Für die Haltung sind diese Schnecken ungeeignet, da sie über den Rand kriechen und dort vertrocknen.

## *Cittarium pica*

### Essbare Strandschnecke, West Indian Top Snail, Magpie

Klasse Gastropoda, Familie Trochidae

**Merkmale:** Diese Art zeichnet ein rundes schwarzes Gehäuse mit mehr oder weniger deutlicher heller Zickzack-Zeichnung aus. Sie ist bis 10 cm groß, meist viel kleiner.
**Verwechslung:** Es gibt etliche ähnliche Arten, die aber viel seltener sind.
**Lebensraum:** Essbare Strandschnecken findet man an oder oberhalb der Ebbe-Flut-Linie auf Felsen.
**Besonderheiten:** Die Art weidet Algen und anderen Aufwuchs von den Felsen ab. Sie übersteht selbst lange Trockenphasen. Da sie auch gegessen wird, sind ausgewachsene Exemplare eher selten.
**Aquarium:** Diese Schnecke kriecht über den Rand und vertrocknet dann irgendwann, daher ist die Essbare Strandschnecke für Aquarien ungeeignet.

## *Vermicularia knorrii*

**Wurmschnecke, Florida Wormsnail**

Klasse Gastropoda, Familie Turritelidae

**Merkmale:** Von der Schnecke ist nur der vorderste Teil zu sehen, der kräftig orange gefärbt ist. Der Rest des verkalkten wurmförmigen Gehäuses ist eingewachsen in Schwämmen, toten Korallenstöcken etc. Sie erreicht bis 1 cm Durchmesser, die Röhre bis 10 cm.

**Verwechslung:** Mehrere ähnliche Arten existieren, die schwer voneinander zu unterscheiden sind.

**Lebensraum:** Man sieht die Tiere auf Felsen, Schwämmen etc. bereits in geringer Tiefe bis 20 m.

**Besonderheiten:** Die Schnecke ist festgewachsen. Daher ernährt sie sich, indem sie ein Schleimnetz ausscheidet, das von Zeit zu Zeit wieder aufgefressen wird. Die daran haftenden organischen Partikel, Plankton etc. werden dabei mitgefressen.

**Aquarium:** Die Art ist problemlos haltbar.

## *Dentalium antillarum*

**Karibischer Kahnfüßer, Tusk Shell**

Klasse Gastropoda, Familie Dentaliidae

**Merkmale:** Das Gehäuse dieser Schneckenart ist wie ein Elefantenstoßzahn langgestreckt, fast glatt, seltener auch grauweiß gebändert. Sie wird bis 2,8 cm lang.

**Verwechslung:** Mehrere ähnliche Arten. *D. laqueatum* hat deutlich sichtbare Rippen, wird doppelt so groß und lebt auch viel tiefer. *D. antillarum* ist die häufigste Kahnfüßer-Art der Karibik.

**Lebensraum:** Die Karibischen Kahnfüßer leben stets teilweise im Sand eingegraben. Man findet selbst leere Gehäuse nur durch das Durchkämmen von Sand mit den Fingern. Sie befinden sich von 3 bis in 60 m Tiefe.

**Besonderheiten:** Die Gehäuse wurden von nordamerikanischen Indianern als Geld und als Schmuck verwendet.

## *Dondice* sp.

**Mangroven-Fadenschnecke, Mangrove Nudibranch**

Klasse Gastropoda, Familie Facelinidae

**Merkmale:** Diese Fadenschnecke fällt durch die langen Anhängsel auf dem sonst schlanken Körper auf. Die Grundfärbung ist weißlich mit grünlich beigen, verschwommenen Bändern. Sie erreicht bis 3 cm Größe.

**Verwechslung:** Mit der vorhandenen Literatur ist die Art nicht eindeutig bestimmbar.

**Lebensraum:** Die Art lebt auf Seegras und überall dort, wo kleine Nesseltiere wie Hydrozoen etc. häufiger vorkommen. Meist finden sie sich in der Nähe von Mangrovengebieten.

**Besonderheiten:** Diese Nacktschnecken leben von Nesseltieren. Angeblich werden auch Tentakel von Mangrovenquallen (siehe Foto Seite 56) vertilgt. Fadenschnecken können die Nesselzellen ihrer Nährtiere in die fadenartigen Anhängsel einbauen. Dadurch sind sie sicher vor Fressfeinden geschützt.

## *Chromodoris kempfi*

**Gelbrand-Sternschnecke, Purple Crowned Sea Goddess**

Klasse Gastropoda, Familie Chromodoridae

**Merkmale:** Diese nur etwa 2,5 cm groß werdende Sternschnecke fällt durch die violett gefärbten Kiemenbüschel und Rhinophoren (Kopftentakel) auf. Die Grundfarbe ist grauweiß bis beige mit schwarzen Flecken und einem gelben Körpersaum.

**Verwechslung:** Es gibt keine Verwechslungsmöglichkeit. Etliche ähnlich gebaute Arten sind stets eindeutig gefärbt.

**Lebensraum:** Die Tiere kommen vom Flachwasser bis in etwa 30 m Tiefe vor.

**Besonderheiten:** Diese Sternschnecke ernährt sich vermutlich von Schwämmen. Wie die meisten Nacktschnecken ist sie eher selten, wird aber auch oft übersehen.

## *Pleurobranchus areolatus*

### Pelzige Nacktschnecke, Warty Sidegill Slug

Klasse Gastropoda, Familie Pleurobranchidae

**Merkmale:** Auffällig sind die vielen kurzen Warzen auf dem Rücken dieser oval geformten Schnecke. Die Färbung variiert zumeist von dunkelbraun über rotbraun bis gelblich oder sogar weiß. Sie wird bis 12 cm groß.
**Verwechslung:** Die warzige Oberfläche ist arttypisch und unverwechselbar.
**Lebensraum:** Die Art kommt bis in 30 m Tiefe vor, meist aber im flacheren Wasser zwischen Korallenschutt und in Spalten und Löchern.
**Besonderheiten:** Die Nahrung dieser Nacktschnecken ist unbekannt.

## *Bulla striata*

### Gefleckte Blasenschnecke, Striate Bubble

Klasse Gastropoda, Familie Bullidae

**Merkmale:** Ähnelt einer Nacktschnecke, hat aber ein zartes Gehäuse, das teilweise vom Mantel bedeckt wird. Es ist bräunlich gefleckt und weist längs und parallel verlaufende Rillen auf. Körper von brauner Grundfarbe mit dunkleren und helleren Flecken. Das Kopfende ist durch hornähnliche Ausstülpungen des Körpersaums gut zu erkennen. Maximal 5 cm lang.
**Verwechslung:** Einige ähnliche Arten, von denen *B. striata* jedoch die häufigste ist.
**Lebensraum:** Auf kiesigen oder schlammigen Böden in ruhigen Buchten, zwischen Seegras und Mangroven. Nur lokal häufig; fehlt im eigentlichen Riff meist.
**Besonderheiten:** Die Blasenschnecke lebt tagsüber meist eingegraben und geht erst nachts auf die Suche nach Algen.

## *Tridachia crispata*

### Endivien-Nacktschnecke, Lettuce Sea Slug

Klasse Gastropoda, Familie Elysiidae

**Merkmale:** Diese langgestreckt wachsende Schnecke besitzt gewundene, mäandrierende, lappige Körperanhängsel, die an Endiviensalat erinnern. Die Färbung variiert von grünlich beige (am häufigsten) über gelblich bis grün und blau. Sie wird bis 8 cm groß.

**Verwechslung**: Ähnlich aussehende Arten sind meist Farbvarianten (siehe kleines Foto rechts).

**Lebensraum:** Die Art lebt vom ganz flachen Wasser bis in etwa 15 m Tiefe.

**Besonderheiten:** Es handelt sich um die häufigste Nacktschnecke der Karibik. Sie ist Algenfresser.

**Aquarium**: Trotz der pflanzenfressenden Lebensweise für die Haltung ungeeignet, da die richtigen Algen kaum beschafft werden können.

*Farbvariante von Tridachia crispata.*

## *Sepioteuthis sepioidea*

### Karibische Riffsepia, Carribean Reef Squid

Klasse Cephalopoda, Unterordnung Teuthoidea

**Merkmale:** Diese bis über 25 cm groß werdende Sepia besitzt einen dünnen, sich undulierend bewegenden Körpersaum, leuchtend grünblaue Augen und ist farblich sehr variabel. Tagsüber ist die Grundfarbe meist hellgrau mit feiner Fleckenzeichnung, nachts eher beige bis gelblich mit braunen Flecken oder Bändern und grünen Farbanteilen.

**Verwechslung**: Die Karibische Riffsepia ist die einzige regelmäßig zu beobachtende Art im Riff. Die meisten Sepien sind Hochseetiere. Bei *Doryteuthis plei* fehlt der durchgehende Flossensaum am Körper bis auf Reste am Körperende. Sie kommt nur zur Eiablage ans Riff.

**Lebensraum**: Die Karibische Riffsepia findet man bis in 20 m Tiefe, meist im offenen Wasser über Riffen, Seegraswiesen oder Sandflächen.

**Besonderheiten:** Die Tiere sind sehr vorsichtig. Vor allem nachts kommt man jedoch auch nahe an sie heran. Spektakulär ist der rasend schnelle Farbwechsel, mit dem die Tiere ihre Stimmung anzeigen. Die Riffsepia schwimmt oft in Formation mit Artgenossen. Dies dient dazu, Beutetiere effektiver gemeinsam zu jagen.

Nach der Befruchtung, die im freien Wasser geschieht, werden die Eier von den Weibchen in Höhlen und Spalten abgelegt. Aus ihnen schlüpfen nach einer längeren Reifungsphase fertige Jungsepien.

## *Octopus briareus*

### Karibischer Rifftintenfisch, Carribean Reef Octopus

Klasse Cephalopoda, Ordnung Octopoda

**Merkmale:** Wie alle *Octopus*-Arten besitzt auch dieser Tintenfisch acht lange, mit Saugnäpfen bewehrte Fangarme. Die Grundfärbung ist bräunlich, manchmal sogar mit einer Blauschattierung, aber extrem variabel. Auffällig ist lediglich der dunkle Ring ums Auge, der bei den anderen Arten fehlt. Diese Art wird bis 50 cm lang.

**Verwechslung:** Es gibt mehrere ähnliche Arten, die aber alle erheblich seltener sind. *O. filosusi* besitzt einen Augenfleck unter dem eigentlichen Auge, *O. joubini* wird nie größer als 15 cm, *O. vulgaris* hat eine dunklen Rand um die Saugnäpfe, *O. macropus* fällt durch die ziegelrote Färbung mit weißen Flecken auf, *O. burryi* besitzt einen dunklen Streifen entlang seiner Fangarme.

**Lebensraum:** Die beschriebene Art lebt im Flachwasser bis etwa 25 m. Sie ist tagsüber stets in Löchern oder unter Steinen, in engen Spalten oder Schwämmen etc. versteckt.

**Besonderheiten**: Die Färbung kann blitzartig gewechselt werden. Die Tiere können sich in unglaublich kleine Löcher hineinquetschen, aber auch ballonartig aufblähen. Sie sind nur nachts offen auf dem Riff anzutreffen, da sie dann nach Nahrung suchen. Sie leben von Muscheln, Schnecken, Garnelen etc.

## *Lima scabra*

### Feilenmuschel, Rough Fileclam

Klasse Bivalvia, Familie Limidae

**Merkmale**: Von dieser Muschel erkennt man stets nur die rote Innenseite des Mantels und die langen, weißlichen bis orangefarbenen Randtentakel. Der Rest ist im Gestein verborgen.

**Verwechslung**: *Lima lima* besitzt weinrote Randtentakel und lebt unter Steinen versteckt.

**Lebensraum**: Die Feilenmuschel lebt vom Flachwasser bis in über 40 m Tiefe. Sie ist meist in Spalten mit ihren Byssusfäden verankert, die aber von der Muschel gelöst werden können. Seltener findet man sie offen liegend unter Steinen etc. Dann sieht man die feine bräunliche Linienzeichnung der Schalen.

**Besonderheiten:** Frei liegende Exemplare können durch rhythmisches Zusammenklappen der Schalenhälften ruckartig schwimmen. In Versuchen wurde nachgewiesen, dass Feilenmuscheln damit vor Feinden fliehen können. Offensichtlich sind sie in der Lage, Fressfeinde regelrecht zu „riechen" und gezielt zu flüchten.

**Aquarium:** Die beschriebene Art ist ein empfindlicher Planktonfresser, der es in Aquarien nicht lange aushält. Sie sollte daher nur von Spezialisten gehalten werden.

## *Pteria colymbus*

### Flügelauster, Atlantic Wing-Oyster

Klasse Bivalvia, Familie Pteriidae

**Merkmale:** Diese dunkelbraun gefärbte Muschel fällt durch den geschwungenen flügelartigen Anhang der Schale auf. Sie erreicht bis 8 cm Größe.

**Verwechslung**: Es ist keine ähnliche Art vorhanden.

**Lebensraum**: Die Flügelauster lebt stets fest verwachsen auf Gorgonien, seltener auch auf Korallen oder an Felsen. Man entdeckt sie vom Flachwasser bis in 30 m Tiefe.

**Besonderheiten**: Die Schale ist fast immer von Aufwuchs bedeckt (Schwämme, Hydrozoen etc).

## *Dendostrea frons*

### Zackenauster, Frond Oyster

Klasse Bivalvia, Familie Ostreidae

**Merkmale:** Typisch ist die gezackte Schalenöffnung und die Struktur der Schale mit senkrecht zu den Zacken verlaufenden Rippen. Die Grundfarbe ist hellbraun, die Schale ist meist aber von den verschiedensten Organismen überwachsen. Die Zackenauster wird bis 5 cm groß.

**Verwechslung**: Früher wurde als Synonym *Lopha frons* genannt.

**Lebensraum**: Man findet die Zackenauster von 5 bis in 40 m Tiefe.

**Besonderheiten**: Die beschriebene Art ist stets auf Gorgonien und Korallenskeletten etc. festgewachsen. Sie wird häufig von anderen Organismen überwachsen, unter anderem von Schwämmen, die manchmal die gesamte Schale bedecken und nur noch die Zacken der Öffnung erkennen lassen.

## *Spondylus americanus*

### Karibische Stachelauster, Atlantik Thorny-Oyster

Klasse Bivalvia, Familie Ostreidae

**Merkmale:** Diese bis zu 20 cm Durchmesser erreichende Muschel besitzt stark skulpturierte Schalen mit dornigen Fortsätzen, die jedoch oft bis zur Unkenntlichkeit überwachsen sind. Der Mantel ist meist braun und weiß gefleckt, was aber je nach Farbe des Aufwuchses gelegentlich variieren kann.

**Verwechslung:** Durch die Größe und Lebensweise ist keine Verwechslung möglich.

**Lebensraum:** Diese Stachelauster lebt von 15 m Tiefe bis in über 40 m. Sie ist stets auf festem Untergrund mit Byssus angeheftet und bevorzugt abgeschattete Stellen, wie Überhänge, Höhleneingänge, geschützte Stellen an Schiffswracks etc.

**Besonderheiten:** Die beschriebene Art ist sehr scheu. Bei der geringsten Bewegung schließen sich die Schalen und machen die Muschel durch den Aufwuchs fast unsichtbar. Möglich ist dies durch lichtempfindliche Organe am Mantelrand, dort wo die Schalen enden. Sobald ein Schatten auf diese „Augen" fällt, wird der Reiz weitergeleitet und die Schale schließt sich. Unterwasserfotografen gelingt es daher selten, die Tiere mit geöffneter Schale zu fotografieren, denn nur so wird der farbenprächtige Mantel der Muschel sichtbar. Daher muss man sich diesen Tieren äußerst vorsichtig nähern und vermeiden, einen Schatten zu werfen. Vor allem muss man die Luft anhalten, bis das Foto gemacht ist, denn auch Geräusche führen zum sofortigen Schließen der Schalen.

## *Isognomon radiatus*

### Flache Mangrovenauster, Lister Purse-Oyster

Klasse Bivalvia, Familie Isognomonidae

**Merkmale:** Diese Muschel besitzt eine leicht wellige Schalenöffnung mit dünner Schale und wegen Aufwuchses kaum erkennbaren Längsfurchen. Ihr Durchmesser beträgt bis 5 cm.

**Verwechslung:** Die verwandte *I. bicolor* hat kräftige Schalen mit kreisförmiger Schalenzeichnung.

**Lebensraum:** Die beschriebene Art lebt bis in 20 m Tiefe. Sie ist immer auf festem Untergrund mit Byssus angewachsen. Vor allem im trüben Wasser von Häfen, zwischen Mangroven etc. sind oft ganze Areale von ihnen überwachsen. Wie bei den meisten Muscheln kommen auch hier Innenparasiten (Parasit = kann dem Wirtstier schaden) bzw. Kommensalen (Kommensale = lebt nur im Wirt, schadet ihm aber nicht) vor. So findet man häufig kleine Krebse (Pinnoteres sp. u. Ä.), die meist paarweise in ihrem Wirt leben und sich auch dort vermehren. Auch kleine Polychaeten leben in Muscheln und fressen dort z. B. einfiltrierte Partikel. Manche Arten nutzen die Muschel aber nur als Unterkunft und verlassen sie zur Nahrungssuche. Über diese Lebensgemeinschaften weiß man allerdings sehr wenig.

## *Pinna carnea*

### Steckmuschel, Amber Penshell

Klasse Bivalvia, Familie Pinnidae

**Merkmale:** Die dünnen, schlanken, beige bis gräulich oder bräunlich gefärbten Schalen sind leicht gewellt und mit einzelnen kurzen Dornen besetzt. Die Öffnung der Schalen ist unregelmäßig ausgefranst oder gewellt. Die Steckmuschel wird bis 25 cm lang.

**Verwechslung:** Es ist keine ähnliche Art vorhanden.

**Lebensraum**: Die Steckmuschel findet man oft im Korallenriff in Felspalten, aus denen nur Teile der Schale herausragen. Sie ist häufig auch halb in Schlamm oder Sand eingegraben, wie für die meisten Steckmuscheln üblich (kleines Foto).

**Besonderheiten**: Die Steckmuschel klappt bei Störungen sofort zu. Sie wird wie viele größere Muscheln oft von Muschelwächtern (*Pinnotheres* sp.) oder anderen Kommensalen bewohnt.

## *Tellina radiata*

### Strand-Tellina, Sunrise Tellin

Klasse Bivalvia, Familie Tellinidae

**Merkmale:** Diese nur bis zu 3 cm groß werdende Muschel hat symmetrisch geformte, weißliche Schalen mit mehr oder weniger ausgeprägter braungelber bis rötlicher Zeichnung.

**Verwechslung:** Vor allem das Verhalten ist arttypisch.

**Lebensraum:** Die Strand-Tellina lebt in der Brandungszone von Sandstränden, wo sie sich mit jeder Welle etwas höher schwemmen lässt und dort sofort eingräbt.

**Besonderheiten:** Die Tiere leben von organischen Partikeln im Sand, die mit jeder Welle aufgewirbelt werden.

## *Anodontia alba*

### Schmuckmuschel, Buttercup

Klasse Bivalvia, Familie Lucinidae

**Merkmale:** Die etwas rundlichen, mit feinen Radiallinien versehenen Schalen der Schmuckmuschel sind bis auf die nach links gebogene „Nase" symmetrisch. Je älter die Tiere, desto rundlicher werden die Schalen. Die Farbe ist weiß bis grauweiß. Sie werden bis 6 cm groß.

**Verwechslung:** Diese Muschel soll als Stellvertreter für die vielen im Sand oder Schlamm lebenden Arten dienen. Unter den Lucinidae gibt es mehrere ähnliche Arten, deren leere Schalen oft am Strand gefunden werden.

**Lebensraum**: Die Tiere sind stets flach in den Sand eingegraben. Lebende Exemplare findet man daher nur durch das Durchkämmen des Sandes. Sie kommt bis in 100 m Tiefe vor.

**Besonderheiten:** Die leeren Schalen werden oft für Muschelschmuck verwendet.

# Gliederfüßer (Arthropoda)

Zum Stamm der Gliederfüßer gehören neben den Krebsen beispielsweise auch die Spinnen und die Insekten. Typisch für diesen Stamm ist das Außenskelett aus einem harten Chitinpanzer, das den Körper stabilisiert und in gewissem Maße vor Fressfeinden schützt.

## Krebse (Crustacea)

Die Crustacea sind in verschiedene Unterklassen eingeteilt. Nur zwei dieser Unterklassen, die besonders wichtig oder auffällig sind, sollen in diesem Buch vorgestellt werden. Die Cirripedia oder Rankenfüßer und die Malacostraca, zu denen alle höheren Krebse gehören.

Die **Cirripedia** unterscheiden sich von allen anderen Krebsen vor allem durch ihre Lebensweise. Sie sind festsitzend, d. h. sie sind mit ihrem Gehäuse, das auch gestielt sein kann, auf hartem Untergrund festgewachsen, z. B. auf Felsen der Ebbe-Flut-Linie, auf Treibholz, auf den Fühlern von Langusten, ja sogar auf Schildkröten oder gar Walen. Der eigentliche Krebs sitzt in diesem Gehäuse. Da Beine und Scheren bei dieser Lebensweise nicht sehr nützlich sind, haben sich diese Extremitäten zu einem reusenartigen Fangapparat umgebildet. Man nennt diese Tiere Seepocken oder Entenmuscheln.

Die Höheren Krebse, die **Malacostraca**, sind eine sehr artenreiche Unterklasse. Aber nur eine Ordnung, die **Decapoda** oder Zehnfüßigen Krebse, sind von größerer Bedeutung. Allein von dieser Gruppe sind bisher über 8000 Arten weltweit bekannt, die meisten hiervon aus den Tropen. Es ist völlig unmöglich, aus allen wichtigen Familien auch nur eine Art hier darzustellen. Lediglich besonders häufige oder auffällige Vertreter der häufigsten Familien sollen daher genannt werden.

Typisch für alle Höheren Krebse ist das aus einem chitinartigen, harten Material aufgebaute Außenskelett, das aus einem mehrfach gegliederten Hinterleib (Abdomen) und einem meist einteiligen Brust-Kopf-Panzer (Cephalothorax) besteht. Da das Skelett mit dem Körper nicht mitwachsen kann, muss es durch mehrere Häutungen regelmäßig erweitert werden.

Die Decapoda weisen an diesem Körper stets fünf Extremitätenpaare auf, die je nach Funktion auch Scheren tragen können. Zu diesen fünf Beinpaaren kommt noch der Fressapparat, der ebenfalls aus umgebildeten Extremitäten besteht. Von dieser Grundform abweichend gibt es die verschiedensten Modifikationen. Noch am ehesten der Grundform entsprechen die **Natantia** und **Reptantia**, zu denen die verschiedenen Garnelen und Langusten gehören. Zu den **Anomura** gehören solch unterschiedliche Gruppen wie z. B. die Einsiedlerkrebse, die Seespinnen, die Schwimmkrabben, die Echten Krabben und viele mehr. Auch die Ernährung ist bei den verschiedenen Gruppen sehr unterschiedlich. Es gibt vom Planktonfänger über den Allesfresser bis zum Räuber viele Formen der Nahrungsbeschaffung.

Die Vermehrung ist bei den einzelnen Gruppen jedoch durchaus ähnlich. Typisch ist die äußere Befruchtung, bei der das Männchen ein Samenpaket an den Unterleib des Weibchens heftet, obwohl es z. B. unter den Garnelen auch zwittrige Arten gibt. Die befruchteten Eier sind am Unterleib festgeheftet, der bei den Garnelen gerade gestreckt, bei den Krabbenartigen jedoch untergeschlagen getragen wird. Dort werden die Eier so lange geschützt herumgetragen, bis die Larven schlüpfen. Diese werden dann

Die Körperteile einer Languste.

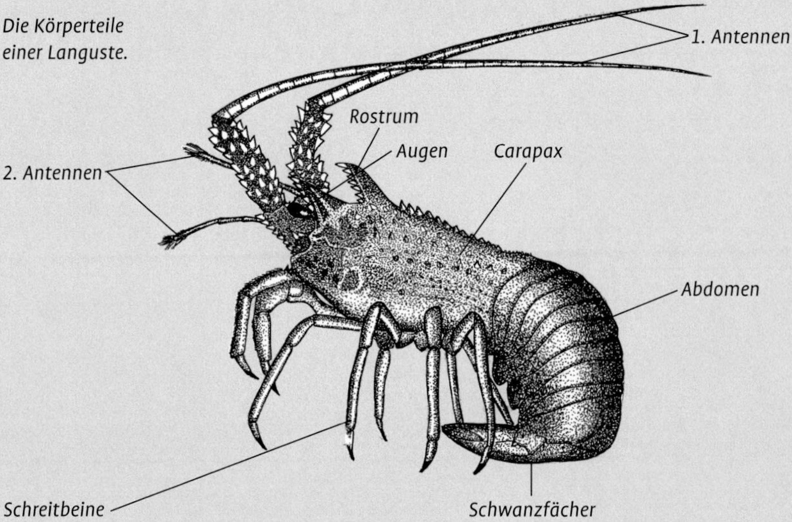


Die Körperteile einer Schwimmkrabbe.

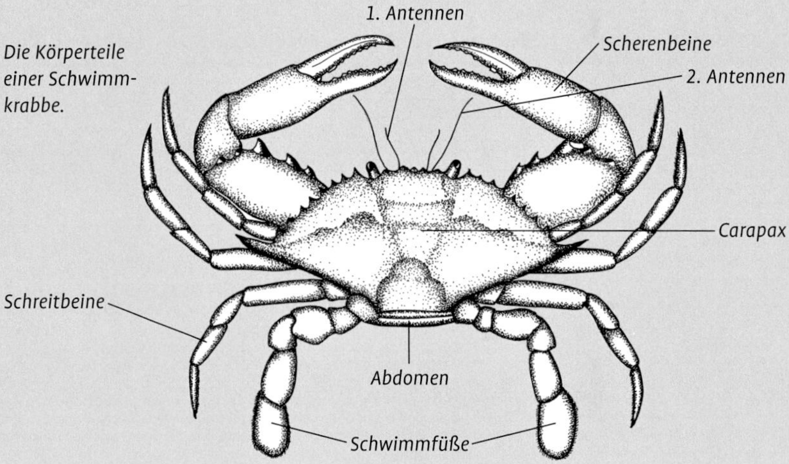


dem Plankton übergeben, wo sie nach einiger Zeit und mehreren Häutungen die endgültige Gestalt annehmen und sich niederlassen. Auch die wenigen landlebenden Krebse haben eine ähnliche Fortpflanzungsweise. Allerdings werden bei ihnen die Eier solange an Land herumgetragen, bis sie schlupfreif sind. Erst nach dem Schlupf suchen die Weibchen das Meer auf und entlassen die Larven ins Wasser, wo sie mit den anderen Krebslarven im Plankton leben, bis sie metamorphisieren und wie ihre Eltern an Land gehen. Manche Arten kann man viele Kilometer weit im Landesinneren antreffen. Die meisten Landkrabben halten sich jedoch in Küsten- oder sogar Ufernähe auf.

## *Limulus polyphemus*

**Pfeilschwanzkrebs, Horseshoe Crab**

Klasse Merostomata, Unterklasse Xiphosura, Familie Limulidae

**Merkmale:** Auffällig sind der graubraune bis gelbbraune hufeisenförmige Rückenpanzer, an den sich das seitlich bedornte Mittelteil und der pfeilspitzenförmige Schwanz anschließt. Dieser Krebs wird bis über 40 cm.

**Verwechslung**: Es ist die einzige Art der Karibik, die besonders in Südflorida häufig vorkommt.

**Lebensraum:** Der Pfeilschwanzkrebs kommt im Flachwasser auf schlammigem Grund, in Mangrovengebieten und Seegraswiesen vor.

**Besonderheiten**: Innerhalb der Gliederfüßer nehmen die Pfeilschwanzkrebse neben den Seespinnen eine eigene Klasse ein, die Merostomata. Die erwachsenen Tiere wandern im Frühjahr ins Flachwasser, um sich zu paaren (Foto) und ihre Eier zu legen. Die Eier sind grünlich und bis etwa 3 mm groß. Die Jungtiere bleiben einige Zeit im Flachwasser, wandern aber mit zunehmendem Alter ins tiefere Wasser. Pfeilschwanzkrebse können auf dem Rücken schwimmen, kriechen aber normalerweise auf dem Boden, wo sie in Sand und Schlamm nach Würmern und Schnecken suchen.

**Aquarium:** Eine Haltung, vor allem von Jungtieren, ist gut möglich, wenn eine genügend dicke Sandschicht vorhanden ist. Am besten sind die Tiere in Spezialaquarien zu halten.

## *Lepas anatifera*

### Entenmuschel, Smooth Goose-Neck Barnacle

Klasse Crustacea, Unterklasse Cirripedia, Familie Lepadidae

**Merkmale:** Der eigentliche Krebs lebt in einem Gehäuse, das aus fünf weißen Platten zusammengesetzt ist. Aus diesen ragen bei der Nahrungsaufnahme die bräunlichen, fein gefiederten Fangarme. Das Gehäuse sitzt auf einem bis zu 2,5 cm langen Stiel, der am Untergrund festgeheftet ist. Das Gehäuse ist bis 3 cm groß.

**Verwechslung**: Die Entenmuschel ist die häufigste tropische Art weltweit. Ähnliche Arten unterscheiden sich in der Skulpturierung der Gehäuseschalen, die bei dieser Art fast glatt sind.

**Lebensraum:** Man findet diese Muschel auf Treibholz, an Bootsrümpfen und, möglicherweise eine andere Art, an den Antennen von alten Langusten.

**Besonderheiten**: Früher glaubte man, diese Krebsart würde sich im Frühjahr in Gänse verwandeln, da man damals nicht wusste, wo diese Zugvögel auf einmal herkamen. Daher der englische Name „Goose barnacles“, der falsch ins Deutsche übernommen wurde.

Übrigens sind Entenmuscheln und die nahe verwandten Seepocken die Ursache für die grausigen Verletzungen, die sich in früheren Zeiten die Unglücklichen zuzogen, die „Kiel geholt“ wurden. Dabei wurde der Delinquent zwischen zwei Seile gebunden und damit unter dem Schiff durchgezogen, dessen Rumpf oft mit unzähligen scharfkantigen Seepocken und Entenmuscheln bewachsen war. Heute wird solcher Aufwuchs durch spezielle Schutzanstriche weitgehend verhindert.

Entenmuscheln sind wie Seepocken Planktonfänger. Die fein gefiederten Fangarme werden pausenlos durch das Wasser bewegt, um Kleinstlebewesen zu filtrieren.

## *Grapsus grapsus*

### Felsenkrabbe, Sally Lightfoot

Klasse Crustacea, Unterklasse Malacostraca, Familie Grapsidae

**Merkmale:** Der flache, fast rechteckige Panzer ist braungrün gefärbt und mit dunklen Linien und cremefarbenen Punkten gezeichnet. Die langen Schreitbeine sind stark abgeplattet. Die Mundwerkzeuge sind auffällig bläulich, die Scheren klein und dunkel gefärbt. Der Rückenpanzer ist bis 10 cm breit.

**Verwechslung:** *Pachygrapsus transversus* bleibt viel kleiner und lebt versteckt, *Percnon gibbesi* ist insgesamt deutlich kleiner, noch stärker abgeplattet und lebt stets unter Wasser.

**Lebensraum**: Man findet diese Art immer in der Nähe der Wasserlinie, meist über dem Wasser. Tagsüber sind die Tiere eher scheu. Bei Störungen können sie extrem schnell in Spalten oder unter Steinen verschwinden.

**Besonderheiten**: Die Felsenkrabbe lebt hauptsächlich vom Aufwuchs an der Ebbe-Flut-Linie. Sie ertrinkt im Wasser nach einiger Zeit. Am besten ist sie nach Einbruch der Dämmerung zu beobachten (Taschenlam pe).

**Aquarium:** Die Haltung ist nur in Aquaterrarien mit Landteil möglich, dort jedoch einfach. Vorsicht: Die Tiere entkommen durch die kleinsten Öffnungen.

## *Callinectes sapidus*

### Schwimmkrabbe, Blue Crab

Klasse Crustacea, Unterklasse Malacostraca, Familie Portunidae

**Merkmale:** Der stark abgeplattete, am Seiten- und Vorderrand bedornte Rückenpanzer ist olivgrün bis beige gefärbt, die schlanken Schreitbeine ebenfalls, wobei das letzte Beinpaar abgeplattete Schwimmfüsse aufweist. Die Scheren sind schlank und spitz.

**Verwechslung:** Es existieren mehrere ähnliche Arten, die sich aber durch die Bezahnung der Stirn und die Färbung deutlich unterscheiden. *C. sapidus* ist die häufigste Art. Es gibt zahlreiche Schwimmkrabben-Arten, die meist im Sandboden leben und selten tagsüber zu sehen sind. Eine der wenigen Arten im Riff ist z. B. *Portunus sebae* (Ocellate Swimming Crab, siehe Foto rechts).

**Lebensraum:** Die Tiere findet man meist auf Sand- oder Schlammboden, in Meeresarmen, Mangrovengebieten.

**Besonderheiten:** Die „Blue Crab" ist eine kommerziell wichtige Art, die in großer Zahl gefangen und gegessen wird. Eine Besonderheit ist die „Soft-Shelled-Crab", die frisch gehäutete „Blue Crab".

**Aquarium:** Die Art ist gut haltbar, aber aggressiv. Sie eignet sich nur für Einzelhaltung. Sie frisst alles Essbare. Die Schwimmkrabbe bricht gerne aus dem Aquarium aus, es muss also gut abgedeckt werden.

## *Carpilius corallinus*

### Große Korallenkrabbe, Batwing Coral Crab

Klasse Crustacea, Unterklasse Malacostraca, Familie Xanthidae

**Merkmale:** Typisch ist ein großer ovaler Rückenpanzer, unter den die plumpen, kurzen, aber sehr kräftigen Scheren eingezogen sind. Die Färbung ist orangebraun bis dunkelbraun mit vielen hellen Flecken. Das Tier erreicht bis 15 cm Durchmesser.

**Verwechslung:** Ähnlich aussehende Arten bleiben viel kleiner.

**Lebensraum:** Die Art lebt zwischen Felsen und Steinen versteckt. Man findet sie selten tiefer als 15 m.

**Besonderheiten**: Die Große Korallenkrabbe ist nachtaktiv. Sie besitzt sehr kräftige Scheren, die einen Finger leicht brechen können. Da sie auch gegessen wird, ist sie mancherorts selten geworden.

Bei Krabben ist das Abdomen von hinten unter den Körper geklappt. Dadurch erscheint die Grundform der meisten Krabben fast rund. Dieses Abdomen ist bei den Männchen eher schlank und schmäler als bei den Weibchen. Diese tragen ihre Eier und die geschlüpften Larven zwischen Abdomen und Körper. Je größer die Larven werden, desto weiter spreizt sich das Abdomen ab. Die Tiere betreiben richtige Brutpflege, denn die Eier werden öfter durchgesehen, um eventuell abgestorbene oder verpilzte Eier auszusondern, die den Rest der Brut schädigen könnten. Nach einiger Zeit werden die Larven dann abgestoßen und dem Plankton überlassen.

**Aquarium**: Die Tiere sind leicht zu halten, es ist aber nur Einzelhaltung möglich.

## *Mithrax spinosissimus*

### Große Riffkrabbe, Channel Clinging Crab

Klasse Crustacea, Unterklasse Malacostraca, Familie Majidae

**Merkmale:** Die beschriebene Art hat einen ovalen, vorne mit kräftigen Dornen versehenen, am Rücken skulpturierten Körper mit langen Schreit- und langen, kräftigen Scherenbeinen mit hellbeige gefärbten Scherenfingern (siehe kleines Foto). Die Grundfarbe ist rotbraun mit schwacher Behaarung, manchmal mit dünner Aufwuchsschicht. Die Art wird bis 20 cm groß.

**Verwechslung**: Es sind mehrere ähnliche *Mithrax*-Arten bekannt, die alle wesentlich kleiner bleiben. Die Art *M. pilosus* ist stärker behaart und wird maximal 10 cm groß. *M. forceps* wird kaum 2 cm groß. *M. cinctimanus* wird lediglich bis zu 2,5 cm groß und lebt meist am Fuße von Anemonen oder darunter.

**Lebensraum:** Typischer Fundort ist zwischen Korallen und in Felsspalten etc. bis in 40 m Tiefe.

**Besonderheiten:** Die Tiere sind nachtaktiv, tagsüber versteckt lebend und sehr wehrhaft. *Mithrax*-Krabben werden auch gegessen.

**Aquarium:** Die Einzelhaltung ist einfach, kommt aber aufgrund der Größe der Tiere sicher nur für Schauaquarien in Frage.

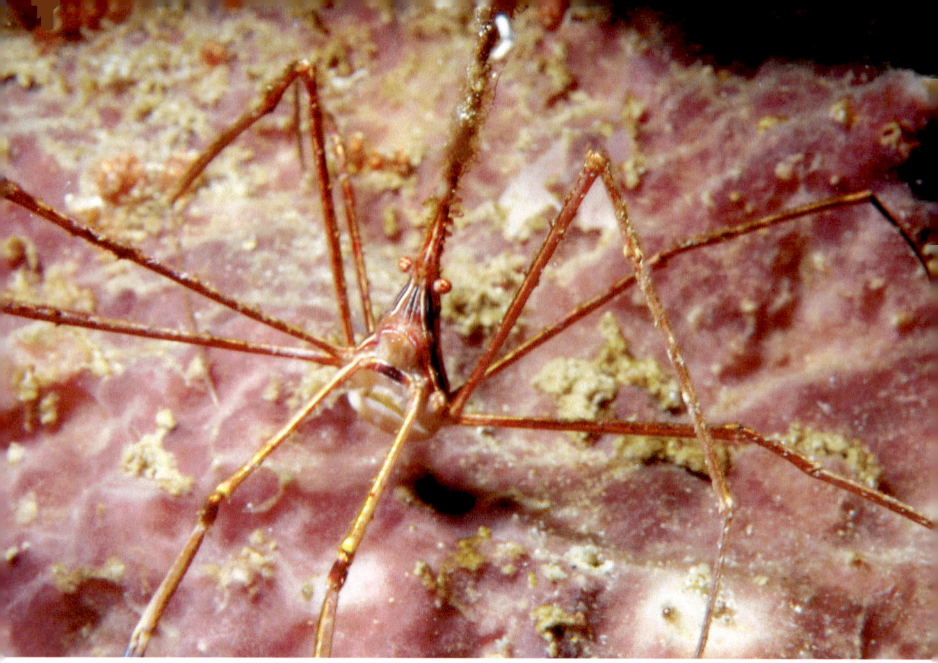

## *Stenorhynchus seticornis*

**Spinnenkrabbe, Seespinne, Yellowline Arrow Crab**

Klasse Crustacea, Unterklasse Malacostraca, Familie Majidae

**Merkmale**: Die Seespinne hat einen dreieckigen, schlanken, braun-hell gestreiften Körper mit langem Rostrum und schlanke, spinnenartige Beine. Der Körper wird bis 5 cm lang (ohne Stirnfortsatz).

**Verwechslung:** Es ist keine ähnliche Art vorhanden.

**Lebensraum**: Die Art lebt überall an geschützten Stellen im Riff bis in etwa 40 m Tiefe.

**Besonderheiten:** Diese Art bewohnt bevorzugt höhlenartige Vertiefungen, z.B. die Öffnungen von Korbschwämmen. Aber auch Felsspalten, Löcher etc. werden häufig aufgesucht.

**Aquarium:** Die Spinnenkrabbe ist leicht zu halten, zupft aber gelegentlich an empfindlichen sessilen Wirbellosen, z.B. Röhrenwürmern o.Ä. Für Riffaquarien ist sie daher nicht geeignet.

*Typisch für Spinnenkrabben: Hohle Schwämme als Versteck.*

## *Pelia* sp.

### Maskenkrabbe, Teardrop Crab

Klasse Crustacea, Unterklasse Malacostraca, Familie Majidae

**Merkmale:** Diese rotbraun gefärbte, mit einem ausgeprägten Stirnfortsatz versehene Dreieckskrabbe (dreieckiger Rückenpanzer) ist unter den zur Maskierung verwendeten Schwammteilen kaum mehr zu erkennen.

**Verwechslung:** Man kennt viele ähnliche Arten, die wegen der Maskierung nur schwer voneinander unterschieden werden können. In diesem Fall ist nicht einmal die Gattungseinteilung sicher. Häufig ist auch eine *Majidae*-Art, die unter und auf Anemonen lebt (kleines Foto).

**Lebensraum:** Überall auf dem Riff, zwischen Korallen und in Löchern und Spalten leben Maskenkrabben.

**Besonderheiten**: Maskenkrabben tarnen sich mit allen möglichen Objekten, meist artspezifisch unterschiedlich. Die Maskierungsobjekte werden aktiv auf Körperteile gesetzt, wo sie durch Kletthaare festgehalten werden. In der Regel wachsen z.B. die Schwammteile auf der Krabbe sogar weiter. Die Tiere sind nachtaktiv.

**Aquarium:** Die Haltung ist gut möglich, aber wegen der Maskierungstätigkeit in Riffaquarien unerwünscht.

## *Xanthus sp.*

### Haarige Korallenkrabbe, Hairy Coral Crab

Klasse Crustacea, Unterklasse Malacostraca, Familie Xanthidae

**Merkmale:** Typische Krabbenform, aber mit starker, dicker Behaarung. Die Farbe ist beige, mit dunkelbraunen Scherenspitzen. Die Größe reicht von 0,5 bis 10 cm.

**Verwechslung:** Die Haarige Korallenkrabbe ist nur ein typischer Vertreter der unzähligen kleineren Krabben, die in Korallen- und Felsriffen wohnen. Gute Unterscheidungsmerkmale sind der Carapax-Vorderrand, die Form der Scheren und die Art oder das Fehlen von Behaarung.

**Lebensraum:** Die Art lebt versteckt in Spalten und unter Steinen.

**Besonderheiten:** Diese Krabbe ist nachtaktiv wie die meisten Krebse.

**Aquarium:** Sie werden oft mit Steinen eingeschleppt und können dann Schaden anrichten.

## *Petrolisthes sp.*

### Glatter Porzellankrebs, Porcelain Crab

Klasse Crustacea, Unterklasse Malacostraca, Familie Porcellanidae

**Merkmale:** Typische Krabbenform mit großen, wehrhaft aussehenden Scheren. Sie besitzt lange Antennen und ist dunkelbraun bis schwarz gefärbt. Bis 1 cm groß.

**Verwechslung:** Es gibt viele ähnliche Arten, die sich durch die Färbung und Behaarung am ehesten unterscheiden.

**Lebensraum:** Die Tiere leben unter Steinen und in kleinen Rissen, Spalten etc. versteckt. Sie kommen vom Flachwasser bis in größere Tiefen vor.

**Besonderheiten:** Trotz des wehrhaften Aussehens sind alle Porzellankrebse friedfertig. Sie durchkämmen mit ihren zu reusenartigen Organen umgebauten Mundwerkzeugen das Wasser nach feinem Plankton.

**Aquarium:** Die Art ist leicht zu halten, lebt aber meist versteckt. Sie ist völlig harmlos.

## *Clibanarius vittatus*
### Gestreifter Küsteneinsiedler, Striped Hermit (Bild unten)

Klasse Crustacea, Unterklasse Malacostraca, Familie Diogenidae

**Merkmale:** Beine, Scheren und Körper sind braun-beige gestreift. Die Scheren sind mit Warzen besetzt, die rechte Schere ist selten größer als die linke (von vorne betrachtet). Die Tiere werden bis 5 cm lang.

**Verwechslung:** Es existieren viele Arten, die sich aber durch Färbung und Scherengröße/-form deutlich unterscheiden.

**Lebensraum:** Im Flachwasser von Flussmündungen, in Buchten, zwischen Seegras etc.

**Besonderheiten:** Der nackte und weiche Hinterkörper wird in einem leeren Schneckenhaus versteckt. Die Tiere sind Allesfresser und leben räuberisch.

**Aquarium:** Die Einsiedlerkrebse sind ausnahmslos leicht zu halten. Diese Art ist aber für Riffbecken wegen der Größe und räuberischen Lebensweise ungeeignet.

## *Paguristes punticeps*
### Warziger Riffeinsiedler, Warty Reef Hermit

(Bild oben)

Ein Vertreter der größer werdenden Einsiedler im Riff, die teilweise sehr räuberisch sein können.

## *Paguristes cadenati*

**Roter Riffeinsiedler**

Klasse Crustacea, Unterklasse Malacostraca, Familie Diogenidae

**Merkmale:** Wie bei allen *Paguristes*-Arten sind bei *P. cadenati* die Scheren gleich groß. Der Rest des Körpers ist leuchtend rot gefärbt. Die Augenstiele sind gelblich bis beige. Die Tiere werden bis 2,5 cm groß.

**Verwechslung:** Es handelt sich um die einzige völlig rote Art im Riff mit gleich großen Scheren. Ähnlich sieht *Calcinus tibicen* aus, die Grundfarbe ist aber eher ziegel- bis braunrot mit hellen Binden. Diese Art lebt im Flachwasser zwischen Steinen und in Ebbetümpeln. Die Scheren sind nicht exakt gleich groß.

**Lebensraum:** Die Tiere sind oft zwischen Steinkorallen oder auf Gorgonien etc. bis 40 m Tiefe zu finden.

**Besonderheiten:** Wie alle Einsiedler verbirgt auch diese Art ihr weiches Körperhinterteil in einem leeren Schneckenhaus.

## *Clibanarius tricolor*

**Blauer Einsiedler, Blue-Legged Hermit**

Klasse Crustacea, Unterklasse Malacostraca, Familie Diogenidae

**Merkmale:** Bei *C. tricolor* sind die Scheren etwa gleich groß und auffällig blau gefärbt mit orangen und helleren Bändern, die teilweise fein rot gesprenkelt sind, Die Scheren sind dunkelbraun gefärbt mit weißen Warzen. Blaue Einsiedler werden bis zu 1,5 cm groß.

**Verwechslung:** *C. scolopetarus* hat eine olivbraune Grundfärbung, ähnelt aber von der Größe und Musterung stark *C. tricolor*.

**Lebensraum:** Typischer Einsiedler, der in Ufernähe zwischen Steinen und in Ebbetümpeln lebt.

**Besonderheiten:** Wie alle Einsiedler verbirgt auch diese Art ihr weiches Körperhinterteil in einem leeren Schneckenhaus.

**Aquarium**: Eine ideale, völlig harmlose Art für Riffbecken.

## *Calcinus tibicen*

### Orangefarbiger Einsiedler, Orangeclaw Hermit

Klasse Crustacea, Unterklasse Malacostraca, Familie Diogenidae

**Merkmale:** Grundfarbe orangerot bis braun, auch Scheren und Augenstiele. Letztere mit weißem Ende. Scheren häufig dunkelbraun mit helleren Rändern. Erste Glieder der Schreitbeine weiß mit winzigen roten Punkten und einer orangefarbenen Binde. Endkralle schwarz. Oberfläche glatt und glänzend. Keine sichtbare Behaarung. Scheren ungleich groß. Bis 2,5 cm.

**Verwechslung:** *Paguristes cadenati* sieht im tieferen Wasser aufgrund der spektralen Lichtabsorption (die Farben werden unterschiedlich schnell vom Wasser herausgefiltert) ähnlich gefärbt aus, ist aber eigentlich knallrot und erheblich schlanker. Außerdem sind seine Scheren gleich groß.

**Lebensraum:** Meist im flachen Wasser in Ebbetümpeln oder zwischen Geröll etc.

## *Paguristes* sp.

### Sandeinsiedler

Klasse Crustacea, Unterklasse Malacostraca, Familie Diogenidae

**Merkmale:** Grundfarbe hell sandfarben bis weiß. Gelegentlich dunklere Flecken. Linke Schere (von vorne betrachtet) größer als rechte. Glatt glänzend, keine sichtbare Behaarung. Bis 1 cm.

**Verwechslung:** Schwierig lebend zu bestimmen, da sehr klein. Auffällig ist, dass er meist in Schalen von Olivenschnecken gefunden wird.

**Lebensraum:** Stets nur auf Sandflächen bis in größere Tiefen. Häufig aber in Ufernähe, selbst bei Brandung. Meist in Gruppen unterwegs.

**Besonderheiten:** Dieser Einsiedler ist enorm flink und kann auch Brandung und Wellengang ertragen.

**Aquarium**: Ungeeignet, ist sauerstoffreiches Wasser und starken Wellengang gewöhnt.

## *Parribacus antarcticus*

### Großer Bärenkrebs, Sculptured Slipper Lobster

Klasse Crustacea, Unterklasse Malacostraca, Familie Scyllaridae

**Merkmale:** Die Art hat einen gedrungenen, länglichen Körper mit zwei schaufelförmigen Stirnfortsätzen (umgewandelte Antennen) an der Kopfseite. Der Körperseitenrand besitzt fransige Anhängsel und Bedornung. Die Grundfarbe ist schmutzig braun bis gelbbraun. Die Schreitbeine sind beigebraun gebändert. Die Tiere werden bis 25 cm groß.

**Verwechslung:** Es gibt mehrere ähnliche Arten.

**Lebensraum:** Die Art lebt im Korallenriff in Spalten und Höhlen versteckt in bis über 20 m Tiefe.

**Besonderheiten:** Bärenkrebse sind nachtaktive Räuber, die sogar Muscheln knacken können. Wie die Langusten und Hummer können sie ruckartig rückwärts schwimmen. Weibliche Tiere erkennt man vor allem dann, wenn sie Eier unter dem Abdomen tragen. Einer der Pereiopoden (Anhängsel am Abdomen) trägt beim Weibchen außerdem eine Schere. Die sehr zahlreichen Eier werden wie bei vielen Krebsen so lange am Abdomen getragen, bis die Larven schlüpfen. Auch dann bleiben sie noch einige Zeit dort, bis sie schließlich vom Weibchen aktiv abgeschüttelt und somit ins Plankton entlassen werden (meist nachts). Erst nach mehreren Häutungen der Larven finden die jungen noch winzigen Bärenkrebse wieder zur bodengebundenen Lebensweise zurück.

**Aquarium:** Eine Einzelhaltung ist einfach.

## *Scyllarides aequinoctialis*

### Spanischer Bärenkrebs, Spanish Lobster

Klasse Crustacea, Unterklasse Malacostraca, Familie Scyllaridae

**Merkmale**: Im Raum zwischen Brustpanzer und Abdomen sieht man vier weinrote Flecken. Typisch ist auch die Fleckenzeichnung auf dem sonst recht glatten Rückenpanzer. Die Art wird bis 30 cm groß.

**Verwechslung:** Es existieren mehrere ähnliche Arten. S. *nodifer* besitzt nur 2 bis 3 dunkle Flecken zwischen Brustpanzer und Abdomen.

**Lebensraum:** Wie die vorige Art lebt auch diese Art unter Korallen etc. versteckt in bis zu 40 m Tiefe.

**Besonderheiten:** Es handelt sich um die größte karibische Bärenkrebs-Art. *Scyllarides aequinoctialis* kann farblich variieren. Im kleinen Foto sieht man ein Exemplar nachts aus seinem Versteck kommen.

**Aquarium:** Eine Einzelhaltung ist leicht möglich. Das Tier räumt nachts das ganze Aquarium um.

## *Panulirus argus*

### Karibische Languste, Carribean Spiny Lobster

Klasse Crustacea, Unterklasse Malacostraca, Familie Palinuridae

**Merkmale:** Die Grundfarbe ist beige und rötlich braun bis braun. Der langgestreckte, gegliederte Körper weist an seinem Hinterende einen Schwanzfächer auf. Die Beine sind lang und schlank und dunkel-hell längsgestreift. Die sehr langen 1. Antennen sind bläulich bis braunlila gefärbt und mit scharfen Dornen besetzt, die kürzeren, gegabelten 2. Antennen sind blasser gefärbt. Hinter den Augen sitzen zwei nach vorne gebogene, schwarz-beige gestreifte Hörner. Die Karibische Languste wird bis 50 cm lang (ohne Antennen).

**Verwechslung:** Die Gefleckte Languste *Panulirus guttatus* unterscheidet sich deutlich durch die Färbung.

**Lebensraum:** Man findet die beschriebene Art ab dem Flachwasser bis in 40 m Tiefe, stets unter Felsüberhängen in Höhlen etc. versteckt. Nachts bewegen sie sich aber auch frei auf dem Riff. Sie treten oft in Gruppen auf.

**Besonderheiten:** Langusten sind sehr wehrhaft und können, unsachgemäß angefasst, schmerzhafte Verletzungen verursachen. Da sie sehr schmackhaft sind, werden sie überall kommerziell gefangen. Weibchen mit Eiern am Abdomen dürfen nicht gefangen werden.

**Aquarium**: Die Haltung ist einfach, aber nur in Spezialaquarien möglich.

## *Panulirus guttatus*

### Gefleckte Languste, Spotted Spiny Lobster

Klasse Crustacea, Unterklasse Malacostraca, Familie Palinuridae

**Merkmale:** Diese *Panulirus*-Art besitzt über den ganzen Körper verstreute weiße Punkte. Selbst die ersten Beinglieder sind so gefärbt. Lediglich das Bein-Endglied ist gestreift. Sie wird bis 40 cm groß, bleibt jedoch meist kleiner.

**Verwechslung**: Die Färbung ist eindeutig. Die beschriebene ist seltener als die vorige Art.

**Lebensraum:** Diese Art lebt unter Überhängen und in Spalten und Höhlen bis in 30 m Tiefe.

**Besonderheiten:** Langusten können durch Einklappen des sehr muskulösen Schwanzes schnell und ruckartig rückwärts schwimmen. Alle Langustenarten werden weltweit als Delikatesse in großen Mengen gefangen und gegessen. Zum Fang werden zum Beispiel Reusen aus Draht ausgelegt, die mit einem Stück Fisch als Köder versehen werden. Die Tiere kriechen hinein und finden den Ausgang nicht mehr. In kalten Meeren füllt der Hummer (*Homarus* sp.) die biologische Nische – und die Vertretung als Delikatesse – der Langusten aus.

**Aquarium:** Die Haltung ist wie bei der vorigen Art einfach. Die Tiere fressen aber im Notfall alles, dessen sie habhaft werden können.

## *Periclimenes yucatanicus*

### Sattelfleck-Anemonengarnele, Putzergarnele, Spotted Cleaner Shrimp

Klasse Crustacea, Unterklasse Malacostraca, Familie Palaemonidae

**Merkmale:** Diese fast durchsichtige Garnele besitzt deutliche weiße Sattelflecken auf dem Körper und violette Augenflecken auf dem Schwanzfächer. Die hell-dunkel gebänderten Scherenbeine sind schlank mit winzigen Scheren. Augenstiele und Mundwerkzeuge sind fein gesprenkelt. Die Art wird bis 2,5 cm groß.

**Verwechslung:** Es gibt mehrere ähnliche, schwierig zu bestimmende Arten. Manche Arten sind auf bestimmte Wirte spezialisiert, so auch die abgebildete Art, die ausschließlich auf den Ästen von Dörnchenkorallen lebt.

**Lebensraum:** Diese Art lebt in Anemonen bereits ab wenigen Metern Tiefe.

**Besonderheiten:** Diese Putzergarnele findet man ausschließlich auf stark nesselnden Anemonen. Sie lebt dort vor Feinden geschützt zwischen den Fangarmen und wird nicht genesselt. Von Symbiose kann man nicht unbedingt sprechen, denn die Anemone hat keinen erkennbaren Nutzen von der Garnele.

**Aquarium:** Die Art ist gut geeignet, benötigt aber stets eine passende, möglichst sogar mehrere Anemonen. Vor allem zu kleine Anemonen neigen zum Wandern, wenn die Garnelen ihnen lästig werden. Durch Anbieten mehrerer genügend großer Anemonen kann man dies einigermaßen verhindern.

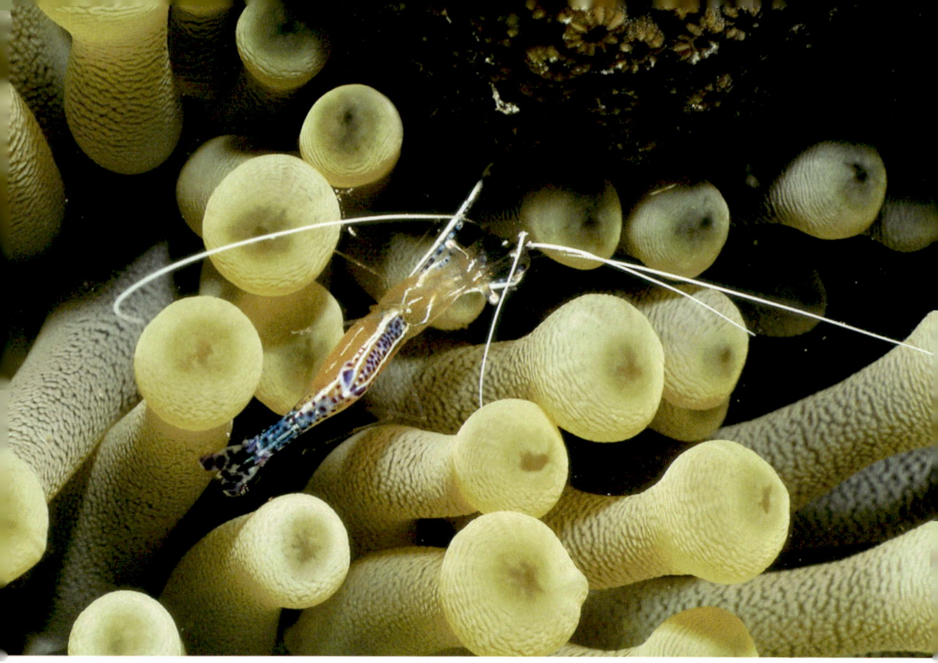

## *Periclimenes pedersoni*

### Pedersons Anemonengarnele, Pedersons Cleaner Shrimp

Klasse Crustacea, Unterklasse Malacostraca, Familie Palaemonidae

**Merkmale**: Auffallend sind die langen weißen Antennen und das lila-schwarz gefleckte, weiß gerandete Band auf dem Rücken des schlanken Körpers. Auch die Scherenbeine sind so gefärbt.

**Verwechslung:** Die Bestimmung ist durch die Färbung eindeutig. Es gibt eine ähnlich geformte, aber in Brauntönen gefärbte kleinere Art, *P. rathbunae* (siehe kleines Foto), die oft übersehen wird, obwohl sie manchmal häufiger als *P. pedersoni* vorkommt.

**Lebensraum:** Die Art lebt häufig in der Nähe oder auf verschiedenen Anemonen, z. B. *Bartholomea lucida/B. annulata*. Sie kommt ab wenigen Meter Tiefe bis in ca. 20 m vor.

**Besonderheiten:** Diese Putzergarnele bewegt sich auf seltsam hin- und herschwankende Weise. Damit sollen vor allem Putzkunden angelockt werden.

**Aquarium:** Mit passenden Anemonen ist die Haltung gut möglich. Die Art sollte aber nur mit kleinen und zarten Fischen vergesellschaftet werden.

## *Thor amboinensis*

### Thor-Anemonengarnele, Hohlkreuz-Garnele, Squat Anemone Shrimp

Klasse Crustacea, Unterklasse Malacostraca, Familie Hippolytidae

**Merkmale:** Auf braungelber Grundfarbe hat diese Garnele weiße Sattel- und Seitenflecken. Auch der Schwanzfächer besitzt solche Flecken. Sie wird bis 1,5 cm groß, ist aber meist erheblich kleiner.

**Verwechslung:** Die Bestimmung ist eindeutig durch die Färbung.

**Lebensraum:** Die Tiere kommen selten über 10 m Tiefe vor; sie leben meist an der Basis oder zwischen den Tentakeln von Anemonen. Man findet sie stets zu mehreren Exemplaren. Die Art kommt weltweit in tropischen Meeren vor.

**Besonderheiten:** Diese Art flüchtet bei Störungen zwar in die Fangarme ihres Wirtes, lebt aber normalerweise am Fuß der jeweiligen Anemone. Oft kann man bis zu zehn Exemplare auf einer einzigen Anemone entdecken. Selbst winzige Anemonen werden von einzelnen Exemplaren angenommen. Leider übersehen die meisten Taucher diese Tiere, da man schon sehr nahe herangehen muss, um sie überhaupt zu erkennen. Einmal entdeckt staunt man, wie häufig die Art eigentlich ist.

**Aquarium:** Diese Garnele ist für die Haltung gut geeignet, aber auf Grund der geringen Größe schwierig im Auge zu behalten. Ohne Anemone werden die Tiere schnell von Fischen etc. gefressen. Die Tiere sind was die Anemonenpartner betrifft nicht wählerisch. Fast alle Arten werden problemlos angenommen.

## *Lysmata wurdemanni*

### Gestreifte Schwammgarnele, Peppermint Shrimp

Klasse Crustacea, Unterklasse Malacostraca, Familie Hippolytidae

**Merkmale:** Typisch ist die rot-weiße Streifenzeichnung des gesamten Körpers einschließlich der Schreitbeine. Diese Garnele hat schwarze Augen mit feinem weißem Strich auf dem Augenstiel bis zur Mundregion. Sie wird bis 4 cm groß.

**Verwechslung:** Die *Rhynchocinetes*-Arten (siehe Seite 166) besitzen ein viel längeres Rostrum (Stirnfortsatz), sind aber auf den ersten Blick ähnlich gefärbt.

**Lebensraum:** Die Tiere leben besonders häufig in den Öffnungen von Schwämmen, vor allem in Röhren- und Vasenschwämmen.

**Besonderheiten:** Bei der Art handelt es sich um eine Putzergarnele.

**Aquarium:** Die Tiere sind einfach zu halten, aber eher scheu.

Seit einiger Zeit wird *Lysmata wurdemanni* erfolgreich zur Bekämpfung von Glasrosen eingesetzt. Einige wenige Tiere sollen genügen, um eine Glasrosenplage im Aquarium in den Griff zu bekommen. Zum Glück wurde die Art auch schon öfter nachgezüchtet, was in naher Zukunft die Entnahme aus der Natur hoffentlich überflüssig macht.

## *Stenopus hispidus*

### Scherengarnele, Banded Coral Shrimp

Klasse Crustacea, Unterklasse Malacostraca, Familie Stenopodidae

**Merkmale:** Die Scherengarnele besitzt auffällig große, weiß-rot gebänderte Scheren, einen ebenso gefärbten schlanken Körper und lange, weiße Tentakel. Die Basis der Extremitäten ist blau gefärbt. Die Tiere erreichen eine Länge von etwa 7 cm.

**Verwechslung:** Die anderen *Stenopus*-Arten sind deutlich anders gefärbt. *S. hispidus* kommt weltweit in allen tropischen Meeren vor und ist hier mit Abstand die häufigste Art der Familie.

**Lebensraum:** In Höhlen und Spalten vom Flachwasser bis in größere Tiefen kann man Scherengarnelen entdecken. Nachts findet man sie auch außerhalb ihrer Unterstände.

**Besonderheiten:** Diese Putzergarnele lebt meist paarweise zusammen. Sie bilden eine regelrechte Putzerstation. Die weißen Tentakel sieht man oft schon aus größerer Entfernung.

**Aquarium:** Die Scherengarnele ist eine beliebte Putzergarnele, die man nur alleine oder als eingespieltes Paar halten kann, da sie sich sonst bis zum Tod bekämpfen. Leider kann man die Geschlechter lebend kaum unterscheiden, was die Paarfindung zusätzlich erschwert. Es empfiehlt sich daher die Einzelhaltung. Die Tiere sind Allesfresser.

## *Mysidium* sp.

### Schwebegarnele, Mysid Shrimp

Klasse Crustacea, Unterklasse Malacostraca, Ordnung Mysidacea

**Merkmale:** Es handelt sich um winzige (bis 4 mm), weißlich durchsichtige Garnelen, die stets in großen Schwärmen schwimmen.
**Verwechslung**: Man kennt drei ähnliche Arten, die sich nur mit der Lupe voneinander unterscheiden lassen.
**Lebensraum:** Schwärme finden sich über und zwischen den Stacheln von Seeigeln, Seeanemonen und seltener auch Gorgonien.
**Besonderheiten:** Diese Krebse versuchen durch ihre Lebensweise, vor Fressfeinden einigermaßen geschützt zu sein. Mit großer Geschicklichkeit vermeiden sie z.B., nicht von den Anemonen o.Ä. genesselt zu werden. Bei Gefahr schwimmen sie besonders dicht in die Fangarme, Stacheln etc.
Nahe Verwandte dieser Schwebegarnele bilden in den kalten Meeren die Hauptnahrung für Wale. Sie kommen dort in solch großen Mengen vor, dass das Wasser von ihnen regelrecht trüb sein kann. In warmen Meeren kennt man solche Massenvorkommen von *Mysis*-Arten jedoch nicht.
**Aquarium:** Bestimmte *Mysis*-Arten sind ein bedeutendes Futter für marine Aquarienfische (Frostfutter).

## *Alpheus armatus*

### Roter Pistolenkrebs, Red Snapping Shrimp

Klasse Crustacea, Unterklasse Malacostraca, Familie Alpheidae

**Merkmale:** Der garnelenförmige Körper weist lange Antennen und zwei deutlich verschieden große Scherenbeine auf. Die Grundfarbe ist rot, Scheren und Antennen sind hell gefleckt. Die Art wird bis 5 cm groß.
**Verwechslung:** Es handelt sich um die einzige häufige Art mit dieser Lebensweise.
**Lebensraum:** Dieser Pistolenkrebs lebt mit der Anemone *Bartholomea annularis* zusammen. Normalerweise schaut das Tier nur wenig unter der Anemone hervor, bei Störungen zieht es sich vollends zurück. Oft sieht man nur die langen Antennen hervorschauen.
**Besonderheiten:** Pistolenkrebse können mit der größeren Schere laute Knallgeräusche von sich geben. Dabei wird eine kleine Druckwelle erzeugt, die z. B. kleine Tiere irritiert oder betäubt, die dann gefressen werden. Meist dient der Knall aber der Warnung von Angreifern, die dadurch abgeschreckt werden sollen.
**Aquarium:** Die meisten Pistolenkrebse sind für Riffaquarien gut geeignet. Sie sind allerdings scheu und nur selten zu sehen. Lediglich bei der Fütterung kann man sie kurz zu Gesicht bekommen. Das beschriebene schussähnliche Knacken ist aber nicht zu überhören.

## *Rhynchocinetes rigens*

### Rote Tanzgarnele, Red Night Shrimp

Klasse Crustacea, Unterklasse Malacostraca, Familie Rhynchocinetidae

**Merkmale:** Diese rot gefärbte, meist undeutlich gefleckte und am Hinterkörper sogar eher gestreifte Garnele fällt durch das lange Rostrum (= Stirnfortsatz, Gattungsmerkmal) auf. Die Augen sind auffällig groß und schwarz. Die Rote Tanzgarnele wird bis zu 5 cm lang.

**Verwechslung:** Die Rote Tanzgarnele kann mit anderen Arten verwechselt werden. Man achte aber auf den langen, gesägten Stirnfortsatz.

**Lebensraum:** Die Art lebt zwischen Korallenschutt, in verzweigten Korallen und Spalten etc. ab 5 m bis in 30 m Tiefe.

**Besonderheiten:** Diese Garnele ist tagsüber völlig unsichtbar, da tief im Riff versteckt. Nachts sieht man sie jedoch recht häufig. Beim Anleuchten mit der Taucherlampe leuchten die Augen auffällig und verraten die kleinen Tiere.

**Aquarium:** Die Art ist gut geeignet, aber sehr scheu. Man wird von ihr tagsüber nichts sehen. Nachts kann man die Tiere ebenfalls nur kurz im Licht der Lampe beobachten. Lediglich zur Fütterungszeit hat man eine Chance, die Tiere kurz beobachten zu können. Die Haltung ist daher eher uninteressant.

## *Cardisoma guanhumi*

### Große Landkrabbe, Great Land Crab, Duppy

Klasse Crustacea, Unterklasse Malacostraca, Familie Gecarcinidae

**Merkmale:** Der Körper ist beige, grau bis blau, fast quadratisch und bis 12 cm breit. Die Scherenarme sind ungleich groß, bei Männchen bis 30 cm lang.

**Verwechslung:** Einige ähnliche Arten sind bekannt, die aber anders gefärbt sind. Es handelt sich um die größte karibische Art. Winkerkrabben (*Uca* sp.) leben in kleinen Löchern im Schlamm von Mangroven und fallen durch eine extrem vergrößerte Schere auf. Reiterkrabben (*Ocypode* sp.) sind flinke sandfarbene Krabben, die in tiefen Löchern im Sandstrand leben. Die Scheren sind gleich groß. Auffällig sind die langen Stielaugen, die wie bei allen Krebsen erstaunlich leistungsfähig sind und den Tieren einen hervorragenden Rundblick ermöglichen.

**Lebensraum:** Die Große Landkrabbe gräbt zum Ärger der Anwohner überall tiefe Löcher bis aufs Grundwasserniveau. Dadurch können die Tiere ganze Abschnitte vor allem in Ufernähe unsicher machen. Sie lebt meist in Wassernähe bis weit landeinwärts.

**Besonderheiten:** Die Art kann tagelang ohne Wasser auskommen. Die Weibchen tragen die Larven aber ins Meer, wo sie sich entwickeln. Landkrabben sind essbar. Sie werden nach dem Fang einige Zeit mit Mais gefüttert, bevor sie verzehrt werden.

# Stachelhäuter (*Echinodermata*)

Die Stachelhäuter sind eine sehr alte Tiergruppe, denn schon im Kambrium lebten Vertreter der Echinodermaten. Sie sind außerdem der einzige große Tierstamm, der ausschließlich im Meer vorkommt. Drei Charakteristika zeichnen die Stachelhäuter besonders aus:

1. Sie besitzen alle eine fünfstrahlige Radiärsymmetrie, d. h., man kann im Körperbau aller Stachelhäuter immer eine Fünfteilung erkennen, da viele Körperteile fünffach vorhanden sind. Bei manchen Arten (bilaterale Seeigel, z. B. Sanddollar) kann diese Symmetrie allerdings auch verdeckt sein. Bei den fünfarmigen Seesternen ist sie am deutlichsten ausgeprägt, bei den Seegurken jedoch äußerlich kaum zu erkennen.
2. Sie besitzen ein Innenskelett aus Kalkplatten oder Kalknadeln, die aus Kalzit bestehen, das dem stark kalkhaltigen Meerwasser entzogen wird.
3. Sie besitzen als einzige Tiergruppe das Ambulakralsystem, ein im Körperinnern befindliches Wassergefäßsystem, das mittels Wasserdruck und Muskelkontraktionen die außen befindlichen winzigen Füßchen der Echinodermaten steuern kann. Fünf Klassen werden unterschieden:

- Haar- oder Federsterne (Crinoidea)
- Seegurken (Holothuroidea)
- Seeigel (Echinoidea)
- Seesterne (Asteroidea)
- Schlangensterne (Ophiuroidea)

Die meisten Stachelhäuter sind getrenntgeschlechtlich. Es findet eine äußere Befruchtung statt, d. h. Spermien und Eier werden einfach ins Wasser abgegeben. Um die Befruchtung dennoch sicherzustellen, werden die Geschlechtsprodukte häufig gleichzeitig abgegeben. Dies wird wie bei vielen Meerestieren zum Beispiel durch Mondphasen (Ebbe und Flut) oder durch Wassertemperaturschwankungen gesteuert. Aus der Verschmelzung dieser Geschlechtsprodukte entstehen planktonische Larven, die zunächst noch zweiseitig-symmetrisch sind. Erst nachdem sie verschiedene Entwicklungsphasen durchlaufen haben, setzen sie sich fest und nehmen die charakteristische, fünfstrahlig-radiärsymmetrische Form an.

## Haarsterne oder Federsterne (Crinoidea)

Die Haarsterne sind sicherlich die urtümlichsten Stachelhäuter, denn ihre Verwandten, die Seelilien, gab es schon in den Urmeeren. Auch heute noch gibt es über 100 Arten von Seelilien, die allerdings in Tiefen vorkommen, die für Taucher nicht zugänglich sind.

Die Haarsterne (etwa 500 Arten) unterscheiden sich von den Seelilien vor allem durch einen Umstand: Sie sind frei beweglich, während die Seelilien festgewachsen und damit unbeweglich (sessil) sind. Die meisten Haarsterne nutzen dies aber kaum aus. Tagsüber halten sie sich für gewöhnlich versteckt, nachts klettern sie auf exponierte Stellen, wo sie sich mit ihren krallenartigen Zirren festhalten und nach Plankton fischen. Einmal an der gewählten Stelle angekommen, wechseln sie die ganze Nacht ihren Standort nicht mehr ohne Not.

Haarsterne besitzen außer den schon erwähnten Zirren, die durch Form, Bauweise und Anzahl wichtig für die Bestimmung der Arten sind, einen relativ unauffälligen, fingerhutförmigen Körper, auf dessen Oberseite sich der Mund und daneben der After befinden. Von dieser Körperoberseite aus verzweigen sich die fünf Arme mehr oder weniger oft. Manche Arten besitzen weniger als

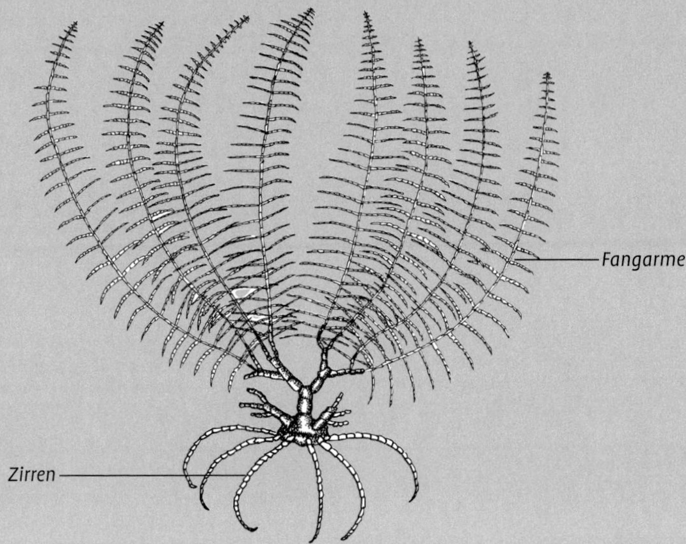


*Die Körperteile eines Haarsterns.*

zehn Verzweigungen, andere haben über 100. Jeder Arm hat unzählige Fiederchen. Dazwischen befindet sich eine Rinne, in der die von den Fiederchen eingesammelte Nahrung wie auf einem Förderband zum Mund transportiert wird. Diese Förderrinnen setzen sich auf der Mundscheibe bis zur Mundöffnung fort.

Die Arme selbst sind mit winzigen Dornen und Widerhaken besetzt. Beim Anfassen verhaken sich diese in der Haut oder im Gewebe des Handschuhs. Ohne die zarten Tiere zu verletzen, kann man sie dann kaum wieder loswerden. Es ist also wie immer das Beste, sie in Ruhe zu lassen.

Auch die Eier und Spermien der getrenntgeschlechtlichen Tiere wachsen im Körper und in den Armbasen heran und werden direkt ins Wasser entlassen. Die sich nach einiger Zeit festsetzende Planktonlarve wächst auf dem einmal gewählten Untergrund fest. Sie wird daher Seelilienstadium genannt und beweist damit die enge Verwandtschaft. Erst nach etwa einem Jahr wachsen die Zirren, die Basalscheibe wird abgetrennt und der winzige Haarstern kann sich nun fortbewegen. Wie die meisten Stachelhäuter sind auch die Haarsterne sehr regenerationsfähig. Dies ist auch sehr wichtig, denn die Arme oder Teile davon werden bei Störungen sehr schnell abgeworfen.

## Seegurken (Holothuroidea)

Äußerlich betrachtet würde man die Seegurken oder Seewalzen, wie sie auch genannt werden, wohl kaum zu den sonst eher farbenprächtigen Stachelhäutern stellen. Der unförmige, dicke, häufig mit Sand oder Seegras bedeckte Körper der meisten Arten erinnert eher an einen überdimensionalen Wurm als an einen Stachelhäuter. Doch im Inneren der Seegurken findet man die gleiche fünffache Symmetrie wieder, die für alle Stachelhäuter typisch ist. Anstatt eines festen Skeletts, wie es die Seeigel haben, besitzen Seegurken lediglich eine derbe, ledrige Haut, in der zusätzlich feine Kalknadeln (Sklerite) eingelagert sind, die

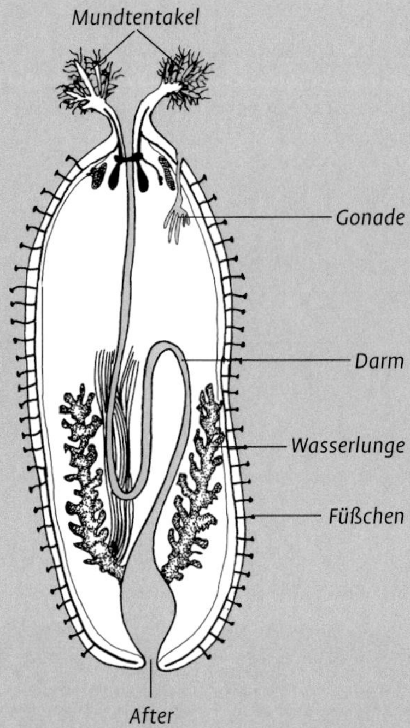


*Grundbauplan einer Seegurke.*

beim Betasten von manchen Seegurken regelrecht „erfühlt“ werden können. Sie verleihen den Tieren eine raue Oberfläche. Diese mikroskopisch kleinen Sklerite sind für den Wissenschaftler wichtig, denn jede Art hat anders geformte Kalknadeln.

Der Mund der Seegurken befindet sich am Vorderende und ist von zehn bis dreißig einziehbaren Tentakeln umgeben. Der After befindet sich am Hinterende. Der ganze Körper wird von kräftigen Ring- und Längsmuskeln bewegt. Wie alle Stachelhäuter besitzen auch die Seegurken Ambulakralfüßchen, die in fünf Reihen längs des Körpers angeordnet sind. Drei Reihen davon sitzen üblicherweise an der meist abgeflachten Körperunterseite. Bei etlichen Arten sind diese Füßchen aber rückgebildet oder zu Warzen und Körperanhängseln umgewandelt. Manche Arten halten auf ihrem Rücken mit den Füßchen allerlei Seegrasreste, Sand oder Steinchen fest, um sich gegen die grelle Sonne des Flachwassers zu schützen.

Die meisten Seegurken leben kriechend auf Sandböden oder klettern auf Felsen- und Korallenstöcke. Einige Arten sind aber auch andauernd im Sand oder Schlamm eingegraben, ja sogar planktonische Formen kommen vor, die ständig im freien Wasser schweben, vom Laien allerdings kaum als Seegurken erkannt werden.

Eine Gruppe der Seegurken ernährt sich, indem die verästelten Tentakel gegen die Strömung gestellt werden, um Plankton aus der Strömung herauszufangen, der an den Tentakeln kleben bleibt. Die meisten Arten ernähren sich aber von organischen Teilchen im Sand- oder Schlammboden, indem sie ihn einfach auffressen und die nicht essbaren Bestandteile wieder ausscheiden. Dies führt zu den überall auf Sandboden zu findenden „Würstchen“.

Seegurken geben ihre Geschlechtsprodukte einfach ins Wasser ab. Dazu wird meist der Vorderkörper aufgerichtet, um eine bessere Verteilung zu erreichen. Damit sich Spermien und Eier auch treffen können, geben männliche und weibliche Seegurken ihre Geschlechtsprodukte gleichzeitig ab. Dies kann man gelegentlich abends oder nachts beobachten. Die entstehenden Larven treiben einige Zeit im Plankton, bis sie sich zu kleinen Seegurken umbilden und sich an geeigneter Stelle niederlassen. Einige Arten sind brutpflegend oder sogar lebendgebärend.

Seegurken sind oft von Schmarotzern oder Kommensalen „befallen“. So leben einige Seenadeln und Eingeweidefische im Darm der Seegurken. Auf der Körperoberfläche tummeln sich verschiedene Krebse, Muscheln oder Schnecken, im Körperinnern verstecken sich Borstenwürmer oder kleine Krabben.

Das Fleisch der Seegurken ist giftig (Holothurin). Sie haben daher kaum Feinde.

Trotzdem verfügen viele Arten über weitere Abwehrmechanismen. Bei unvorsichtiger Berührung (z.B. durch Taucher) oder wenn sie von potenziellen Feinden bedrängt werden, stoßen sie die so genannten „Cuvier'schen Schläuche" aus, lange, klebrige weiße Fäden, die überall hängenbleiben. Schreckt dies den Gegner nicht ab, greifen manche Seegurken zum letzten Mittel – sie stoßen ihre Eingeweide aus. Diese können zwar regeneriert werden, trotzdem sollte man dies nicht provozieren. Die Tiere sind dadurch wehrlos und können lange Zeit keine Nahrung mehr aufnehmen. Taucher sollten Seegurken also keinesfalls anfassen.

## Seeigel (Echinoidea)

Seeigel sind meist annähernd runde, mit mehr oder weniger langen Stacheln bewehrte Tiere, die in ihrer Körperwand ein aus normalerweise unbeweglich miteinander verbundenen Kalkplatten bestehendes Skelett aufweisen. Sie fallen besonders durch ihre Stacheln auf, die mit speziellen Muskeln bewegt werden können.

Einige Arten besitzen dünne Stacheln mit Giftdrüsen, die in der Wunde eines Unvorsichtigen abbrechen und üble Entzündungen hervorrufen können. Andere Arten besitzen extrem lange und dünne Stacheln, die ebenso gefährlich sind, während die Griffelseeigel z.B. bleistiftdicke Stacheln haben. Die irregulären (bilateral symmetrischen) Seeigel dagegen weichen von dem üblichen Seeigelbild vollständig ab. Sie haben ein regelrechtes „Fell" aus dünnen, kurzen Stacheln. Oft findet man Gruppen verschieden langer Stacheln (Primär- und Sekundärstachel), die z.B. zur Fortbewegung, zum Nahrungstransport oder zur Feindabwehr dienen können.

Zwischen den Stacheln befinden sich verschieden geformte, winzige Zangen (Pedicellarien) und Füßchen mit und ohne Saugnäpfe, die durch das schon erwähnte Ambulakralsystem bewegt werden. Die Zangen dienen der Feindabwehr oder dem Nahrungstransport und können bei manchen

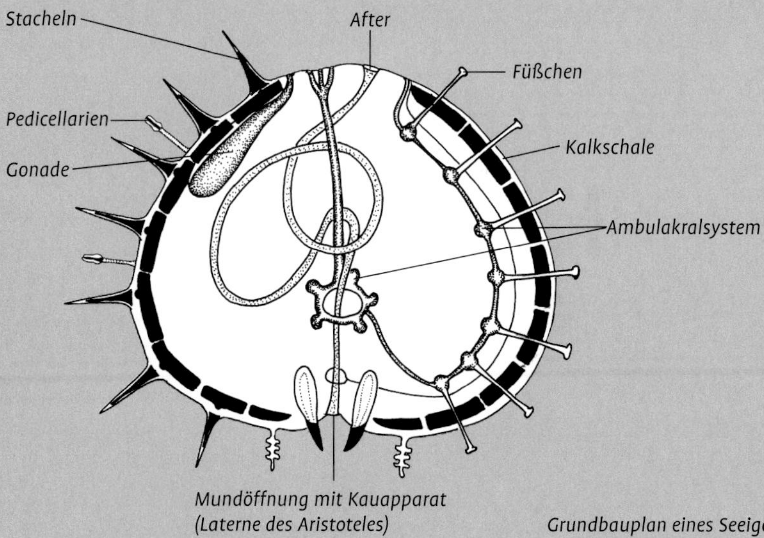


*Grundbauplan eines Seeigels.*

Arten Giftdrüsen besitzen, die Füßchen dienen der Fortbewegung oder werden zum Festhalten von Tarnmaterial benutzt. Stirbt ein Seeigel, so bleibt, nachdem sich das Gewebe aufgelöst hat, nur noch das zerbrechliche Innenskelett aus Kalk übrig. Bei den meisten Arten ist dieses Skelett fest, die in zehn Doppelreihen angeordneten Platten sind miteinander mehr oder weniger haltbar verwachsen. Bei den Lederseeigeln jedoch sind die einzelnen Platten zueinander beweglich angeordnet, so dass diese Seeigel insgesamt auch beweglicher sind. Man unterscheidet die Ambulakralplatten, die winzige Durchbrüche (Poren) für die Füßchen aufweisen, von den Interambulakralplatten, denen diese Poren fehlen.

Im Gegensatz zu den radiärsymmetrischen (**Reguläre Seeigel**) sind die bilateralsymmetrischen Seeigel (**Irreguläre Seeigel**) nicht rund, sondern eher länglich geformt. Bei ihnen ist der After nicht an der Körperoberseite wie bei den „normalen" Seeigeln, sondern hinten, während die Mundöffnung im Laufe der Entwicklung nach vorne gewandert ist. Bei den regulären Seeigeln ist sie stets unten in der Mitte.

Eine Besonderheit ist der kompliziert aus vielen winzigen Skelettteilen aufgebaute Kauapparat der Seeigel, genannt die „Laterne des Aristoteles". Er befindet sich in der unteren Mundöffnung, die stets dem Boden aufliegt. Nur die fünf Zähne dieses Kauapparates sind sichtbar. Damit wird die Nahrung, z. B. Algen oder Aas, zerkleinert oder von Felsen etc. abgeraspelt. Da die Kalkzähnchen hierbei schnell verschleißen, werden sie ständig nachgeführt. Manche Arten bohren sich mit ihren Zähnen sogar in den massiven Fels oder Korallenkalk ein.

Seeigel sind getrenntgeschlechtlich. Aus den Eiern und Spermien entwickelt sich eine planktonische Larve (Echinopluteus), die nach vier bis sechs Wochen zu Boden sinkt und sich dort langsam zum Seeigel umbildet (Metamorphose).

Seeigel sind für das Korallenriff überaus wichtig, weil sie meist Pflanzenfresser sind, die das Riff von Algen befreien, welche die Korallen sonst überwuchern würden. Es gibt aber auch räuberische Seeigelarten und Allesfresser.

## Seesterne (Asteroidea)

An den Seesternen erkennt man am deutlichsten den typischen Aufbau der Stachelhäuter. Die fünffache Symmetrie ist bei fast allen Seesternen eindeutig vorhanden – sie haben mit wenigen Ausnahmen fünf Arme. Die dornige, stachelige (Stachelhäuter) oder porige Oberseite ist meist auffällig gefärbt, während die Unterseite stets hell oder weiß ist. An der Unterseite der Arme befinden sich in Rinnen (Ambulakralrinnen) die typi-

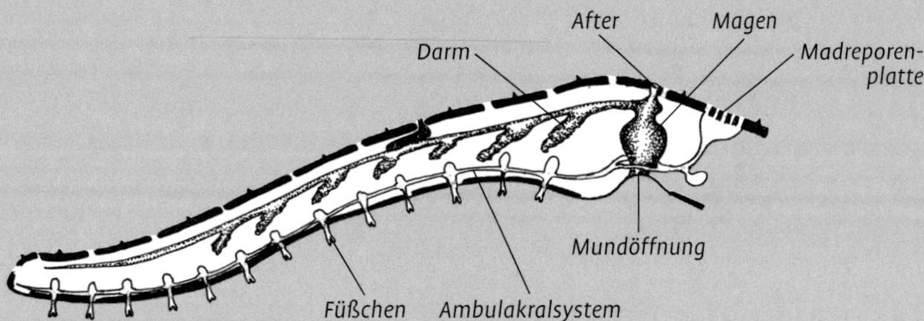


*Grundbauplan eines Seesterns.*

schen Füßchen, die vom bereits besprochenen Ambulakralsystem gesteuert werden.

Die Mundöffnung der Seesterne befindet sich in der Mitte der Unterseite, der After darüber. Auf der Oberseite erkennt man bei genauem Hinsehen die feinen Löcher der siebartigen Madreporenplatte, mit der das Ambulakralsystem der Seesterne mit der Außenwelt Kontakt hält.

Die Grundform der Seesterne kann vom Ideal stark abweichen. So gibt es Arten, die besonders dünne und lange Arme besitzen, während andere diese auf ein Fünfeck reduziert haben. Wieder andere Arten besitzen 15 und mehr Arme. Auch in der Größe variieren die Seesterne. Die kleinsten Arten bringen es auf kaum einen halben Zentimeter, während die Riesen dieser Tiergruppe bis zu 50 cm messen können. Der Grundbauplan ist aber trotzdem bei allen Arten gleich.

Einige Seesterne sind Kleinpartikel- oder Aufwuchsfresser, die meisten Arten jedoch Allesfresser oder leben räuberisch. Einige wenige sind auf bestimmte Nahrungstiere spezialisiert.

Seesterne sind getrenntgeschlechtlich. Eier und Spermien werden direkt ins Freiwasser abgegeben. Die entstehenden winzigen Larven treiben längere Zeit im Plankton und setzen sich danach an einem geeigneten Ort fest. Einige Arten sind lebendgebärend.

Bekannt sind die Seesterne für ihre Regenerationsfähigkeit. Von Feinden abgerissene Arme können also in vielen Fällen wieder nachwachsen, wenn auch nicht immer in der ursprünglichen Größe. Seesterne besiedeln alle Bereiche des Korallenriffs und kommen auch auf den vorgelagerten Sandflächen, in Seegraswiesen und in der Mangrove vor. Es gibt tag- und nachtaktive Arten.

Das Sammeln und Trocknen der farbenprächtigen Seesterne ist sinnlos. Schon nach kurzer Zeit stinken die Tiere furchtbar und verlieren ihre schönen Farben vollständig. Man sollte sie also besser im Meer belassen. In der Karibik findet man relativ selten Seesterne.

## Schlangensterne (Ophiuroidea)

Auch die Schlangensterne lassen die fünffache Symmetrie der Stachelhäuter gut erkennen. Allerdings sind ihre Arme aus wirbelförmigen Skelettstücken aufgebaut und daher sehr beweglich. Zwischen den Plattenreihen, die die Oberseite der Arme schützen, befinden sich Füßchen ohne Saugnäpfe, die vor allem dem Nahrungserwerb und -transport dienen. Die fünfeckige Körperscheibe ist oberseits ebenfalls von Skelettplatten bedeckt; auf der Unterseite befinden sich die erheblich größeren Mundplatten.

Schlangensterne sind sehr zerbrechlich und werfen oft schon bei der geringsten Beunruhigung ganze Arme ab. Sie werden aber ebenso schnell wieder regeneriert, was man oft daran erkennen kann, dass solche nachgewachsenen Arme noch sehr unterentwickelt sind.

Die verschiedensten Ernährungsmethoden kommen bei Schlangensternen vor. So fangen manche Arten mit ihren Armen Plankton aus dem Wasser, andere fressen direkt von der dünnen Oberflächenschicht im Flachwasser, wieder andere sind Aasfresser oder leben vom Aufwuchs auf Felsen und Pflanzen. Alle sind sie aber sehr scheu und leben tagsüber meist versteckt. Man findet sie daher oft unter Steinen, in den Hohlräumen von Schwämmen oder um Gorgonien oder Feuerkorallen gewickelt.

Wie die meisten Stachelhäuter sind auch die Schlangensterne getrenntgeschlechtlich. Die Vermehrungszeit dauert oft recht lange. Spermien und Eier werden einfach in Wolken ins Wasser abgegeben. Die bewimperten Larven leben längere Zeit planktonisch und werden schließlich nach einigen Formveränderungen zu Bodentieren.

## *Nemaster grandis*

### Schwarzweißer Haarstern, Black and White Crinoid

Klasse Crinoidea, Familie Comasteridae

**Merkmale:** Dieser Haarstern besitzt bis zu 40 schwarze, gefiederte Arme, die an den Spitzen der Fiedern weiß gefärbt sind. Bis 25 cm Armlänge ist möglich.

**Verwechslung:** Es handelt sich um die einzige tagaktive Art der Karibik, außerdem um die einzige regelmäßig vorkommende Art der Familie *Nemaster*. Früher wurden auch die folgende und mit ihr verwandte *Davidaster*-Arten in diese Gattung gestellt. Sie gehören aber lediglich gemeinsam in die Familie Comasteridae

**Lebensraum:** Man findet die Art stets auf erhabenen Felsen und großen Schwämmen exponiert sitzend. Sie kommt von etwa 15 bis in 40 m Tiefe vor.

**Besonderheiten**: Dieser Haarstern ist die einzige auffällige tagaktive Art. Sie kommt nur in der südlichen bzw. südwestlichen Karibik vor.

Die Fangarme dieser Tiere sind tagsüber stets voll geöffnet, um Plankton zu fangen. Im Gegensatz zu den meisten anderen Arten schließen sie diese aber nachts. Ihre Standorte verlassen sie trotzdem selten. In der Regel findet man ein bei Urlaubsbeginn entdecktes Exemplar den gesamten Urlaub über an derselben Stelle. Die beiden Tiere auf dem Foto bewegten sich innerhalb von 14 Tagen nur um wenige Zentimeter.

In vielen Haarsternen findet man zwischen oder auf den Armen und an den Cirren gelegentlich Krebse oder Garnelen, die dort leben. Sie sind sehr klein und meistens so gut getarnt, dass man sie nur schwer entdecken kann.

**Aquarium:** Die Haltung ist schwierig: Die Art benötigt regelmäßig feines Plankton. Zudem ist sie transportempfindlich.

## *Davidaster rubiginosa*

### Goldener Haarstern, Golden Crinoid

Klasse Crinoidea, Familie Comasteridae

**Merkmale**: Das Tier hat 20 Arme, die eher schlank und zart sind. Die Färbung ist variabel, sie reicht von goldbraun über orange, grünlich bis dunkelbraun. Die Arme werden bis 25 cm lang.

**Verwechslung:** Sehr ähnlich ist *Davidaster discoidea*, der jedoch meist silbergraue Fieder an den Armen besitzt, etwas filigraner wirkt und kleiner bleibt, aber sonst ebenso variabel gefärbt ist.

**Lebensraum:** Man findet diesen Haarstern in engen Spalten von Korallen und Felsen. Nur die Arme werden exponiert, der Körper bleibt stets in den Spalten verborgen. Die Art lebt bis in 40 m Tiefe.

**Besonderheiten:** Der Goldene Haarstern ist tagsüber ganz verborgen. Nachts werden die Fangarme ausgerollt, der Körper bleibt aber geschützt zwischen den Korallen verborgen.

Alle *Davidaster*-Arten wurden früher fälschlicherweise in die Gattung *Nemaster* gestellt, was aber selbst dem Laien heute unwahrscheinlich erscheint, sind doch sowohl die äußere Form als auch das Verhalten sehr unterschiedlich.

Wie alle nachtaktiven Haarsterne ist auch diese Art lichtempfindlich, was das Fotografieren erheblich erschwert. Sobald der Lichtkegel der Tauchlampe auf eines der Tiere trifft, rollen sich die Arme ein und machen das Foto wertlos. Daher darf man diese Tiere nur kurz und indirekt anleuchten, wenn man Fotos mit voll geöffneten Fangarmen erhalten will.

## *Analcidometra armata*

### Schwimmende Seelilie, Swimming Crinoid

Klasse Crinoidea, Familie Colobometridae

**Merkmale:** Diesen Haarstern findet man ausschließlich auf verschiedenen Gorgonien, die er fest umschlingt. Selbst nachts öffnen sich die 10 Arme kaum. Die Arme sind braun-rotbraun geringelt. Sie erreichen bis maximal 9 cm Länge.

**Verwechslung:** Möglicherweise gibt es einige ähnliche Arten. Die eng verwandte Art *Analcidometra armata* wird ebenfalls nur bis zu 9 cm groß, lebt auch häufig auf Gorgonien, ist aber öfter voll geöffnet anzutreffen. Sie hat ebenfalls zehn Arme, die abwechselnd rot und weiß gebändert sind. Die Art wird Schwimmender Haarstern genannt, da sie immer wieder schwimmend angetroffen wird. Dabei werden die Arme in Gruppen geordnet im Sekundenrhythmus nach unten geschlagen. Bei der Aufwärtsbewegung werden die zuvor abgespreizten Fiedern der Arme eng an die Basis angelegt, was zu einer relativ effektiven Fortbewegung führt. Manche Tiere schwimmen so minutenlang, bevor sie sich wieder niederlassen.

**Lebensraum:** Die Tiere leben stets auf verschiedenen Gorgonien.

**Besonderheiten:** Diese Tiere sind auf bestimmte Wirte spezialisiert und scheinen diese nie zu verlassen. Sie können jedoch angeblich schwimmen. Ihre Ernährungsweise ist unbekannt, vermutlich fressen sie aber Partikel, die auf dem Wirt hängen bleiben. Die Tiere sind nur nachts aktiv und schlingen sich tagsüber wie auf dem Foto erkennbar fest um die Äste ihrer Wirtsgorgonien.

## *Synaptula* sp.

### Wurm-Seegurke, Worm Sea Cucumber

Klasse Holothuroidea, Familie Synaptidae

**Merkmale:** Diese bis zu 6 cm groß werdende, blassbeige gefärbte Seegurke besitzt gefiederte Tentakel am Kopfende. Der wurmförmige Körper ist schlank und langgestreckt.

**Verwechslung:** Die genauere Bestimmung dieser Art gelang bislang nicht.

**Lebensraum:** In Mangrovengebieten, in geschützten Buchten, zwischen Seegras und Algen, unter Bootsstegen findet man diese Art stets in geringer Tiefe.

**Besonderheiten:** Es handelt sich um eine sehr häufige Art, die aber übersehen wird, da sie nachtaktiv ist und im Flachwasser der ruhigen Buchten selten getaucht wird.

Wie man sieht, lohnt sich dies aber. Es kann daher nur empfohlen werden, auch ungewöhnliche Tauch- oder Schnorchelplätze aufzusuchen. Auf Bonaire wird z. B. ein Tauchgang im Hafenbecken empfohlen (sehr empfehlenswert, aber unbedingt beim Hafenmeister anmelden, wenn man nicht von einem Kreuzfahrtschiff o. Ä. an die Hafenwand gequetscht werden will). Pfosten von Anlegestegen, Betonwände an Molen in Häfen etc. sind oft voll von Tierarten, die man sonst nie zu Gesicht bekommen würde. Die gezeigte Seegurken-Art wurde bei einem nächtlichen Tauchgang direkt am Bootsanlegesteg eines Restaurants in den Florida Keys gemacht, wo sich auch unzählige Pfeilschwanzkrebse zur Paarung einfanden. Von den ebenfalls unzähligen Moskitos, die uns dabei fast auffraßen, will ich hier lieber nicht berichten.

## *Holothuria thomasi*

### Tigerschwanz-Seegurke, Tiger Tail Sea Cucumber

Klasse Holothuroidea, Familie Holothuriidae

**Merkmale:** Der über 2 m lang werdende, schlanke, kaum 5 cm dicke Körper ist von brauner bis beiger oder grauer Farbe und oft von hellen Binden oder Flecken unterbrochen. Die Haut ist mit spitz zulaufenden Papillen spärlich besetzt. Die Mundtentakel sind kurz und befinden sich an der Unterseite des Kopfes.

**Verwechslung:** Es ist keine ähnliche Art in dieser Größe vorhanden. Eine gerne mit *Holothuria thomasi* verwechselte Art ist *Euapta lappa*, die oft für die Jugendform von *H. thomasi* gehalten wird. In Wirklichkeit bleibt diese Art mit maximal 40 cm Länge aber viel kleiner und hat zudem keine Röhrenfüßchen wie alle anderen Seegurken. Allerdings ist die Färbung so variabel, dass sie farblich *H. thomasi* manchmal ähneln kann. Als Synonym für *H. thomasi* wird auch *H. thomasae* gebraucht.

**Lebensraum:** Die Art lebt vor allem im Riff bis in 30 m Tiefe zwischen Felsen verborgen, auch in Buchten etc. mit genügend Korallenschutt für Verstecke.

**Besonderheiten:** Nachts streckt diese Seegurke ihren Körper aus dem Versteck, um mit den Mundtentakeln Nahrung aufzutupfen. Stets bleibt dabei der Hinterteil des Körpers im sicheren Versteck verborgen und dort festgeheftet. Bei der geringsten Störung zieht sich das Tier schnell zurück. Die Art ist nicht häufig. Wegen der nächtlichen Lebensweise wird sie aber möglicherweise nur nicht oft beobachtet.

## *Holothuria mexicana*

### Mexikanische Seegurke, Donkey Dung Sea Cucumber

Klasse Holothuroidea, Familie Holothuriidae

**Merkmale**: Auffällig ist der bis zu 10 cm dicke, walzenförmige, segmentartig eingeschnürte, grauschwarz gefärbte Körper, der stets mit Sand und Sediment bedeckt ist. Die Unterseite ist hell, weiß oder rosa, mit dunklen „Füßen". Die Tiere weisen 22 dunkelbraune Mundtentakel auf und werden bis 50 cm lang.

**Verwechslung:** Je nach Sedimentüberzug ist diese Seegurke oft schwer erkennbar. *H. floridana* bleibt deutlich kleiner (bis 20 cm), hat 20 helle Mundtentakel und die Röhrenbeine sind hell bis gelb.

**Lebensraum:** Die beschriebene Art lebt auf Sandflächen in Riffnähe und in Seegraswiesen bis in 20 m Tiefe.

**Besonderheiten:** Der Sandboden wird aufgenommen und nach organischem Material durchgekaut. Die Mexikanische Seegurke scheidet sandfarbene, schlecht zusammenhaltende Würstchen aus, die man häufig findet. Die meisten Arten der Holothuroidea besitzen so genannte Cuvier'sche Schläuche. Das sind weiße klebrige Fäden, welche die Tiere bei Gefahr ausstoßen können. Diese spaghettiartigen Fäden sind so klebrig, dass sich ein eventueller Gegner oder Feind heillos darin verwickelt. Außerdem sind sie giftig.

## *Isostichopus badionotus*

### Variable Seegurke, Three-Rowed Sea Cucumber

Klasse Holothuroidea, Familie Stichopodidae

**Merkmale:** Die Färbung ist sehr variabel. Stets erkennbar sind die dicken warzigen Körperfalten und der wie eine zweite Reihe erscheinende Körperaufbau. Fast immer sind andersfarbige Warzen vorhanden (mal schwarz, mal hell bis gelb). Auf der Unterseite finden sich drei Reihen dunkler Röhrenbeine. Die Variable Seegurke wird bis 45 cm lang.

**Verwechslung:** Durch die zahlreichen Farbvarianten wird die Variable Seegurke häufig falsch bestimmt.

**Lebensraum:** Die Tiere leben in Seegraswiesen, aber auch auf Felsen und zwischen Korallenschutt.

**Besonderheiten:** Wie die meisten Seegurken frisst auch diese Art organische Partikel. Im Darm dieser Seegurken leben manchmal Eingeweidefische der Familie Carapidae.

**Aquarium:** Seegurken eignen sich wegen ihrer potenziellen Giftigkeit auch kaum für die Aquarienhaltung. Sterben sie oder werden verletzt, tritt das Gift unweigerlich aus und vergiftet die meisten Wirbellosen und Fische. Nur wenige Arten sind diesbezüglich harmlos.

## *Echinometra lucunter*

### Riff-Seeigel, Rock-Boring Urchin

Klasse Echinoidea, Familie Echinometridae

**Merkmale**: *Echinometra lucunter* hat einen Durchmesser von etwa 8 cm, besitzt kräftige, mäßig spitze, relativ kurze Stacheln und kann sich mit seinen Saugfüßchen sehr gut am Korallenfels festhalten. Der Körper und die Stacheln sind schwarz bis rotbraun gefärbt.

**Verwechslung:** Ähnlich ist der eher seltene *Echinometra viridis*, der außerdem im tieferen Wasser zwischen Korallen vorkommt. Die Färbung ist variabel und reicht von dunkelbraun bis rötlich, Spitzen der grünbraunen Stacheln sind manchmal dunkelbraun bis violett, weiß umrandete Stachelbasis.

**Lebensraum**: Dieser Seeigel lebt stets im Flachwasser in seinen selbst gebohrten Vertiefungen. Manchmal tritt die Art in riesigen Mengen auf (siehe Foto). Die Tiere sind nur nachts zum Abweiden von Algen unterwegs. Man findet sie bis in 5 m Tiefe.

**Besonderheiten:** Es handelt sich um einen Bohrseeigel, dessen Bohrlöcher man selbst in fossilen Korallenriffen noch finden kann.

**Aquarium**: *Echinometra lucunter* ist sehr gut für Riffaquarien geeignet, denn er ist absolut friedlich und lässt auch zarte Wirbellose unangetastet. Allerdings raspelt der Riff-Seeigel sämtliche Algen von Steinen und Scheiben, auch die beliebten Kalkalgen, und wirft gelegentlich lose liegende Steine etc. aus der Dekoration.

## *Diadema antillarum*

### Karibischer Diademseeigel, Long-Spined Urchin

Klasse Echinoidea, Familie Diadematidae

**Merkmale**: Dieser Seeigel hat unterschiedlich lange, dünne und innen hohle Stacheln, die bei erwachsenen Tieren normalerweise schwarz gefärbt sind. Gelegentlich findet man Exemplare mit einzelnen oder vielen grauen bis weißen Stacheln. Bei juvenilen Tieren sind die Stacheln hell-dunkel gebändert. Das Gehäuse wird etwa 5 bis 7 cm groß, während die Stacheln bis zu 15 cm lang werden können.

**Verwechslung**: Es ist die einzige Diademseeigel-Art in der Karibik.

**Lebensraum**: Dieser Seeigel lebt auf Sandgrund und am Fuße von Korallenstöcken, aber auch im Riff selbst. Dort hält er sich tagsüber in Löchern oder unter Steinen versteckt. Man findet ihn von 0 bis in 40 m Tiefe.

**Besonderheiten**: Diademseeigel rotten sich vor allem tagsüber häufig in großen Gruppen zusammen. Dies dient als Schutz vor Feinden. Auf den Stacheln aller Diademseeigel sind gelegentlich winzige Garnelen oder ebenso kleine Grundeln zu finden, die sich längs der Stacheln festhalten und durch ihre Färbung auch kaum zu erkennen sind. Die Stacheln sind vermutlich giftig, zumindest ist der Kontakt mit ihnen aber sehr schmerzhaft!

**Aquarium**: *Diadema antillarum* ist für Riffquarien gut geeignet, da er Algenfresser ist, der aber auch die schönen Kalkalgen nicht verschont. Wegen der langen Stacheln ist er nur für große Aquarien geeignet. In kleinen Aquarien wirft er alles um bzw. verletzt andere Wirbellose, wenn er sich zwischen ihnen durchdrängt.

## *Lytechinus variegatus*

### Variabler Seeigel, Variegated Urchin

Klasse Echinoidea, Familie Toxopneustidae

**Merkmale:** Diese Art besitzt relativ kurze, in Reihen angeordnete Stacheln. Die Färbung ist extrem variabel, häufig weiß, aber gelegentlich auch grün, rotbraun oder lilabraun. Bis 8 cm Durchmesser werden erreicht.

**Verwechslung**: *Tripneustes ventricosus* hat kürzere und unregelmäßig angeordnete, helle Stacheln sowie einen dunklen Körper.

**Lebensraum:** Der Variable Seeigel lebt bereits ab dem flacheren Wasser in Seegraswiesen, auf Riffen, aber auch tiefer auf Felsen, Wracks etc. bis in 60 m Tiefe.

**Besonderheiten:** Die beschriebene Art tarnt sich häufig mit allerlei losem Material (Algen, Seegras etc.). Die Familie wird wegen der Giftzangen so genannt. Bei *L. variegatus* besteht für den Menschen keine unmittelbare Gefahr, da die Zangen sehr klein sind.

**Aquarium**: Dieser Seeigel ist gut haltbar, er frisst Ersatzfutter wie Salat, Möhren etc.

## *Eucidaris tribuloides*

### Griffelseeigel, Slate-Pencil Urchin

Klasse Echinoidea, Familie Cidaridae

**Merkmale:** Dieser Seeigel besitzt bleistiftdicke, einzeln auf dem runden Körper stehende Stacheln, die sehr häufig mit Algenbewuchs etc. „getarnt" sind. Er erreicht bis 8 cm Durchmesser.

**Verwechslung:** Es gibt keine Verwechslungsmöglichkeit.

**Lebensraum:** Man findet den Griffelseeigel fast immer zwischen Korallenstücken und in Spalten „eingeklemmt" in bis zu 25 m Tiefe.

**Besonderheiten:** Durch die Tarnung und die versteckte Lebensweise entdeckt man diese Tiere nur durch Zufall. Nachts hat man größere Chancen, etwas mehr von ihnen zu sehen.

**Aquarium:** Die Art ist gut haltbar, aber durch die Hebelwirkung der Stacheln besteht stets die Gefahr des Umstürzens der Dekoration.

# *Mellita sexiesperforata*

## Schlüsselloch-Sanddollar, Six-Keyhole Sanddollar

Klasse Echinoidea, Familie Clyperasteroidae

**Merkmale:** Typisch ist der scheibenförmige Körper mit brauner, kurzfilziger „Behaarung" (Stacheln) und den 6 schlitzförmigen Löchern. Die Art wird bis 10 cm Durchmesser groß.

**Verwechslung:** Die Anzahl der Löcher unterscheidet ihn von anderen Sanddollars.

**Lebensraum:** Dieser Seeigel ist stets im Sand eingegraben. Er kommt höchstens bis 15 m Tiefe vor.

**Besonderheiten:** Normalerweise bekommt man diesen Seeigel lebend nicht zu Gesicht, seine weißen Gehäuse (siehe Foto rechts) findet man aber oft auf dem Sand oder nach Stürmen sogar am Strand.

**Aquarium:** Die Haltung ist möglich, der Seeigel bleibt aber stets unsichtbar.

*Das Skelett des Sanddollars findet man immer wieder am Strand,selten allerdings so gut erhalten, da es sehr zerbrechlich ist.*

## *Meoma ventricosa*

### Brauner Herzseeigel, Red Heart Urchin

Klasse Echinoidea, Familie Brissidae

**Merkmale:** Der halbkugelige, unten abgeflachte Seeigel ist dicht mit kurzen, braunen bis rotbraunen Stacheln bedeckt. Auf der Oberseite erkennt man fünf dünne, vertiefte Rillen in Sternform. Er wird bis 20 cm Durchmesser groß.

**Verwechslung:** Es existieren einige ähnliche Arten, die oft nur anhand des leeren Gehäuses bestimmt werden können. *M. ventricosa* ist aber die häufigste Art.

**Lebensraum:** Die Art lebt stets in Sand eingegraben und ist nur nachts gelegentlich teilweise sichtbar.

**Besonderheiten:** Eine kleine weiße Krabbe (*Dissodactylus primitivus*) lebt zwischen den Stacheln mancher Exemplare dieses Seeigels.

**Aquarium:** Die Art eignet sich nur für sehr große Aquarien mit mindestens 20 cm tiefem sandigem Bodengrund.

*Normalerweise ist der Herzseeigel im Sand eingegraben. Nur wenn ein kleines Stück herausschaut, kann man ihn entdecken.*

## *Echinaster spinulosus*

### Warziger Seestern, Orange-Ridged Sea Star

Klasse Asteroidea, Familie Echinasteridae

**Merkmale:** Der warzige Seestern besitzt fünf spitz zulaufende Arme, die von spitzigen Warzen bedeckt sind. Die Färbung variiert stark von hellrot über braunrot bis grünlich braun. Er wird bis 12 cm groß.

**Verwechslung:** *Echinaster sentus* ist feuerrot und hat größere Stacheln, bleibt aber kleiner. Möglicherweise handelt es sich aber hier um ein Synonym.

**Lebensraum:** Man sieht diese Art schon ab wenigen Metern Tiefe in Mangrovengebieten Floridas. *E. sentus* lebt auch in der Karibik.

**Besonderheiten:** Der Warzige Seestern kommt nur in Südflorida vor. Eine Farbvariante soll auch an der Golfküste Floridas vorkommen.

Man glaubt, dass die Dornen, die viele Seesterne aufweisen, dem Schutz vor Fressfeinden dienen. In der Tat werden Seesterne selten von Räubern gefressen. Eine Ausnahme machen die Harlekin-Garnelen des Indopazifik. Sie leben auf den Seesternen, die sie als Opfer auserkoren haben und fressen sie nach und nach auf. Danach suchen sie sich ein neues Opfer. In der Karibik sind bisher keine typischen Seesternfeinde bekannt. Sie werden aber von manchen Fischen, evtl. auch von Schildkröten und von Tintenfischen zumindest gelegentlich verspeist.

**Aquarium:** Eine Haltung ist unbekannt.

## *Luidia alternata*

### Gebänderter Kamm-Seestern, Banded Sea Star

Klasse Asteroidea, Familie Luidiidae

**Merkmale:** Typisch sind lange, spitz zulaufende Arme, die am seitlichen Rand mit kammartigen Stacheln versehen sind. Die Oberfläche der Arme ist mit kurzen Dornen und Warzen bedeckt. Die Grundfarbe ist schmutzig weiß, dunkelbraun gebändert. Die Art erreicht über 30 cm Durchmesser.

**Verwechslung:** *L. clathrata* ist ebenfalls cremeweiß, hat aber je einen dunklen Streifen auf jedem Arm und netzartige oder gewellte Linien parallel dazu. *L. senegalensis* ist blaugrau oder grüngrau und besitzt neun Arme.

**Lebensraum**: Diese Seesterne leben auf Sandgrund in Buchten, Lagunen und Seegraswiesen. Man findet sie meist halb eingegraben in bis zu 40 m Tiefe. Im Korallenriff kommen sie nicht vor.

**Besonderheiten:** Die Tiere sind nachts auch ganz sichtbar. Kammseesterne sind große Räuber. Sie leben vor allem von Schnecken und besonders von Muscheln, die sie bei ihrer Grabtätigkeit geruchlich aufspüren können. Einmal entdeckt, hat die Muschel keine Chance mehr. Sie wird ergriffen und so lange an den beiden Schalen auseinandergezogen, bis sich nach der Erschöpfung des Haltemuskels ein kleiner Spalt öffnet. Dann stülpt der Seestern seinen Magen in die Öffnung, löst mit bestimmten Sekreten den Inhalt der Muschel auf und verdaut ihn so. Solche Aktionen können allerdings Stunden dauern.

**Aquarium:** Alles Fleischliche wird gefressen. Aufgrund der räuberischen Lebensweise aber nur für Spezialaquarien geeignet.

## *Ophiocoma echinata*

### Stachliger Schlangenstern, Blunt-Spined Brittle Star

Klasse Ophiuroidea, Familie Ophiocomidae

**Merkmale**: Dieser Schlangenstern fällt durch die relativ langen Dornen an den Rändern der fünf Arme auf. Die Grundfarbe ist braun, mit mehr oder weniger starken Bändern oder Flecken in grauweiß bzw. schwarz. Die Arme werden bis 15 cm lang.

**Verwechslung:** *O. wendti* hat stets Rotanteile in der Färbung. Die *Ophioderma*-Arten haben kürzere Stacheln an den Armen.

**Lebensraum:** Die Art lebt fast überall im Riff unter Steinen und in Spalten und Löchern versteckt. Es ist die häufigste Art der Karibik. Sie kommt bis in 30 m Tiefe vor. Unter Steinen findet man manchmal mehrere Exemplare zusammen, die in der Färbung nicht einheitlich sind. Es ist dann schwer, die Tiere eindeutig zu bestimmen.

**Besonderheiten:** Wenn man nach Schlangensternen sucht, muss man unbedingt die dazu umgedrehten Steine sehr vorsichtig wieder zurücklegen, ohne die Tiere dabei zu verletzen!

**Aquarium:** Die Tiere sind ausgezeichnet haltbar und betätigen sich als Restevertilger. Das gilt aber nicht für alle Schlangensterne. Es gibt Arten, die sich an Wirbellosen vergreifen, z.B. an Weichkorallen, Anemonen etc. Sie verletzen diese so lange, bis sie eingehen. Sobald man dies beobachtet, müssen solche Arten entfernt werden. Die genannte Art ist aber absolut friedlich.

## *Ophioderma appressum*

### Gebänderter Schlangenstern, Banded-Arm Brittle Star

Klasse Ophiuroidea, Familie Ophiodermatidae

**Merkmale:** Typisch sind die eher kurzen, nur in zwei Reihen am Armrand sichtbaren, schuppenartigen Stachel. Die Färbung ist variabel, meist finden sich Brauntöne mit helleren Bändern oder Flecken. Auch die Körperscheibe kann farblich stark variieren. Die Arme werden bis 15 cm lang.

**Verwechslung:** Es gibt mehrere ähnliche Arten, die sich kaum unterscheiden lassen, da alle farblich recht variabel sind. Bei *O. cinereus* erscheinen die Arme völlig glatt, bei *O. brevicaudum* sind sie deutlich kürzer.

**Lebensraum:** Die beschriebene Art lebt wie fast alle Schlangensterne in Löchern und Spalten oder unter Steinen. Man findet sie meist eher im Flachwasser bis 20 m Tiefe.

**Aquarium:** Die Art ist ein guter Aquarienpflegling, der alle anderen Wirbellosen in Frieden lässt. Es lohnt sich, die Tiere beim Fressen zu beobachten. Wird ein kleiner Nahrungsbrocken (z. B. Muschelfleisch, Garnelenstücke oder sogar Futtertabletten) entdeckt, krümmt sich einer der Arme darum und zieht ihn schnell unter den Körper. Dort kann man dann sehen, wie sich die Körperscheibe verdickt und unter den Verdauungsbewegungen hin- und herwölbt. Vor allem erstaunlich ist die Geschicklichkeit, mit der die Arme auch kleinste Nahrungsbrocken erreichen, denn während ein Arm noch die Mundöffnung beliefert, sind die anderen Arme bereits wieder bei der Nahrungssuche.

## *Ophiomyxa* sp.

### Orangeroter Schlangenstern, Red Brittle Star

Klasse Ophiuroidea, Familie Ophimyxidae

**Merkmale:** Typisch sind die leuchtend orangerote Färbung und die bis auf die zwei seitlichen, kammartig angeordneten Dornenreihen glatten Arme. Bis 12 cm Durchmesser werden erreicht.

**Verwechslung:** Die Färbung ist zumindest im Beobachtungsgebiet arttypisch.

**Lebensraum:** Diese Schlangensterne leben auf dem Korallenriff in größerer Tiefe; hier sind sie auch tagsüber sichtbar. Besonders in den niederländischen Antillen kann man sie durch die auffällige Färbung immer wieder auch tagsüber entdecken.

**Besonderheiten**: Trotz der auffälligen Färbung ist anhand der vorliegenden Literatur keine sichere Bestimmung der Art möglich. Diese Art wird gelegentlich beobachtet, wie sie sich nachts zur Vermehrung vorbereitet. Dabei begeben sich die Tiere an exponierte Stellen, z. B. Korallenblöcke, richten ihren Körper etwas auf und entlassen ihre Geschlechtsprodukte ins Wasser. Dies kann man sehr gut zur Zeit des Coral Spawning beobachten, das im Herbst um den Vollmond herum stattfindet. Genaueres hierzu kann man auf den Homepages der Naturschutzorganisationen z. B. von Bonaire oder Curacao finden. Eine solche Koordination der Vermehrungszeit ist wichtig, damit sich Eier und Spermien auch im freien Wasser treffen können, denn zu einer richtigen Paarung kommt es bei den meisten Seesternen nicht. Allerdings sind auch lebendgebärende Arten bekannt.

**Aquarium:** Eine Haltung ist unbekannt.

## *Ophiotrix suensonii*

### Riff-Schlangenstern, Sponge Brittle Star

Klasse Ophiuroidea, Familie Ophiotrichidae

**Merkmale:** Auffällig ist die feine, fast an Haare erinnernde Bestachelung der dünnen, langen Arme, die bis zu 10 cm lang werden können. Die Färbung variiert, stets ist aber eine dunkle, deutliche Linie längs der Armoberseite zu erkennen.

**Verwechslung:** Der Riff-Schlangenstern ist die häufigste Art. Ähnliche Arten sind nachtaktiv.

**Lebensraum**: Auf Schwämmen, Korallen und anderen verzweigten und exponierten Riffteilen ist diese Art oft in größerer Zahl anzutreffen. Sie kommt bis in 40 m Tiefe vor.

**Besonderheiten:** Die Tiere sind auch tagaktiv, dann aber meist dicht an den Untergrund geschmiegt. Schlangensterne sind geradezu berühmt für ihre Regenerationsfähigkeit (die auch viele Seesterne besitzen). Allerdings neigen sie auch zur Selbstverstümmelung. Es genügt oft schon die unvorsichtige Berührung, um die Tiere dazu zu veranlassen, einen ihrer Arme oder Teile davon abzuwerfen. Natürlich ist dies eine durchaus effektive Methode, Fressfeinden zu entkommen. Angreifer sind so verunsichert, wenn sie plötzlich mit einem Stück Arm konfrontiert werden, dass sie von ihrem Opfer ablassen. Im anderen Fall dient das Armstück für eine Weile als Ablenkung, um dem Tier die Flucht zu ermöglichen. Wichtig ist dabei, dass die Arme wieder relativ schnell nachwachsen, was bei den meisten Arten der Fall ist. Daher findet man immer wieder Tiere mit zu kurzen Armen, die noch nicht komplett nachgewachsen sind. Diese Eigenschaft der Schlangensterne zeigt sich auch im englischen Namen „Brittle Star“ (brittle = brüchig, zerbrechlich) oder im Namen einer Art aus dem Mittelmeer.

**Aquarium:** Diese Art ist gut haltbar.

## *Ophiothrix* sp.

### Nachtaktiver Schlangenstern, Nocturnal Brittle Star

Klasse Ophiuroidea, Familie Ophiotrichidae

**Merkmale:** Charakteristisch sind sehr lange und dünne, an *O. suensonii* errinernde Arme, die aber keine schwarze Mittellinie aufweisen. Sie werden bis 25 cm lang.

**Verwechslung:** *O. suensonii* hat stets eine dunkle Mittellinie auf den Armen. Eine weitere nicht genau bestimmbare, aber ähnliche *Ophiothrix*-Art lebt im Sandboden und zeigt vor allem nachts ihre Fangarme (siehe Foto rechts).

**Lebensraum:** Die Nachtaktiven Schlangensterne leben in Felsspalten verborgen, aus denen nur nachts die Arme zum Planktonfang gestreckt werden.

**Besonderheiten:** Die beschriebene Art wird oft mit Haarsternen der Gattung *Davidaster* verwechselt, die eine ähnliche Lebensweise haben. Sie kommt möglicherweise daher in der zur Verfügung stehenden Literatur nicht vor.

## *Astrophyton muricatum*

### Karibisches Gorgonenhaupt, Giant Basket Star

Klasse Ophiuroidea, Familie Gorgonocephalidae

**Merkmale:** Die bis zu 45 cm langen, vielfach verzweigten Arme sind orange bis dunkelbraun gefärbt.

**Verwechslung:** Es ist nur eine Art in der Karibik vorhanden.

**Lebensraum:** Die Tiere leben tagsüber in Spalten und Schwämmen oder anderen Höhlungen versteckt, wo sie sich zu einem Knäuel zusammenrollen (siehe Foto rechts). Manchmal sind sie auch in buschigen Gorgonien versteckt. Man findet sie bis mindestens 30 m Tiefe.

**Besonderheiten:** Nachts steigen die Tiere auf exponierte Stellen und breiten ihre Fangarme zum Planktonfang aus. Die geringste Lichteinwirkung führt zum sofortigen Zusammenziehen der Fangarme.

# Manteltiere (Tunicata)

Die in der Systematik an letzter Stelle vor den Wirbeltieren stehenden Seescheiden würde man wohl kaum spontan an dieser Stelle einordnen, denn sie sehen im erwachsenen Zustand alles andere als hoch entwickelt aus. In der Tat sind sie aber mit den Wirbeltieren eng verwandt, denn die Larven der Seescheiden ähneln Fischlarven und besitzen eine Chorda dorsalis, eine einfache Wirbelsäule also, die man bei den erwachsenen Tieren allerdings nicht wiederfindet.
Zwei Klassen, die **Ascidien** (Seescheiden) und die **Thaliaceen** (Salpen und Feuerwalzen) kann man im und am Korallenriff beobachten, wobei die Salpen und Feuerwalzen im freien Wasser schwimmen, nur gelegentlich dicht ans Riff herangetrieben werden und daher hier nur am Rande besprochen werden sollen. Allein von den Seescheiden wurden weltweit bisher etwa 2000 Arten beschrieben. Aber nur farblich oder durch ihre charakteristische Form auffallende Arten sind eindeutig unterscheidbar. Die meisten Arten lassen sich exakt nur mit Hilfe der inneren Körpermerkmale bestimmen.

Man findet die stets festgewachsenen Seescheiden entweder als größere Einzeltiere, als dicht zusammenstehende Tiergruppen oder als ganze Kolonien aus winzigen Einzeltieren (Zooide) auf und am Riff. Solitäre (einzeln stehende) Seescheiden können bis zu 20 cm groß werden. Koloniale Seescheiden bilden oft noch größere Einheiten, hier sind die Einzeltiere aber meist nur wenige Millimeter groß.

Die äußere Körperhülle der Seescheiden, der Mantel oder die Tunica (Tunicata), ist meist ledrig-fest oder gallertig-knorpelig. Das Material hierfür ähnelt stark der Zellulose aus den Zellwänden der Pflanzen und wird Tunicin genannt. Bei einigen Arten werden in die eher weiche Körperhülle zur Stabilisierung noch winzige sternförmige Kalknadeln (Spiculae) eingebaut. Alle Seescheiden sind im erwachsenen Zustand auf festem Untergrund angewachsen und können sich von der Stelle, welche die Larve einmal ausgesucht hat, nie wieder lösen. Allerdings können sich Seescheiden im Gegensatz zu den Schwämmen, mit denen sie oft verwechselt werden, durchaus aktiv bewegen. Schwimmt man z.B. über eine Seescheide hinweg und wirft einen Schatten auf sie, so zieht sie sich sogleich zusammen, wobei sich die beiden Körperöffnungen sofort schließen.

Normalerweise sind diese beiden Öffnungen aber weit offen, denn alle Seescheiden sind Filtrierer und pumpen ständig planktonreiches Meerwasser durch ihren Körper. Die obere, größere Öffnung dient hierbei als Einlass, die kleinere, zumeist seitlich befindliche Öffnung als Auslass. Die für das Filtrieren notwendige Strömung erzeugen die Seescheiden mit den im Kiemendarm befindlichen winzigen Cilien, die sich ständig hin und her bewegen. Immerhin schafft es damit eine gerade 3 cm große Ascidie, stündlich 1 Liter Wasser zu filtrieren. Das im Wasser befindliche Plankton wird durch einen siebartigen Körperteil (Pharynx) zurückgehalten. Ein Schleimfilm hält die Partikel fest. Der gesamte Schleimfilm wird dann langsam verdaut und gleichzeitig wieder neu gebildet, um weitere Nahrung festhalten zu können.

Die Vermehrung verläuft ähnlich wie bei anderen sessilen Meerestieren. Alle Ascidien sind jedoch hermaphrodit, d.h. jedes Einzeltier produziert sowohl Eier als auch Spermien. Allerdings geschieht dies nach unterschiedlichem Muster. Einige Seescheiden geben beide Geschlechtsprodukte gleichzeitig ins Wasser ab. Dadurch kann es natürlich zu Selbstbefruchtungen kommen. Andere verhindern dies, indem sie nur ein Produkt gleichzeitig abgeben. Koloniale Seescheiden vermehren sich häufig auch vegetativ. Bei der sexuellen Fortpflanzung geben sie nur männliche Spermien ins Wasser ab. Die Eier bleiben im Körper und werden dort befruchtet. Gelegentlich findet sogar Brutpflege statt. Es werden dann relativ weit entwickelte Larven ins Wasser abgegeben. Allerdings dauert die Larvenentwicklung bei den Seescheiden ohnehin nicht lange. Meist setzen sich die Larven schon nach wenigen Tagen fest. Manche Arten nehmen ihren endgültigen Platz im Riff unter günstigen Umständen schon nach weniger als 10 Minuten ein!

Wie bei vielen sessilen Tieren mit Körperhohlräumen findet man auch in Seescheiden gelegentlich kleine Garnelen, Asseln, Würmer oder Ähnliches. Meistens sind dies lediglich Kommensalen, die ihrem Wirt nicht weiter schaden. Auch Symbiosealgen sind bei einigen Arten zu finden. Es handelt sich um blaugrüne Algen aus der Gattung *Prochloron,* die wie die Zooxanthellen der Steinkorallen mit den Tieren in einer engen Symbiose zusammenleben.

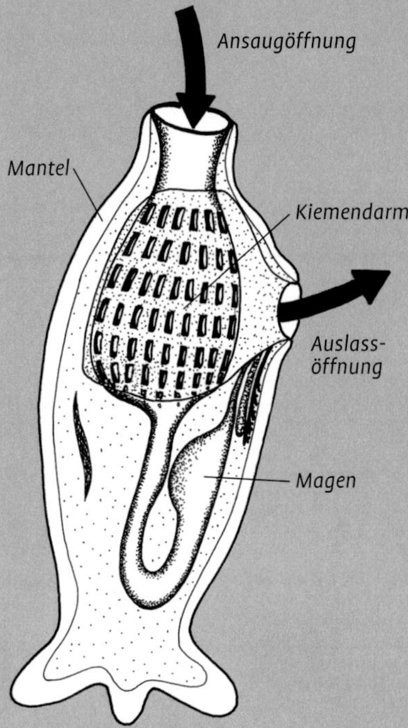


*Körperbau einer Seescheide.*

## *Ecteinascidia turbinata*

### Mangroven-Seescheide, Mangrove Tunicate

Familie Ascidiidae

**Merkmale:** Auffällig sind die dicht wie ein Strauß beieinander stehenden Einzeltiere, die orangerot gefärbt sind und zwei symmetrisch angeordnete Öffnungen am oberen Ende besitzen. Die Kolonien erreichen bis zu 10 cm im Durchmesser, die Einzeltiere bis etwa 2 cm Länge.

**Verwechslung:** Die Tiere ähneln den *Clavelina*-Arten, haben aber symmetrisch angeordnete Öffnungen, während *Clavelina* zwei ungleich angeordnete Öffnungen aufweist.

**Lebensraum:** Man entdeckt die Art an Mangrovenwurzeln, zwischen Seegras etc., selten auf abgestorbenen Riffteilen oder Gorgonien.

## *Botrylloides nigrum*

### Perforierte Seescheide, Flat Tunicate

Familie Styelidae

**Merkmale:** Die winzigen Einzeltiere dieser Seescheiden-Kolonie sind in mäandernden Reihen angeordnet. Die Grundfarbe ist rostbraun, die Öffnungen sind gelb umrandet. Kolonien überziehen oft ganze Flächen, die Einzeltiere sind aber kaum 5 mm groß.

**Verwechslung**: Es gibt verwandte Arten, die aber anders gefärbt sind.

**Lebensraum**: Die Kolonien findet man auf abgestorbenen Korallen, an Mangrovenwurzeln, auf Seegras, Bootsstegen etc. Sie kommen bis in 30 m Tiefe vor.

**Besonderheiten:** Wie die meisten karibischen Seescheiden ist diese Art nicht besonders häufig.

## *Eudistoma* sp.

### Koloniale Seescheide, Condominium Tunicate

Familie Polycitoridae

**Merkmale:** Diese aus kleinen Seescheiden aufgebauten, kompakten Kolonien sind an ihren charakteristisch angeordneten Doppelöffnungen gut zu erkennen. Einzeltiere können nicht mehr ausgemacht werden. Die Grundfarbe ist variabel, dunkelgrau bis schwarz oder auch weiß sind häufig. Vermutlich gibt es aber noch andere Farbstellungen derselben Gattung. Die Kolonien werden bis 30 cm groß.

**Verwechslung:** Es gibt eine Vielzahl ähnlicher kolonial lebender Seescheiden, die aber mangels geeigneter Literatur nicht sicher bestimmt werden können. Wichtig als Bestimmungsmerkmale sind die Form und Anordnung der Aus- und Einströmöffnungen, die Färbung und die Struktur der Oberfläche sowie die Form der Kolonie.

**Lebensraum:** Die Kolonien findet man meist an dunklen, lichtgeschützten Stellen im Riff auf festem Untergrund. Sie treten erst ab etwa 10 m Tiefe bis in über 30 m Tiefe auf.

**Besonderheiten:** Die Kolonialen Seescheiden sind häufig mit anderen sessilen Lebewesen vergesellschaftet, aber nie von ihnen überwachsen.

**Aquarium:** Mit Seescheiden wurden bislang meist keine langen Haltungserfolge erzielt.

## *Clavelina* sp.

### Keulenascidie, Bulb Tunicate

Familie Clavelinidae

**Merkmale:** Es handelt sich um eine etwa 1 cm lange, aufrechtstehende, schmutziggelbe Seescheide. Die seitlich liegende Einlassöffnung ist nicht wesentlich kleiner als die oben liegende Auslassöffnung. Meist leben viele Exemplare dicht beieinander.

**Verwechslung:** Es gibt einige ähnliche Seescheiden aus der Gattung Clavelina, die aber anders gefärbt, oft durchsichtig sind und auch in Korallenriffen vorkommen.

**Lebensraum:** Die beschriebene Art lebt an abgedunkelten Stellen und unter Überhängen, vor allem an Bootsstegen und in Stillwasserbuchten bereits in geringer Tiefe.

**Besonderheiten:** Diese Art findet man oft mit anderen Seescheiden, Algen, Hydrozoen, Glasrosen und anderen sessilen Kleintieren in ganzen Büscheln dicht zusammen. Die wenigsten Menschen machen sich klar, dass gerade die so primitiv wirkenden Seescheiden ein wichtiges Glied in der Kette der Entwicklung der Lebewesen zu Wirbeltieren sind. Dort, wo der Stammbaum der Wirbeltiere und Wirbellosen Tiere sich in zwei Hauptäste teilt, stehen die Seescheiden. Äußerlich sind sie zwar sehr einfach aufgebaut, aber man muss die Entwicklung der Larve betrachten. Sie ähnelt verblüffend einem Lanzettfischen, also einem primitiven Wirbeltier. Ohne diesen Entwicklungsschritt in der Evolution gäbe es die Menschheit womöglich nicht.

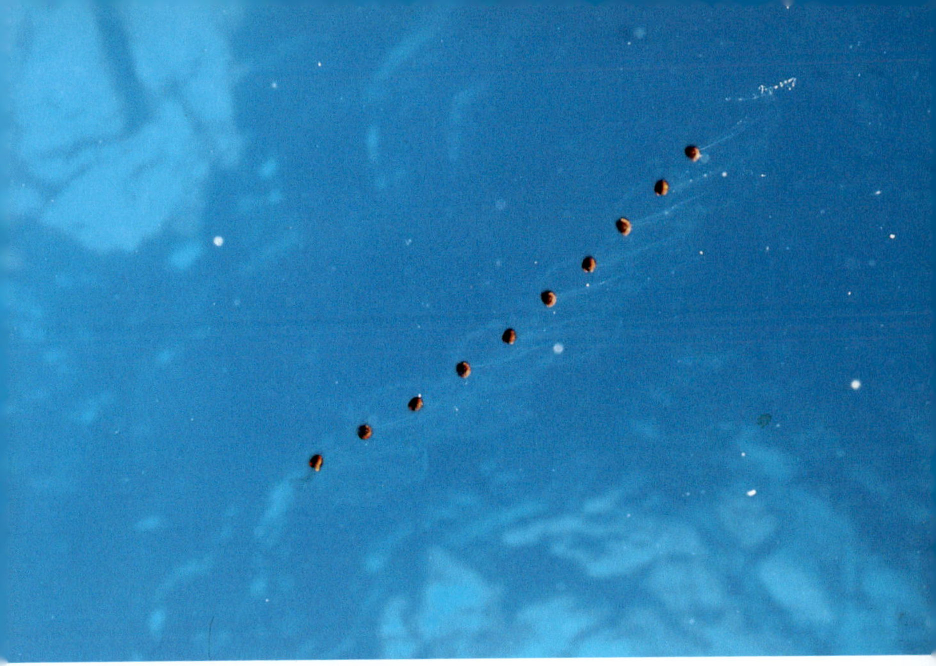

## Seescheiden des offenen Meeres

### Salpen, Feuerwalzen etc., Pelagic Tunicates

Klasse Thaliacea

**Merkmale:** Diese Seescheiden findet man häufig als in Reihen angeordnete, fast durchsichtige Kolonien, deren Einzeltiere meist einen farbigen oder dunklen Kern aufweisen. Von winzigen Schnüren bis zu meterlangen Exemplaren sind alle Größen vertreten.

**Verwechslung:** Es gibt viele ähnliche Arten, die nur schwer bestimmt werden können.

**Lebensraum:** Die Art lebt in der Hochsee.

**Besonderheiten:** Diese Tierkolonien werden häufig ins Riff oder ans Ufer geschwemmt. Oft bekommt man nur Bruchstücke zu sehen. Beim Tauchen sieht man dann manchmal Massen dieser Seescheiden. Bis auf wenige Arten nesseln die Salpen nicht, die Feuerwalzen jedoch recht heftig, was erst recht dazu führt, das diese Tiere fälschlicherweise als Quallen bezeichnet werden. Allerdings sollte man sich auf keine Experimente einlassen, da man nie sicher sein kann, welche Art nun wirklich gefährlich ist. Oft merkt man als Taucher ohnehin nicht viel davon, da man durch den Tauchanzug relativ gut geschützt ist. Nach Stürmen kann man aber gelegentlich feststellen, dass es plötzlich an bloßliegenden Hautteilen zu brennen anfängt. Vor allem am Mund, an den Innenseiten der Unterarme oder an anderen empfindlichen Körperstellen bleiben nämlich leicht von der Brandung und den Wellen zerschlagene Reste von nesselnden Hochseetieren hängen. Reibt man diese Stellen, wird es oft noch schlimmer. Am besten reinigt man die betroffenen Hautteile mit Alkohol oder notfalls mit Sand. Bei stärkeren Nesselungen sollte man sogar einen Arzt aufsuchen, der z. B. mit der Gabe von Antihistaminen helfen kann.

# Fische

# Knorpelfische (Chondrichtyes)

Diese Tiergruppe unterscheidet sich von den „richtigen“ Fischen vor allem dadurch, dass sie kein Skelett aus Knochen, sondern eines aus Knorpel besitzt, der allenfalls gelegentlich verkalkt sein kann. Außerdem besitzen die Knorpelfische eine raue Haut, die durch feine Zähnchen (Placoidschuppen) und nicht durch überlappende Schuppen gebildet wird. Früher benutzte man z. B. die Haut von Haien als Schleifpapier. Heute hat man entdeckt, dass diese feinen Zähnchen die Tiere besonders strömungsgünstig machen und setzt ähnliche Oberflächen z. B. für Düsenjets ein, um damit Treibstoff sparen können.

Die meisten Haie und Rochen haben fünf Kiemenschlitze, manche Arten auch sechs oder sieben. Haie und Rochen besitzen keine Schwimmblase. Das bedeutet, dass sie entweder ständig mit Muskelkraft schwimmen müssen, um nicht abzusinken, oder wie die Rochen und manche Haie auf dem Boden selbst leben.

Die Zähne der Haie stehen in mehreren Reihen hintereinander. Nur die vordersten Reihen sind im Einsatz. Sollte ein Zahn ausbrechen oder abgenutzt sein, wird er durch den dahinter stehenden ersetzt.

Alle Arten vermehren sich durch innere Befruchtung. Die meisten Haie und Rochen sind lebendgebärend, das heißt, sie bringen voll entwickelte Junge zur Welt. Manche legen aber auch Eier, die sie vorzugsweise an Gegenständen unter Wasser festheften.

Haie und Rochen gehören zu den ältesten Meereslebewesen, denn sie lebten schon vor 135 Millionen Jahren. Der Ruf der Haie, Menschenfresser zu sein, ist in der Regel absurd. Nur wenige Haiarten haben natürlicherweise Opfer in der Größe von Menschen auf ihrem Speiseplan. Und ausgerechnet diese Haie bekommt man als Taucher oder Schnorchler so gut wie nie zu Gesicht. Um sie überhaupt von der hohen See in Ufernähe zu locken, bedarf es Menschenmassen an Stränden oder z. B. Surfern, die stundenlang im Wasser plantschen, ohne nach unten zu sehen. Und selbst dabei kommt es extrem selten zu Unfällen. Wenn man bedenkt, wie viele Menschen jährlich an „haiverseuchten“ Küsten baden, sind die wenigen bekannten Haiunfälle pro Jahr geradezu vernachlässigbar. Dennoch: Etliche Haie sind potenziell gefährlich und sollten, wie alle Meerestiere, mit Respekt und Vorsicht behandelt werden.

Viele Feldführer zeigen alle möglichen Haiarten, die teilweise weltweit zusammenfotografiert werden mussten. In der Realität sieht man in der Karibik einigermaßen regelmäßig nur die beiden hier beschriebenen Haiarten, und selbst diese nicht oft. Beide sind, einen gewissen Sicherheitsabstand vorausgesetzt, für den Menschen absolut ungefährlich.

## Die Familien

Die **Ammenhaie (Orectolobidae)** sind in der Regel bodenbewohnende, harmlose Haie mit Knackgebiss, das zum Aufbrechen von Krebsen und anderen Bodenbewohnern dient, welche die Hauptnahrung vieler Ammenhaie darstellen. Auffällig ist die stets extrem vergrößerte Fahne der oberen Schwanzflosse.

In die Gruppe der **Menschenhaie (Carcharhinidae)** gehören auch all die Haie, die als gefährlich eingeschätzt werden. Sie sind in der Regel elegante Schwimmer, die zum größten Teil im offenen Meer leben. Nur wenige Arten wird man am Riff jemals sehen können.

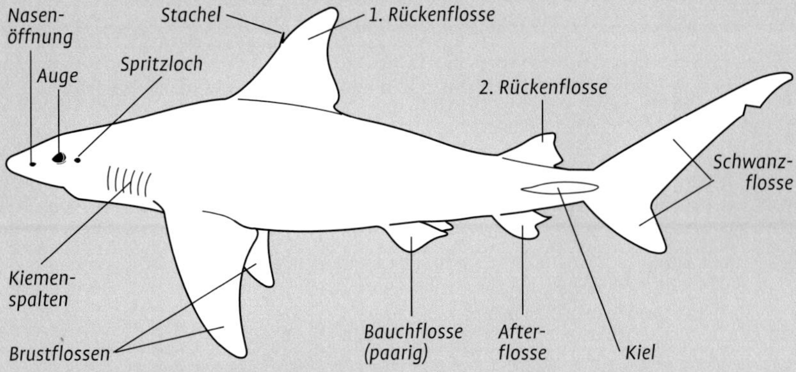


*Die Körperteile eines Haies.*

**Stechrochen (Dasyatididae)** zeichnen sich durch einen stielartigen Schwanz aus, der mit einem oder mehreren harten Stacheln besetzt ist. Diese sind scharfkantig spitz, oft gesägt und werden von Giftdrüsen versorgt. Die meisten Stechrochen leben jedoch am Boden und sind harmlos, ja sogar scheu.

**Adlerrochen (Myliobatidae)** sind keine ausgesprochenen Hochseetiere, denn sie leben von Muscheln, Krebsen etc. und müssen daher zum Fressen ins flachere Wasser kommen. Daher sind sie gelegentlich am Riff zu sehen. Sie sind elegante Schwimmer, die manchmal in großen Schulen schwimmen. Ihre wichtigsten Feinde sind Haie.

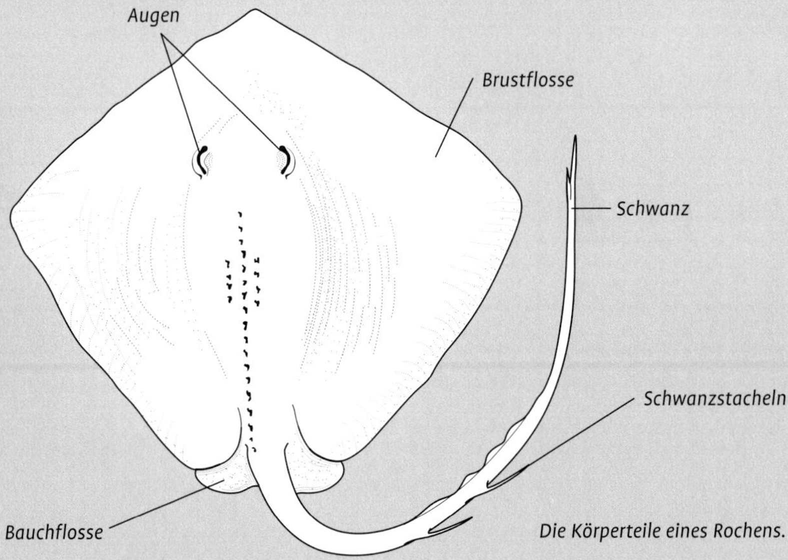


*Die Körperteile eines Rochens.*

## *Ginglymostoma cirratum*

### Ammenhai, Nurse Shark

Klasse Chondrichtyes, Familie Orectolobidae

**Merkmale:** Die Grundfarbe dieser Haie ist graubraun. Typisch sind der kräftige Kopf mit zwei Barteln und der relativ schlanke Körper mit der großen Schwanzflosse. Die Tiere erreichen bis 3 m Länge.

**Verwechslung:** Die Art ist der einzige Ammenhai der Karibik.

**Lebensraum:** Tagsüber sind die Haie in großen Spalten, unter Überhängen oder in Höhlen des Riffs versteckt. Das Tier schwimmt selten frei, sondern liegt normalerweise auf dem Boden.

**Besonderheiten:** Es ist ein harmloser Hai, der nur bei rüden Störungen zubeißt, dann allerdings nicht mehr loslässt. Er lebt von Fischen, Krebsen, Muscheln und anderen bodenbewohnenden Krustentieren. Häufig wird er von Pilotfischen (hier Gestreifter Schiffshalter, *Echeneis naucrates*) begleitet. Diese weltweit verbreiteten Fische leben normalerweise mit großen pelagischen Fischen zusammen, an denen sie sich mit ihrem Saugorgan (umgebildete Rückenflosse) festheften. Sie schwimmen aber auch ohne Wirt frei im Riff. Man geht davon aus, dass Schiffshalter ihre Wirte auch putzen, ihnen also durchaus nützlich sind.

Ammenhaie vermehren sich zu bestimmten Jahreszeiten in Gruppen im flachen Wasser. Sie sind im Gegensatz zu den meisten Verwandten aus der Familie der Orectolobidae eierlegend. Die seltsam geformten, hornartig harten Eier werden ähnlich wie die der Katzenhaie auf geeignetem Untergrund verankert. Die Haie entwickeln sich darin zu vollständigen Jungtieren und schlüpfen nach einiger Zeit als Miniaturausgaben ihrer Eltern. Ammenhaie wurden früher wegen ihrer ledrigen Haut kommerziell gefischt.

## *Carcharhinus perezi*

### Karibik-Riffhai, Reef Shark

Klasse Chondrichtyes, Familie Carcharhinidae

**Merkmale:** Die Grundfarbe dieser Art ist oben silbergrau, unten heller. Die unteren Flossen (Brust-, After-, Bauch- und Schwanzflossenlappen) haben dunkle Begrenzungen. Diese Haie werden bis 2,5 m lang.

**Verwechslung**: Sehr ähnlich ist der seltene Karibik-Schwarzspitzenhai, *Carcharhinus limbatus*, dem aber die dunkle Begrenzung auf der Afterflosse fehlt.

**Lebensraum:** Der Karibik-Riffhai ist ein Hai des offenen Wassers, man entdeckt ihn aber häufig in Riffnähe.

**Besonderheiten**: Der Karibik-Riffhai ist noch der am häufigsten beobachtete Hai in karibischen Gewässern. Alle Menschenhaie sind grundsätzlich gefährliche Räuber, die auch Menschen angreifen können. Da die Tiere aber sehr scheu sind, kommt dies äußerst selten vor. Näher als auf dem Foto oben gezeigt, wird man Menschenhaie auch in der Karibik wohl nur bei den fragwürdigen Haifütterungen sehen. An den meisten Tauchplätzen der Karibik wird man überhaupt keine dieser faszinierenden Tiere zu Gesicht bekommen.

Wirklich gefährlich sind Haie für Taucher nicht, da man als Taucher die Gefahr schon früh erkennt und notfalls das Wasser verlassen kann. Eine Ausnahme gilt für harpunierende Taucher. Unterwasserjäger werden immer wieder angegriffen, wenn sie tote Fische mitführen. Surfer z. B. sind allerdings oft stundenlang im Wasser. Die besten Wellen findet man außerdem nicht im klaren Wasser des Riffs sondern in Ufernähe, wo das Wasser durch die Wellenbewegung stets trüb ist. Haie können ihre Opfer daher lange unbemerkt sondieren, bevor sie zuschlagen. Tatsächlich gibt es jedes Jahr etliche Opfer unter Schwimmern und Surfern.

## *Dasyatis americana*

### Südlicher Stechrochen, Amerikanischer Stechrochen, Southern Stingray

Klasse Chondrichtyes, Familie Dasyatidae

**Merkmale:** Diese Rochen haben eine gelbbraune bis graue Grundfarbe. Unten sind sie weiß gefärbt. Ihr Körper ist nicht rund, sondern eher rautenförmig. Der lange peitschenförmige Schwanz trägt meist zwei deutlich sichtbare Giftstacheln. Ihr Körper erreicht bis 120 cm Durchmesser.

**Verwechslung**: *Himantura schmardae* hat eine runde Körperscheibe.

**Lebensraum:** In der Regel leben die Rochen auf Sandflächen in der Nähe von Riffen, oft fast eingegraben. Selten kommen sie auch im Riff vor, wenn dort flache Stellen zu finden sind, auf die sie sich legen können.

**Besonderheiten:** Mit seinem Peitschenschwanz kann er kräftig zuschlagen und dabei seine Giftstacheln einsetzen, die tiefe Wunden schlagen und sich entzünden können. Die Tiere sind aber sehr geduldig und fliehen bei Annäherungen lieber. Sie leben von allerlei Krustentieren, die sie auf dem Sandgrund finden oder ausgraben.

Verletzungen durch Rochen kann man leicht vermeiden, wenn man die Tiere immer nur seitlich antaucht. Nie dicht über Rochen schwimmen! Die Tiere könnten sonst erschrecken und mit dem Schwanz nach oben schlagen!

Auf den Cayman-Islands wurden Rochen von Tauchguides inzwischen so trainiert, dass sie sogar mit sich spielen lassen. Ganze Tauchergruppen werden täglich nach „Stingray-City" gebracht und erleben dort große Gruppen von Rochen, die sich den Tauchern zutraulich nähern, natürlich immer auf der Suche nach Futter. Wer so etwas mag, wird dabei auf seine Kosten kommen. Sehr naturnah sind solche Fütterungen natürlich nicht. Viele Naturschützer lehnen sie strikt ab.

## *Urolophus jamaicensis*

### Gelber Stechrochen, Yellow Stingray

Klasse Chondrichtyes, Familie Dasytatidae

**Merkmale:** Die runde Körperscheibe des Gelben Stechrochens ist fein gefleckt und zusätzlich mit größeren, hellen Flecken bedeckt. Sein peitschenförmiger Schwanz besitzt einen Giftstachel am hinteren Ende. Diese Art erreicht bis 40 cm Durchmesser.

**Verwechslung:** Der Kleine Elektrorochen, *Narcine brasiliensis*, ähnelt dem Südlichen Stechrochen in Form und Größe, ist aber anders gefärbt und hat keine Stacheln am Schwanz. Dafür verfügt er über äußerst wirksame nierenförmige Organe links und rechts des Kopfes, die unangenehme elektrische Schläge austeilen können. Der Gelbe Stechrochen teilt aber nur schwache Stromstöße aus, während die zumindest für die Florida Keys nachgewiesene, bis zu 1,8 Meter große Art *Torpedo nobiliana* mit 220 Volt auch dem Menschen gefährlich werden kann.

**Lebensraum:** Der Gelbe Stechrochen lebt auf Sandflächen in der Nähe von Korallenriffen, die er auch gelegentlich besucht. Er ist ein harmloser Krustentierfresser, der aber ebenfalls seinen Peitschenschwanz einsetzen kann.

**Besonderheiten:** Wie alle Stachelrochen kann er sich im Notfall wirkungsvoll wehren. Grundregel: Nie dicht über Stachelrochen schwimmen, da sie sich sonst bedroht fühlen und nach oben schlagen können.

## *Aetobatus narinari*

### Gefleckter Adlerrochen, Spotted Eagle Ray

Klasse Chondrichtyes, Familie Myliobatidae

**Merkmale:** Die flügelähnlichen Flossen sind schwarz gefärbt und mit leuchtend weißen Flecken bedeckt. Die Unterseite ist weiß. Typisch sind der spitze Kopf und der lange dünne Schwanz mit Giftstacheln. Die Tiere erreichen bis zu 2 m Spannweite.

**Verwechslung:** Der ähnlich geformte, aber viel größere Manta (*Manta birostris*) hat einen Kopf mit zwei „Hörnern". Ihm fehlen außerdem die weißen Flecken auf der Oberseite.

**Lebensraum**: Der Gefleckte Adlerrochen wird oft im freien Wasser vor Riffen gesehen. Meist sind die Tiere scheu. Sie leben von Crustaceen und Weichtieren, die sie im Sand finden. Der Gefleckte Adlerrochen kommt weltweit in allen tropischen Meeren vor.

**Besonderheiten:** Es gibt kaum ein Meerestier, das eleganter schwimmt als der Adlerrochen, besonders wenn mehrere Tiere zusammen schwimmen.

Ein eigenartiges, wenn auch seltenes Phänomen kann man nur mit viel Glück beobachten. Ganze Schulen von Adlerrochen, die aus Hunderten von Tieren zusammengesetzt sein können, schwimmen im freien Wasser vor den Riffen. Diese Schulen wandern aus unbekannten Gründen von Meeresregion zu Meeresregion, und zwar stets außerhalb der Paarungszeit. Alle Adlerrochen-Arten sind lebendgebärend, d.h. sie bringen vollständig entwickelte Jungtiere zur Welt.

Im Korallenriff sind Adlerrochen nur gelegentlich und nur in kleinen Gruppen zu sehen. Wer die oben genannten Schulen beobachten möchte, hat in der Baja California (= Sea of Cortez, Westküste der USA bzw. von Mexiko) viel eher die Chance dazu.

*Der Gefleckte Adlerrochen, Aetobatus narinari, schwimmt nicht durchs Wasser, er scheint eher zu fliegen. Die weißen Punkte auf der Oberseite leuchten im blauen Wasser regelrecht.*

# Knochenfische (Osteichthyes)

Die Knochenfische zeichnen sich durch ihr festes, verknöchertes Skelett aus. Die meisten Arten besitzen überlappende Schuppen. Auffällig ist die Vielfalt der unterschiedlichen Beflossung. Hier gibt es praktisch alle Varianten, von fast fehlenden bis zu aufwändigen, stark vergrößerten und bunten Flossen.

Je nach Einsatzzweck werden sie auch unterschiedlich eingesetzt. Bei Räubern und Jägern zum schnellen Schwimmen, bei anderen Arten zum exakten Manövrieren oder gar zum Schutz vor Räubern. Andere Arten tarnen sich damit zusätzlich. Auch die Formen- und Farbvielfalt der einzelnen Arten ist gewaltig. Von bleistiftdünnen Winzlingen bis zu fassartigen Riesen ist beinahe alles vorhanden.

Die Ernährungsweise ist vielfältig. Pflanzenfresser, Vegetarier, Jäger, Ansitzräuber, Putzer und Parasiten: Fische besetzen alle Rollen der Ernährung im Riff. Zweifellos sind die Knochenfische die auffälligste Tiergruppe im Riff.

## Die Familien

In der Karibik findet man Vertreter aus zahlreichen Familien, die im Folgenden kurz porträtiert werden sollen. Im Artenteil werden zu jeder der erwähnten Familien eine oder mehrere Arten beschrieben.

Die **Tarpons (Elopidae)** sehen zwar wie Hochseefische aus, sind aber Tiere der Küsten und Flussmündungen. Sie gelten als brauchbare Speisefische, werden aber eher wegen ihrer Kämpfernatur intensiv beangelt. Die Larven der Elopidae (und der Albulidae) sind schlanke, bandförmige Leptocephalus-Larven, die keine Ähnlichkeit mit dem erwachsenen Tier haben.

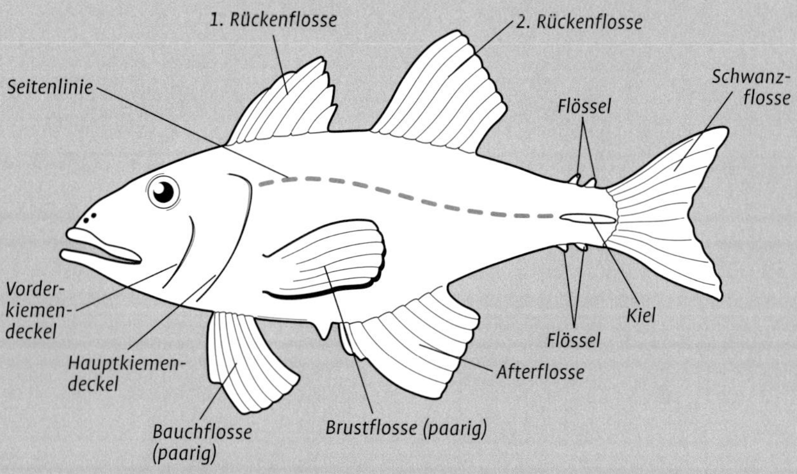


*Die Körperteile eines Knochenfisches.*

Wie der Name der **Eidechsenfische (Synodontidae)** schon andeutet, handelt es sich hier um schlanke Fische, die stets am Boden leben und dort auf Nahrung lauern. Auffällig ist das breite Maul, mit dem enorm große Beutefische verschlungen werden können. Der Körper hat eine feine, kaum sichtbare Beschuppung. Eidechsenfische sind essbar.

**Meeraale (Congridae)** sind schlanke, langgestreckte Tiere mit fast glatter Haut und schmalen, am Körper anliegenden Flossen. Fast alle sind Räuber, aber auch Planktonfresser kommen vor.

Die **Schlangenaale (Ophichthidae)** sind schlangenförmige Fische mit sehr schmaler, fast durchgängiger Randbeflossung und unauffälligen Nasenöffnungen, die wie kleine Röhrchen links und rechts vorne am Kopf stehen. Dadurch kann man sie gut von Seeschlangen unterscheiden.

Typisch für die **Muränen (Muraenidae)** sind neben dem schlangenförmigen Körper die paarige, aber fast runde Kiemenöffnung an der Seite des Kopfendes und zwei kleine Branchialporen darüber, die man jedoch kaum sieht. Meist sind spitze, kleine Zahnreihen zu sehen. Der Hautschleim des Mauls ist oft giftig. Muränen beißen den Menschen aber nur, wenn er ihnen keine andere Wahl lässt.

Bei den **Hornhechten (Belonidae)** handelt es sich um Raubfische, die stets an der Oberfläche jagen. Der extrem schlanke Körper, die stark zugespitzten Kiefer und die meist silbrige Färbung machen diese Tiere an der bewegten Wasseroberfläche für ihre Opfer, kleine Fische etc., schlecht sichtbar.

Die **Trompetenfische (Aulostomidae)** haben einen schlanken Körper, das Maul ist aber röhrenförmig und besitzt in der Mitte eine einzelne Bartel.

Das Skelett der **Seenadeln und Seepferdchen (Syngnathidae)** besteht zum Teil aus Knochenringen, die den Tieren eine Art „Panzerung“ verleihen. Die Seepferdchen besitzen einen langen Greifschwanz und einen kantigen Körper, der Kopf ist pferdeartig, die röhrenförmige Schnauze nach unten gebogen. Die Seenadeln sind langgestreckt. Manche Arten können sich S-förmig verkrümmen, andere sind fast steif.

**Soldatenfische (Holocentridae)** sind hauptsächlich nachtaktive Tiere, die sich tagsüber meist unter Felsen, Korallenstöcken etc. verstecken. Alle Arten können mit der Schwimmblase und speziellen Muskeln Töne produzieren.

**Bogas (Inermiidae)** sind stromlinienförmige, schnelle Fische, die mit ihrem dehnbaren Maul effektiv Plankton fischen können. Man sieht sie meist in größeren Schwärmen.

Wie beim Tarpon (Elopidae) nennt man die bandartigen Larven der **Grätenfische (Albulidae)** ebenfalls Leptocephalus. Es handelt sich um eine Fischgruppe, die vor allem durch das relativ kleine Maul und die nach Futter grabende Lebensweise charakterisiert ist. Einige Arten der Grätenfische sind beliebte Angelfische, werden aber kaum gegessen.

**Meeräschen (Mugilidae)** sind stets in Schwärmen vorkommende Fische, die als Speisefische beliebt sind. Sie dringen als Erwachsene teilweise weit bis in die Süßwasserflüsse des Festlandes vor.

Bei den **Barrakudas (Sphyraenidae)** handelt es sich um hechtförmige Raubfische mit kräftigen spitzen Zähnen in den großen Kiefern. Barrakudas sind beliebte Speisefische. Große Exemplare können aber die von giftigen Algen herrührende Krankheit Ciguatera verursachen.

**Die Sägebarsche oder Zackenbarsche (Serranidae)** bilden eine große und in vielerlei Hinsicht wichtige Fischgruppe. Kleine Arte sind beliebte Aquarienfische, die großen Arten werden gerne gegessen, obwohl auch hier bei großen Exemplaren Ciguatera vorkommen kann. Kleine Arten sind häufig Planktonfresser, große Arten stets Räuber. Die **Hamlets**, mittelgroße Barsche, gehören zu den Serranidae.

**Feenbarsche (Grammatidae)** sind kleine, sehr bunte Riffbarsche, die beliebte Aquarienfische sind.

Charakteristisch bei den **Seifenbarschen (Grammistidae)** ist die schleimige Haut, in welche die Schuppen eingebettet sind. Der Schleim enthält das giftige Grammistin.

Auffallend bei den **Großaugenbarschen (Priacanthidae)**, die stets rot gefärbt sind, sind die großen Augen, die auf eine nächtliche Lebensweise hinweisen. Obwohl dies die falsche Bezeichnung ist, werden sie manchmal als „Red Snapper" verkauft.

Interessantestes Merkmal der **Kardinalbarsche (Apogonidae)** ist das Ausbrüten der vom Weibchen gelegten Eiklumpen im recht großen Maul der Männchen. Meist sind die Fische nachtaktiv, daher auch die großen Augen aller Arten.

Die **Riffbarsche (Pomacentridae)** sind meist sehr farbenprächtige kleine Rifffische, die vor allem in der Laichzeit aggressiv ihr Revier verteidigen. Die Eier werden auf eine feste Unterlage geklebt und von den Männchen bewacht. Riffbarsche sind in der Lage, knurrende Töne zu erzeugen.

Die wenigen vorkommenden Arten aus der Familie der **Büschelbarsche (Cirrhitidae)** sind beliebte Aquarienfische, obwohl manche rechte Räuber sind. Normalerweise schwimmen die Tiere nicht frei, sondern sitzen auf exponierten Korallenblöcken etc.

Die **Torpedobarsche (Malacanthidae)** bauen häufig kleine Hügel aus Sand und Geröll, in die sich die Tiere zurückziehen können. Teilweise sind es beliebte Speisefische. Im Riff sieht man sie eher vereinzelt.

**Schiffshalter (Echeneididae)** sind eine höchst seltsame Fischgruppe, die stets zusammen mit größeren Fischen oder Säugetieren vorkommt. Manche Arten sind auf bestimmte Wirte spezialisiert, andere sind weniger wählerisch. Die Tiere halten sich mit einem Saugmaul fest oder schwimmen frei in der Nähe ihrer Wirte. Auch Singles kommen vor, die aber meist einen neuen Wirt suchen.

*Linke Seite: Der Gelbstreifen-Grunzer (Haemulon chrysargyreum) streift stets in Scharen durchs Riff.*

**Stachelmakrelen (Carangidae)** sind meist silbrig gefärbte, schnell schwimmende Fische, die bevorzugt im freien Wasser vor dem Riff schwimmen, häufig im Schwarm oder in kleineren Gruppen. Stachelmakrelen sind wichtige Speisefische, die auch kommerziell gefangen werden. Die Vermehrung findet meist auf der Hochsee statt, immer aber im freien Wasser. Oft sehen die Jungfische ganz anders aus als die Erwachsenen.

Die meisten **Tunfischartigen und Makrelen (Scombridae),** schnelle, ausdauernde Schwimmer, sind Hochseetiere. Sie sind als Speisefische hoch geschätzt und werden kommerziell gefangen und verarbeitet. Am Riff sieht man nur wenige Arten regelmäßig. Die großen Hochseearten, wie z. B. Tunfische, wird man beim Tauchen wohl nie zu Gesicht bekommen.

Auch aus der Familie der **Schnapper (Lutjanidae)** stammen wertvolle Speisefische. Sie leben im Riff meist in kleinen Gruppen oder Schwärmen. Tiefer lebende Schnapper sind meist rot gefärbt, werden als Speisefische besonders geschätzt und in großen Mengen gefangen (Red Snapper).

Tagsüber verstecken sich die **Süßlippen und Grunzer (Haemulidae)**, meist in Gruppen, unter Unterständen im Riff. Nachts gehen die meisten Arten auf Nahrungssuche über den Sandflächen zwischen den Riffen oder in Seegraswiesen. Der Name Grunzer kommt von einem grunzenden Geräusch, das die Tiere mit ihren Zähnen machen können. Süßlippen und Grunzer werden auch als Speisefische genutzt.

Auch die **Meerbrassen (Sparidae)** weisen wichtige wirtschaftliche Arten auf, die als Speisefische beliebt sind. Die meisten Arten leben in Flussmündungen und über Seegraswiesen. Nur wenige der weltweit über 130 Arten kommen im Koralleriff vor.

Die meisten **Silberlinge (Gerreidae)** sind Schwarmfische des offenen Wassers vor dem Riff. Die beschriebene Art ist eine Ausnahme, da die Tiere einzeln oder zu wenigen Exemplaren verstreut an geschützten Plätzen des Flachwassers in Riffnähe leben. Es sind teilweise gute Speisefische.

Die **Ruderfische (Kyphosidae)** sind Schwarmfische, die von pflanzlicher Nahrung leben, die sie vom Boden aufnehmen. Das weiche Fleisch ist zwar essbar, aber nicht besonders wertvoll.

Die meisten Arten aus der Familie der **Ritterfische und Trommler (Sciaenidae)** leben im trüben Wasser von Flussmündungen, Buchten etc. Die beiden häufigsten Arten des Korallenriffs zeichnen sich durch eine besondere Beflossung, aber auch durch die sehr versteckte Lebensweise aus. Der Name Trommler rührt von den Tönen her, welche die meisten Arten mit Hilfe ihrer Schwimmblase und spezieller Muskeln erzeugen können.

Typisch für die **Meerbarben (Mullidae)**, stets in Bodennähe schwimmende Fische, sind die beiden Barteln unter der Spitze des Mauls. Sie werden dazu benutzt, beim Wühlen im Boden Nahrung aufzuspüren.

Von den Plattfischen (Ordnung Pleuronectiformes) hat vor allem die Familie der **Butte (Bothidae)** große wirtschaftliche Bedeutung. Diese tatsächlich völlig „platten“ Fische leben auf Sand- oder Schlammgrund. Bezeichnenderweise sind beide Augen auf derselben, der oberen Körperseite angeordnet. Während der Jugendentwicklung wandert das eine Auge auf diese bevorzugte Seite. Auch alle Zeichnungsmerkmale sind hier zu finden. Nur wenige Arten findet man in unmittelbarer Nähe des Korallenriffs.

Die **Brunnenbauer (Opistognathidae)** sind eine Gruppe kleiner, lang gestreckter Fische mit großem Maul. Sie bauen Löcher aus Sand und kleinen Korallenbröckeln, in die sie bei Störungen und nachts verschwinden. Die Männchen brüten die Eiballen der Weibchen in ihrem Maul aus (Maulbrüter).

Die **Skorpionsfische (Scorpaenidae)** sind eine große, weltweit in temperierten und warmen Meeren verbreitete Fischgruppe, die besonders durch ihre bizarren Formen und die legendäre Giftigkeit hervorsticht. Etliche Arten sind essbar und werden kommerziell genutzt. Die Giftigkeit der karibischen Arten ist geringer als die der bekannteren indopazifischen.

Obwohl der vorigen Gruppe sehr ähnlich, sind die **Froschfische und Anglerfische (Antennariidae)** nicht näher verwandt mit den Scorpaenidae. Sie fallen durch die „Angel“ auf, ein Anhängsel an der Stirn, das zum Anlocken von Nahrung dient. Die Haut ist sandpapierartig, was auf eine Modifikation der Schuppen zurückzuführen ist. Die Brustflossen dienen eher zum „Laufen“ als zum Schwimmen, was die Tiere nur in der höchsten Not machen.

Die **Falterfische (Chaetodontidae)** sind eine fast nur in Korallenriffen weltweit vorkommende Fischgruppe, zu der die schönsten „Korallenfische“ gehören. Sie leben meist paarweise oder in kleinen Schwärmen. Es sind beliebte Aquarienfische, die aber aufgrund ihrer teilweise sehr speziellen Ernährung nur bedingt geeignet sind.

Die **Kaiserfische (Pomacanthidae)** sind mit die schönsten Fische im Riff, die ein festes Revier besetzen und meist einzeln oder paarweise dort leben. Besonders auffällig sind die arttypischen Jugendformen, die völlig von der Farbgebung der Erwachsenen abweichen. Fast alle der größeren Arten ernähren sich von Schwämmen etc. und sind daher für Aquarien kaum geeignet.

Die **Lippfische (Labridae)** sind eine große, weltweit in tropischen und subtropischen Gewässern verbreitete Fischgruppe. Besonders auffällig ist die Schwimmweise dieser Fische. Lippfische benutzen vor allen ihre beiden Brustflossen zur Fortbewegung, was eigentümlich aussieht, ihnen aber eine ungeheure Beweglichkeit verleiht. Viele Arten schwimmen unaufhörlich und scheinen nie zu rasten. Die meisten Arten haben sehr unterschiedliche Entwicklungsstadien, die oft für andere Arten gehalten werden (man unterscheidet Supermale, Adult und Juvenil).

Das hervorstechendste Merkmal der **Papageifische (Scaridae)** ist das papageienartige Gebiss, das zum Abbeißen von Korallenbrocken etc. genutzt wird. Die Tiere ernähren sich aber lediglich von den darin befindlichen Algen und Wirbellosen. Der Rest wird als feiner Korallensand ausgeschieden. Viele Arten bauen nachts eine Schleimhülle, in der sie Schutz vor Feinden suchen. Auch sie schwimmen wie die Lippfische mit den Brustflossen. Häufig gibt es starke Unterschiede zwischen den Geschlechtern und den Entwicklungsstadien.

Bei den **Grundeln (Gobiidae)** handelt es sich um eine der größten Fischgruppen mit über 2000 Arten weltweit. Zu ihnen gehören die kleinsten Fische der Welt (keiner größer als 1 cm). Die größten Arten überschreiten aber kaum 30 cm. Obwohl alle Arten am Bodengrund leben, besetzen sie viele Lebensräume und ökologische Nischen. Manche Grundeln leben zusammen mit Krebsen, andere sind Putzerfische oder leben mit Schwämmen zusammen und wieder andere sind Räuber.

Die **Schleimfische (Blennidae, Clinidae, Trypterygiidae)** sind meist sehr kleine Fische, die fast immer im Flachwasser bis etwa 20 m Tiefe leben. Die Haut hat keine Schuppen, sondern wird von einem Überzug aus Schleim geschützt, der z. B. auch die Arten, die an der Ebbe-Flut-Linie leben, vor Austrocknung bewahrt.

**Doktorfische (Acanthuridae)** kommen häufig in Schwärmen vor und fallen vor allem durch das am Schwanzstiel befindliche „Skalpell" auf, das sehr scharf sein kann und je nach Art auch charakteristisch geformt ist. Das Fleisch ist toxisch (Ciguatera). Die meisten Doktorfischarten sind Pflanzenfresser.

Die **Feilenfische (Monacanthidae)** gehören wie die beiden nachfolgenden Familien zur Ordnung Tetraodontiformes, die sich vor allem durch den auffälligen, stark vergrößerten Stachel der Rückenflosse auszeichnen. Das Maul ist stets klein. Die Feilenfische selbst haben einen flachgedrückten, hochrückigen Körper und einen stielartigen Schwanz. Sie leben meist von Schwämmen, Korallenpolypen oder Hydrozoen.

Oft werden die Feilenfische und die **Drückerfische (Balistidae)** in eine Gruppe gestellt. Vom Aussehen ähneln sie sich stark. Drückerfische sind in der Lage, den auffällig vergrößerten Stachel der Rückenflosse zu arretieren. Dadurch können sie sich in Spalten verklemmen und verhindern so das Gefressenwerden. Drückerfische leben von verschiedenen Crustaceen, Muscheln, Schnecken etc.

Die **Kofferfische (Ostraciidae)** zeichnen sich durch ein aus Platten zusammengesetztes Skelett aus, das Öffnungen für das Maul und die Flossen aufweist. Sie sind dadurch vor den meisten Fressfeinden geschützt. Ihre Schwimmweise ähnelt mehr einem Hubschrauber als einem Fisch. Kofferfische leben meist von kleinen Wirbellosen.

**Kugelfische (Tetraodontidae)** können so viel Wasser verschlucken, dass sie dadurch wie eine Kugel aufgeblasen werden. Dies ist ein effektiver Schutz vor Fressfeinden. Sie können mit ihren großen Knackzähnen Krebse angreifen und verspeisen. Viele Organe der Kugelfische sind ausgesprochen giftig (Tetrodotoxin), dennoch (oder gerade deshalb) werden sie von manchen so genannten „Feinschmeckern" gegessen.

Die **Igelfische (Diodontidae)** ähneln den Kugelfischen in fast jeder Hinsicht. Besonderes Merkmal sind die Stacheln des Hautskeletts, die beim Aufblasen ebenfalls weit abstehen und sie dadurch zusätzlich vor Feinden schützen.

## *Megalops atlanticus*

### Atlantik-Tarpon, Tarpon

Familie Elopidae

**Merkmale:** Der langgestreckte Körper ist vollständig silbern gefärbt, die Schuppen sind auffällig groß. Das Maul ist oberständig. Die Art erreicht bis 240 cm Länge.

**Verwechslung:** Das oberständige Maul und die gewaltige Größe sind gute Merkmale. Die Tiere werden aber trotzdem immer wieder für Riesenbarrakudas oder Haie gehalten.

**Lebensraum:** Tarpons kommen vom Flachwasser bis in über 30 m Tiefe vor. Sie halten sich stets in Riffnähe auf.

**Besonderheiten:** Tarpons sieht man häufig in kleinen Gruppen, jüngere Tiere auch in Schwärmen. Vor allem größere Tiere sind standorttreu. Tarpons jagen auch nachts im Riff nach Fischen.

Das kann für Taucher auch unangenehm werden, vor allem für Unterwasserfotografen. Tarpons lernen nämlich schnell, dass dort, wo Taucher mit Tauchlampen Nachttauchgänge machen, gelegentlich schlafende Fische aufschrecken. Die Tarpons schwimmen daher stets im Rücken der Taucher, um solche Fische zu erbeuten. Dreht man sich dann nichtsahnend um, erschrickt man schon sehr, wenn man sich Auge in Auge einem 1,5 Meter langen Tarpon gegenübersieht.

Tarpons sind außerdem beliebte Fische für Hochseeangler. Sie „kämpfen" angeblich sehr lange und mit großer Kraft. Selbst begeisterte Hochseefischer sollten sich aber im Klaren sein, dass der Genuss eines langen Kampfes mit dem Fisch von sehr einseitiger Natur ist. Der Fisch „kämpft" um sein Leben und empfindet am Haken sicherlich eher Schmerz als Freude. Das Hochseefischen mag seine Berechtigung haben, ein „Spaß" ist es jedoch nur für den Menschen.

## *Synodus intermedius*
### Eidechsenfisch, Sand Diver

Familie Synodontidae

**Merkmale:** Die Art hat ein großes, tief gespaltenes Maul, ihr Körper ist nach hinten spitz zulaufend. Die Grundfarbe ist grau mit dunklen senkrechten Bändern und goldgelben Längsstreifen. Eidechsenfische werden bis 35 cm groß.

**Verwechslung:** *S. saurus* hat blaue Längsstreifen und ist sehr selten. Verwandte Arten gibt es in allen tropischen oder subtropischen Meeren.

**Lebensraum:** Die Art lebt auf Sandboden zwischen Korallenschutt etc. Häufig sind die Tiere halb eingegraben. Man findet sie bis in 25 m Tiefe. An der Ostküste der USA sollen die Tiere sogar bis in 320 m Tiefe leben.

**Besonderheiten:** Der Eidechsenfisch lauert halb im Sand eingegraben auf vorbeischwimmende Beute. Häufig sieht man ihn paarweise. Das Tier erlaubt, dass man sehr nahe herankommt. Erst im letzten Moment verschwindet es blitzartig. Das Maul besitzt eine große Zahl kleiner, spitzer Zähne, die das Festhalten und Verschlingen größerer Beute ermöglichen.

Wie bei allen Lauerjägern kann es auch bei *Synodus intermedius* vorkommen, dass ein bestimmter Eidechsenfisch oder ein Paar tagelang an der gleichen Stelle angetroffen werden kann. Die Taktik dieser Fische ist die Überraschung, und diese kann nur gelingen, wenn sich die Tiere sehr unauffällig benehmen, sich also am besten überhaupt nicht bewegen. Solche Räuber verfolgen ihre Beute nie. Sie schnappen einfach zu. Aus diesem Grund muss das Opfer praktisch am Maul vorbeischwimmen. Ein Methode des Nahrungserwerbs, die sehr viel Geduld erfordert.

**Aquarium:** Eher ungeeignet: Es handelt sich um einen Räuber, der alles frisst, was in sein großes Maul passt.

## *Conger triporiceps*

### Karibik-Conger, Vielzahn-Conger, Conger Eel

Familie Congridae

**Merkmale:** Charakteristisch ist ein aalförmiger Körper mit spitzer Schnauze und die fast irisierend bläulich graue Grundfarbe. Die Rückenflosse hat einen dunklen Rand. Der Karibik-Conger wird bis über einen Meter lang.

**Verwechslung:** Diese Art wird oft mit Schlangenaalen oder Muränen verwechselt. Sie hat im Gegensatz zu diesen ein unterständiges Maul. Es gibt noch etliche andere Conger-Arten, die teilweise auch in der Karibik vorkommen. Sie lassen sich nur schwer unterscheiden. Die Anzahl und Platzierung von Poren in den verschiedenen Sensor-Kanälen am Kopf und in der Seitenlinie, der Ort der Kiemenschlitze und die Anzahl Zahnreihen im Maul sind wichtige Unterscheidungsmerkmale.

**Lebensraum:** Der Karibik-Conger lebt ab etwa 10 m bis in größere Tiefen. Er ist tagsüber nie zu sehen. Nur lokal tritt er häufig auf, sonst ist er eher selten.

**Besonderheiten**: Dieser Conger ist ausschließlich nachtaktiv. Er ist ein ausdauernder Räuber, der jedes Loch im Riff auf Nahrung durchsucht und auch vor mittelgroßen Fischen nicht halt macht. Tagsüber versteckt er sich im Riff und gräbt sich dabei auch ein.

**Aquarium:** Die Haltung ist unbekannt. Durch seinen Raumbedarf und seine Lebensweise ist die Art höchstens für Schauaquarien geeignet.

## *Nystactichtys halis*
### Karibik-Röhrenaal, Garden Eel

Familie Congridae

**Merkmale:** Typisch ist ein schlanker, kaum fingerdicker Körper mit dunkelbrauner bis grauer Grundfarbe. Das Auge ist dunkel mit hellem Fleck. Die Art misst bis 50 cm Länge.

**Verwechslung:** Dies ist die einzige Röhrenaal-Art der Karibik.

**Lebensraum:** Der Karibik-Röhrenaal lebt in großen Kolonien auf bzw. in Sandflächen. Er ist häufig, wird aber meist erst ab 20 m bis über 40 m Tiefe entdeckt.

**Besonderheiten:** Die Tiere sind extrem scheu und verlassen ihre Röhre nie (außer zur Paarung). Nur der Oberkörper ragt aus dem Sand auf. Bei Annäherung verschwinden sie ganz in ihrer Röhre. Sie sind Planktonfänger.

Es ist ausgesprochen schwierig, sich Röhrenaalen zu nähern, ohne dass sie sich in ihre Wohnröhre zurückziehen. Gerade Unterwasserfotografen haben hier größte Schwierigkeiten, Nahaufnahmen von einzelnen Tieren zu machen. Das klassische Pressluft-Tauchgerät ist einfach zu laut dafür. Die Ausatemgeräusche und die aufsteigenden Luftblasen erschrecken die Tiere (und auch andere scheue Fische) derartig, dass sie sich sofort verstecken. Nur durch langes Anhalten der Atmung kann man etwas näher heranrücken. Zwar kommen die Tiere nach kurzer Zeit neugierig wieder aus ihrer Röhre heraus, aber so lange kann niemand die Luft anhalten. Die neuen Rebreather-Tauchgeräte könnten dieses Problem lösen.

**Aquarium:** Eine Haltung ist unbekannt. Entscheidend ist das Ernährungsproblem (die Art frisst nur Plankton). Außerdem müsste der Bodengrund mindestens einen halben Meter tief sein, was aus aquarientechnischen Gründen nicht möglich ist.

## *Myrichthys breviceps*
## Weißgefleckter Schlangenaal, Sharptail Eel

Familie Ophichthidae

**Merkmale:** Die Grundfarbe ist grau mit hellen Flecken. Der Körper ist schlangenartig schlank, der Kopf spitz mit zu kurzen Röhrchen ausgezogenen Nasenlöchern. Bis knapp 1 m Länge ist möglich.

**Verwechslung:** *M. ocellatus* hat dunkle Flecken mit einem leuchtend gelben Kern. Diese Art ist eher selten. Die Tiere werden von Laien fast immer für Seeschlangen gehalten, die es jedoch in der Karibik nicht gibt. *Myrichthys acuminatus* ist ein Synonym für diese Art.

**Lebensraum:** Die beschriebene Art findet man schon im extremen Flachwasser unter Steinen und Geröll, auch im Sand eingegraben. Selten kommen sie auch bis 20 m Tiefe vor. Der Weißgefleckte Schlangenaal kann häufig, besonders bei Einbruch der Dämmerung, sogar vom Ufer aus beobachtet werden. Er ist nur lokal häufig.

**Besonderheiten:** Dieser Schlangenaal stöbert in jeder noch so kleinen Lücke nach kleinen Fischen etc. Er geht meist in der Dämmerung auf Nahrungssuche und wird dabei oft von ganzen Schwärmen von Fischen begleitet, die auf von ihm aufgescheuchte Kleinfische aus sind (siehe Foto Seite 200/201).

**Aquarium**: Eine Haltung ist nur mit großen Fischen in sehr geräumigen Aquarien möglich, die hermetisch (!) abgeriegelt sein müssen, da die Tiere jedes Loch, das größer als fingerdick ist, zur Flucht nutzen.

## *Gymnothorax funebris*

### Grüne Riesenmuräne, Green Moray

Familie Muraenidae

**Merkmale:** Diese Muränen sind einheitlich grünbraun bis braun gefärbt. Typisch ist ein dicker Rumpfquerschnitt und ein kurzer Kopf. Sie erreichen bis 2 m Länge.

**Verwechslung:** Es gibt eigentlich keine Verwechslungsmöglichkeit. Die Art ist die größte Muräne der Karibik. Allerdings sind manche Exemplare eher graugrün gefärbt. Sehr kleine Jungtiere können fast schwarz sein mit einem weißen Unterkiefer. *Gymnothorax vicinus* ist ähnlich gefärbt, hat aber stets einen dunklen Rand an der Rückenflosse, ein innen lila gefärbtes Maul, bleibt viel kleiner und kommt nur in Südflorida und den Bahamas vor.

**Lebensraum:** Wie fast alle Muränen lebt auch diese Art in Spalten und Höhlen im Riff. Sie kommt von geringer Tiefe bis in 40 m vor und ist in der gesamten Karibik anzutreffen.

**Besonderheiten:** Wie die meisten Muränen sind die Tiere hauptsächlich nachtaktiv. Da sie neugierig sind, hat man aber auch tagsüber die Möglichkeit, sie zu sehen. Ideal zum Beobachten sind die Stunden der Dämmerung, da die Tiere hier oft schon ihre Höhlen verlassen.

**Aquarium:** Die Haltung ist nur in großen Schauaquarien sinnvoll. In großen Aquarien lassen sich Muränen allerdings leicht pflegen, da sie problemlos mit Fisch, Garnelen etc. ernährt werden können. Problematisch ist aber stets, dass die Tiere immer wieder zu flüchten versuchen. Dies ist ein völlig natürliches Verhalten von Muränen und hat nichts damit zu tun, dass sich die Tiere im Aquarium nicht wohl fühlen würden. Auch im Riff sind Muränen schließlich bei Nacht dauernd unterwegs. Muränenbecken müssen also vollständig ausbruchssicher sein.

## *Gymnothorax moringa*

### Gefleckte Muräne, Spotted Moray

Familie Muraenidae

**Merkmale:** Der weiß bis gelblich gefärbte Körper ist dicht mit kleinen braunen Flecken besetzt. Der Körper ist eher schlank, der Kopf spitz mit weißen Augen. Bis 1 m Länge wird gemessen.
**Verwechslung:** *G. vicinus* hat einen dunkleren Körper und eine violette Maulinnenseite sowie gelbe Augen. Sie ist auch viel seltener.
**Lebensraum:** Die Tiere leben vom Flachwasser bis in 25 m Tiefe. Meist sind sie verborgen bis auf den herausschauenden Kopf.
**Besonderheiten:** Gegen Abend kann man diese Art besonders oft bei der Nahrungssuche frei übers Riff schwimmen sehen. Wer einmal gesehen hat, wie eine Muräne lebende Beute überwältigt, ist zumindest leicht erschreckt über die gnadenlose Art, wie Tiere jagen. Die Muräne sucht vor allem in der Dämmerung nach schlafenden Fischen, die sich dazu gerne in Löchern aufhalten, um einigermaßen geschützt zu sein. Muränen beißen solange nach dem Opfer, bis sie es getötet haben oder bis sie es aus ihrem Versteck ziehen können. Dabei beseitigen sie heftig schlängelnd oft lockere Riffteile. Nach wenigen Minuten sieht der betroffene Riffteil unter Umständen wie ein Schlachtfeld aus, da das Wasser stark aufgewirbelt ist. Man muss sich aber klar machen, dass die Tiere dies nur tun, um zu überleben. Einfacher kommen Muränen nur an Aas oder sterbende Fische – und die sind im Riff selten, weil viele andere Räuber ebenfalls darauf warten, bis ein Riffbewohner eine Schwäche zeigt.
**Aquarium:** Die Haltung ist nur in sehr großen Aquarien möglich. Wie alle Muränen sind auch diese Ausbruchskünstler.

## *Gymnothorax miliaris*

### Goldschwanz-Muräne, Goldentail Moray

Familie Muraenidae

**Merkmale:** Dies ist eine kaum 60 cm lang werdende Art, die erwachsen eine braune Grundfärbung hat, die von feinen gelben Flecken übersät ist. Jungtiere sind meist heller gefärbt. Der Körper ist kräftig, der Kopf nicht spitz. Die Augen zeigen einen gelben Ring. Auch die Schwanzspitze ist gelb.

**Verwechslung**: Diese Art ist sehr variabel. Jungtiere sind manchmal fast weiß. Dennoch ist die feine Fleckung sehr typisch. Ähnlich sind nur *Gymnothorax saxicola* und *G. nigromarginatus*, die aber beide eine gröbere Fleckung aufweisen und außerdem eine schwarze Zeichnung an der Rückenflosse besitzen. Beide Arten sind aber in der zentralen Karibik nicht nachgewiesen und kommen lediglich in Südflorida, im Golf von Mexiko und bis Yucatan vor. *Muraena miliaris* ist ein Synonym.

**Lebensraum:** Die Tiere sind bereits im Flachwasser unter Steinbrocken und Korallen bis etwa 15 m Tiefe zu finden. Tagsüber ist meist nur die vordere Körperhälfte zu sehen.

**Besonderheiten:** Wie alle Muraenidae ist diese Art abends und nachts auf Nahrungssuche.

**Aquarium:** Die Art ist nur für geräumige Aquarien geeignet. Die Tiere sind Ausbrechkünstler, die Haltung ist aber sonst problemlos.

## *Tylosurus crocodilus*
## Riesen-Hornhecht, Houndfish

Familie Belonidae

**Merkmale:** Es handelt sich hier um einen extrem schlanken, silbrig glänzenden Fisch mit nadelförmig zugespitztem Maul. Der Riesen-Hornhecht wird bis zu 1,5 m lang und 4,5 kg schwer.

**Verwechslung:** Es gibt mehrere ähnliche Arten, die aber alle Hochseetiere sind, die sich nur gelegentlich ins Flachwasser der Korallenriffe verirren. Wichtige Unterscheidungsmerkmale sind die Länge der beiden Kiefer, die Anzahl der Strahlen der Rückenflosse, der Afterflosse sowie die Färbung.

**Lebensraum:** Diese Fische leben im Flachwasser der Korallenriffe und über Sandflächen. Sie halten sich stets direkt unter der Wasseroberfläche auf. Häufig sieht man sie in der Nähe von Bootsstegen, Uferbefestigungen etc. *Tylosurus crocodilus* kommt weltweit in tropischen oder subtropischen Meeren vor.

**Besonderheiten:** Die Fische jagen an der Wasseroberfläche nach Jungfischen, kleinen Krebschen etc. Meist findet man sie in kleinen Gruppen. Bei Annäherung halten sie stets Distanz. Nachts kann man sie besser beobachten. Wegen der Größe und des Verhaltens des Riesen-Hornhechts kommt es immer wieder zu Unfällen. Hornhechte jagen ihre Beute nicht, sondern fangen ihre Opfer durch plötzliches Vorschnellen. Vor allem Nachts bei Scheinwerferlicht kann dies dazu führen, dass die Fische erschrecken, unkontrolliert umherjagen und dabei mit ihren nadelspitzen und harten Kiefern Schwimmer oder im Wasser hantierende Fischer verletzen. Es soll sogar schon zu Todesfällen gekommen sein. Beim Nachttauchen hatte ich bislang nicht das Gefühl, gefährdet zu sein. Dennoch sollte man Hornhechte nicht direkt anleuchten.

## *Aulostomus maculatus*

### Karibischer (Atlantischer) Trompetenfisch, Trumpetfish

Familie Aulostomidae

**Merkmale:** Die Fische besitzen einen langgestreckten Körper mit fast ebenso dickem, röhrenförmigem Maul und kleine Flossen. Gut sichtbare Bartel an der Mitte des Unterkiefers. Die Färbung variiert von hellbraun bis gelb oder braun mit Blautönen (siehe Fotos oben). Oft haben sie schwarze Punkte auf dem Körper. Die Tiere werden bis 80 cm lang.

**Verwechslung:** *Fistularia tabacaria* hat eine spitz ausgezogene Schwanzflosse und ist deutlich schlanker. Die Art ist eher selten.

**Lebensraum:** Vom Flachwasser bis in 25 m Tiefe. Oft sind sie senkrecht zwischen Seepeitschen und Gorgonien versteckt.

**Besonderheiten:** Dieser Fisch kann seine Färbung in Sekundenschnelle verändern. Häufig „reitet" der Trompetenfisch zur Tarnung auf Makrelen, Zackenbarschen (siehe Foto rechts) und anderen größeren Räubern. Dabei schnappt er sich den einen oder anderen kleineren Fisch, den sein unfreiwilliger Partner aufscheucht.

## *Cosmocampus albirostris*

### Weißschnauzen-Seenadel, Whitesnout Pipefish

Familie Syngnathidae

**Merkmale:** Auffällig ist das weiße, röhrenförmige Maul. Der langgestreckte, dünne Körper ist dunkel gefärbt mit gelegentlichen helleren, aber undeutlichen Bändern. Die Tiere werden bis 15 cm lang.

**Verwechslung:** *C. elucens* fehlt die weiße Schnauze. Es gibt eine große Zahl von Seenadeln, die lediglich von Experten einwandfrei bestimmt werden können. Wichtige Unterscheidungsmerkmale sind Länge und Form des Röhrenmauls, Beflossung und Färbung.

**Lebensraum:** Gelegentlich ist diese Art auf kleinen Sandflächen zwischen Korallenriffen, eher in Seegraswiesen oder zwischen Algen zu finden. Sie ist sehr selten und schwer zu entdecken.

**Besonderheiten:** Diese Seenadeln leben von winzigen Krebschen, die sie mit ihrer Schnauze einsaugen. Die Vermehrung der Seenadeln weicht von denen der weit berühmteren Seepferdchen ab. Die Seenadelmännchen haben keine richtige Bruttasche, sondern eher zwei Hautlappen, die als Bruttasche fungieren. Die Weibchen drücken ihren Körper an die Männchen und übergeben die Eier als ein Paket. Die Hautlappen umschließen diese Eier mehr oder weniger. Nach wenigen Wochen schlüpfen winzige, nahezu durchsichtige Seenadeln, die sofort zur Wasseroberfläche schwimmen, wo sie durch Strömungen verbreitet werden können.

**Aquarium:** Eine Haltung ist nur möglich, wenn ständig Lebendfutter angeboten werden kann. Dann ist auch Zucht möglich. Seenadeln oder Seepferdchen an totes Futter zu gewöhnen, gelingt nur selten. Derartige Versuche führen leicht zum Hungertod der Tiere und sollten daher unterbleiben.

## *Hippocampus reidi*

## Langschnäuziges Seepferdchen, Gepunktetes Seepferdchen, Longsnout Seahorse

Familie Syngnathidae

**Merkmale:** Typisch ist das lange, röhrenförmige Maul und der lange Greifschwanz. Die Grundfarbe des Langschnäuzigen Seepferdchens variiert von gelb bis fast schwarz, auch gefleckt, oft mit schwarzen Punkten. Die Art wird bis 12 cm groß.

**Verwechslung:** *H. erectus* hat nie schwarze Punkte auf dem Körper.

**Lebensraum:** Man findet diese Seepferdchen bis in 15 m Tiefe und stets an Stellen, an denen sich Möglichkeiten zum Festhalten bieten, also in der Nähe von fingerförmigen Schwämmen, Gorgonien etc.

**Besonderheiten:** Diese Tiere sind äußerst schwer zu entdecken und nicht häufig. Meist halten sie sich tagelang an der gleichen Stelle auf. Bei Seepferdchen ist der Vater verantwortlich für das Austragen der Jungfische. Das Weibchen legt die Eier in einen Hautsack am Bauch des Männchens. Es gibt kaum etwas Faszinierenderes als zuzuschauen, wie die winzigen Seepferdchen die Bauchtasche verlassen.

**Aquarium:** Haltung ist nur möglich, wenn ständig feines Lebendfutter angeboten werden kann. Dann sind die Tiere auch leicht zu züchten.

## *Holocentrus marianus*

## Gelbgestreifter Husar, Longjaw Squirrelfish

Familie Holocentridae

**Merkmale:** Diese Fische besitzen mehrere gelbe Längsstreifen auf ziegelrotem Grund. Ihre Rückenflosse ist scharf gezackt mit weißen Spitzen und einer darunter liegenden Reihe von weißen Dreiecken. Typisch ist der sehr lange Afterflossenstachel. Die Art wird bis 15 cm groß.

**Verwechslung:** Es handelt sich um die einzige Art mit gelben Längsstreifen. Als Synonym wird *Flammeo marianus* genannt.

**Lebensraum:** Diese Art findet man meist erst ab 20 m Tiefe unter Überständen und an lichtgeschützten Stellen wie Höhlungen und Riffspalten. Die Tiere kommen bis in 70 m Tiefe vor.

**Besonderheiten:** Der Gelbgestreifte Husar lebt eher scheu und versteckt an dunklen Riffstellen.

Alle Eichhörnchenfische können Geräusche produzieren. Dazu werden spezielle Muskeln eingesetzt, die gegeneinander bewegt werden. Die Schwimmblase dient als akustischer Verstärker. Die knurrenden Töne können unter Wasser von Tauchern gut gehört werden. Sie werden normalerweise bei Gefahr oder bei der Verteidigung abgegeben. Etliche andere Fischgruppen können ähnliche Geräusche produzieren (z. B. Riffbarsche).

**Aquarium:** Eichhörnchenfische werden selten größer als 30 cm. Daher werden sie gerne in größeren Schauaquarien gehalten, wo sie sehr alt werden können.

## *Holocentrus rufus*

### Langstachelhusar, Longspine Squirrelfish (Foto oben)

Familie Holocentridae

**Merkmale:** Die Grundfarbe ist rot mit hellen Längstreifen und gelegentlichen hellen Körperflecken. Die Rückenflosse ist scharf gezackt in weißen dreieckigen Spitzen endend. Die Art wird bis 25 cm lang.

**Lebensraum:** Die Art findet man ab geringer Tiefe bis in etwa 25 m. Sonst lebt sie wie die zuvor beschriebene Art.

## *Holocentrus adscensionis*

### Gemeiner Husar, Squirrelfish

Familie Holocentridae (Foto unten)

**Merkmale:** Die Grundfarbe ist ziegelrot, aber meist von weißen Flächen überlagert. Die Rückenflosse ist gelblich, alle anderen Flossen weiß gefärbt. Eine Größe bis 35 cm ist möglich.

**Lebensraum:** Die Art kommt schon im Flachwasser bis etwa 15 m Tiefe vor. Sonst hat sie den gleichen Lebensraum wie die zuvor beschriebenen Arten.

## *Myripristis jacobus*

### Jacobus-Soldatenfisch, Blackbar Soldierfish

Familie Holocentridae

**Merkmale:** Die rote bis silbrig rote Grundfarbe weist einen auffälligen schwarzen vertikalen Strich hinter dem Kiemendeckel auf. Die Flossenränder sind weiß gesäumt. Der Fisch wird bis 20 cm lang.

**Verwechslung:** Der schwarze Strich hinter dem Kiemendeckel fällt sofort auf und ist arttypisch.

**Lebensraum:** Dieser Fisch ist ein typischer Höhlenbewohner, der stets dunkle Unterstände aufsucht. Man findet ihn bis 20 m Tiefe.

**Besonderheiten**: Die Art lebt häufig in Schwärmen unter Korallen und in Höhlen. Oft schwimmt sie auch mit anderen Fischen im lockeren Schwarm.

Wie viele Riffische sind auch die Eichhörnchenfische Freilaicher. Das bedeutet, dass sie Eier und Spermien einfach ins freie Wasser abgeben. Um zu erreichen, dass sich die beiden auch treffen, findet vorher ein Paarungsritual statt. Dabei werden die Geschlechtsprodukte möglichst gleichzeitig abgegeben, oft von vielen Tieren gemeinsam. Nach der Befruchtung entstehen pelagisch (im freien Wasser) lebende Larven, die erst nach mehreren Formveränderungen den erwachsenen Tieren gleichen. Jugendstadien der Eichhörnchenfische sind silbrig mit blau gefärbtem Rücken und einer langen, spitzen Schnauze. Solche erheblichen Formveränderungen kommen bei Rifftieren häufig vor. Fast immer sehen Planktonlarven völlig anders aus als die erwachsenen Tiere.

## *Inermia vittata*

### Boga, Boga (großes Foto)

Familie Inermiidae

**Merkmale:** Die Grundfarbe ist silbern, die Körperoberseite eher bläulich, die Unterseite eher gelblich oder grünlich gefärbt. Mehrere dunkle Längsstreifen sind auf dem Körper zu sehen. Die zwei Rückenflossen sind miteinander verwachsen. Bogas werden bis 20 cm lang.

**Verwechslung:** Der seltene Braunstreifen-Boga, *Emmelichthyops atlanticus*, hat zwei getrennte Rückenflossen, ist sonst aber sehr ähnlich.

**Lebensraum:** Bogas kommen vom Flachwasser bis in große Tiefen vor. Sie halten sich stets in Riffnähe auf.

**Besonderheiten:** Diese Art ist meist in großen Schwärmen unterwegs. Häufig sieht man sie mit anderen Schwarmfischen vermischt.

## *Albula vulpes*

### Grätenfisch, Bonefish (kleines Foto)

Familie Albulidae

**Merkmale:** Der Körper ist silberfarben mit deutlich sichtbaren, in Längsreihen angeordneten Schuppen, die Flossen sind grau gefärbt. Das Maul ist klein und unterständig. Der Grätenfisch wird bis 100 cm lang.

**Verwechslung:** Die ähnlichen, aber kleiner bleibenden Meeräschen haben zwei Rückenflossen und einen weniger gegabelten Schwanz.

**Lebensraum:** Diese Art lebt stets im Flachwasser über Sand- oder Schlammgrund.

**Besonderheiten:** Die scheuen Grätenfische sind immer in kleineren Schwärmen unterwegs. Sie wühlen in Sand- oder Schlammböden nach Nahrung.

## *Mugil curema*

### Weiße Meeräsche, White Mullet

Familie Mugilidae

**Merkmale:** Der Körper dieser Art ist silberfarben mit deutlich sichtbaren Schuppenreihen. Ihr Rücken ist dunkler bis oliv gefärbt, die Flossen sind grau. Die Fische werden bis 35 cm lang.

**Verwechslung:** Die ähnliche, aber seltenere *M. cephalus* hat deutlichere Längsstreifen am Körper. Dennoch sind die Arten schwierig zu unterscheiden.

**Lebensraum:** Weiße Meeräschen leben meist in der Nähe von Süßwasserzuflüssen, in die sie auch manchmal weit einschwimmen. Man sieht sie bis in 10 m Tiefe. Reine Salzwassergebiete werden gemieden. Häufig entdeckt man diese Art in Seegraswiesen und über Sand- und Schlammflächen.

**Besonderheiten:** Viele Meeräschenarten leben die meiste Zeit im Süßwasser oder Brackwasser. Alle Arten aber laichen im Salzwasser und ihre Larven wachsen dort auf. Später wandern sie in Flüsse ein und leben dort meist in Schulen zusammen. Sie ernähren sich von kleinen organischen Partikeln, Pflanzen und Mikroorganismen im Schlamm und Sand. Da sie dabei den Schlamm oft stark aufwirbeln, kann man ihren Schlammwolken wie Spuren folgen. Sie nehmen ihre Nahrung aber auch an der Oberfläche von Pflanzen auf oder vom Oberflächenfilm mancher Gewässer, der organisches Material enthält.

Meeräschen sind wirtschaftlich wichtige Fische. Daher werden sie auch in Teichen kultiviert. Man isst sie frisch, geräuchert oder konserviert sie in Dosen. Sie sind beliebte Speisefische.

## *Sphyraena picudilla*
### Gelbstreifen-Barrakuda, Southern Sennet (großes Foto)

Familie Sphyraenidae

**Merkmale:** Der Körper ist schlank und spitz zulaufend, die Grundfarbe silbern mit hellen Seitenstreifen. Die Art wird bis 45 cm groß.

**Verwechslung:** Jungtiere des Großen Barrakuda, *S. barracuda*, können mit dieser Art verwechselt werden.

**Lebensraum:** Man findet diese Tier bis in mindestens 40 m Tiefe. Sie halten sich stets in Riffnähe auf.

**Besonderheiten:** Gelbstreifen-Barrakudas schwimmen oft in großen Schwärmen am Riff entlang. Sie sind scheu und kommen häufig auch tiefer am Riff vor. Diese Fische sind eher selten.

## *Sphyraena barracuda*
### Großer Barrakuda, Great Barracuda (kleines Foto)

Familie Sphyraenidae

**Merkmale:** Die Grundfarbe des langgestreckten Körpers ist silbern mit dunklen Flecken und Streifen. Im tief eingeschnittenen Maul sind die Zähne sichtbar. Der Große Barrakuda wird bis 180 cm lang.

**Verwechslung:** Dieser Fisch kann als Jungtier mit dem Gelbstreifen-Barrakuda, *S. picudilla,* verwechselt werden, der aber schlanker und blasser gefärbt ist.

**Lebensraum:** Die Art kommt vom Flachwasser bis in etwa 30 m Tiefe vor. Sie hält sich in Riffnähe oder zwischen Mangroven auf.

**Besonderheiten:** Große Exemplare sind oft standorttreu und begegnen Tauchern ohne Scheu. Jungtiere sieht man oft in großen Schwärmen. Für den Menschen sind diese Raubfische bei normalem Verhalten ungefährlich, auch wenn immer wieder anderes behauptet wird.

## *Serranus tigrinus*

### Harlekin-Sägebarsch, Harlequin Bass

Familie Serranidae

**Merkmale:** Dieser Sägebarsch hat einen schlanken, torpedoförmigen Körper mit weißer Grundfarbe, die am Bauch in Gelb übergeht. Körper und Flossen haben schwarze, senkrechte, unregelmäßige Bänder und Punkte. Die Art wird bis 10 cm lang.
**Verwechslung:** Die beiden ähnlichen Arten *S. flaviventris* und *S. chionaraia* kommen in anderen Lebensräumen vor.
**Lebensraum:** Man entdeckt die Art über Schutt- und Geröllflächen, oft dicht am oder auch im Riff. Sie kommen vom Flachwasser bis in über 30 m Tiefe vor.
**Besonderheiten:** Die Tiere sind scheu, aber neugierig.
**Aquarium:** Harlekin-Sägebarsche sind Räuber, was bei der Haltung berücksichtigt werden muss.

## *Serranus baldwini*

### Laternen-Sägebarsch, Lantern Bass

Familie Serranidae

**Merkmale:** Auf fleischfarbenem Grund befinden sich dunkle Längsstreifen, die am Bauch unterbrochen sind. Die Mittellinie ist goldfarben. An der Schwanzwurzel sind schwarze Flecken. Die Augen sind rot mit schwarzer Pupille. Die Art wird bis 6 cm lang.
**Verwechslung:** Es handelt sich um die einzige so gefärbte Art.
**Lebensraum:** Die Fische sind vereinzelt im Geröll des Flachwassers versteckt. Sie sollen aber bis in 80 m Tiefe vorkommen.
**Besonderheiten:** Dieser Fisch ist scheu, lässt sich aber mit Geduld dennoch beobachten.
**Aquarium:** Laternen-Sägebarsche sind Räuber. Durch die geringe Größe lassen sie sich aber mit gleich großen oder größeren Fischen gut vergesellschaften.

## *Epinephelus striatus*
### Nassau-Zackenbarsch, Nassau Grouper

Familie Serranidae

**Merkmale:** Auf der weißgrauen Grundfarbe des Körpers befinden sich breite braune Bänder, die am Kopf typisch diagonal verlaufen. Auffallend ist ein schwarzer Fleck an der Schwanzwurzel. Diese Art erreicht bis 120 cm Länge.

**Verwechslung:** *E. itajara* wird deutlich größer und weist eine deutlich fleckigere Zeichnung auf. Inzwischen ist diese Art eher selten.

**Lebensraum:** Nassau-Zackenbarsche leben überall im Riff ab etwa 10 m Tiefe. Meist findet man sie an geschützten Plätzen versteckt, oft am Boden liegend.

Bei allen Zackenbarschen ist eine Geschlechtsumwandlung üblich. Jungtiere und kleinere Exemplare sind stets Weibchen. Erst nach einiger Zeit werden sie zu Männchen. Zackenbarsche können sehr alt werden. Obwohl sie sehr wohlschmeckend sind, können bestimmte groß werdende Arten die berühmte „Ciquatera" auslösen. Dies ist eine Vergiftungskrankheit, die für den Menschen tödlich enden kann. Sie wird durch giftigen Plankton ausgelöst. Dieser Plankton wird von kleineren Lebewesen, z. B. Garnelen gefressen, diese wiederum werden von größeren Tieren vertilgt, die wiederum ... Am Ende dieser Nahrungskette steht der größte Räuber, z. B. ein großer Zackenbarsch oder Barrakuda. Das gesamte Gift akkumuliert in seinem Körper, ohne ihn zu töten. Wird das Fleisch jedoch verzehrt, kann es schwere Vergiftungen bis zum Tod auslösen. Ciguatera kommt nicht jedes Jahr und nur zu bestimmten Jahreszeiten vor.

**Aquarium:** Die großen Zackenbarsche werden oft in Schauaquarien gehalten und können dort „steinalt" werden.

## *Epinephelus fulvus*
### Karibik-Juwelenbarsch, Coney

Familie Serranidae

**Merkmale:** Typisch sind die vielen kleinen blauen Punkte mit dunkler Umrandung auf verschiedenfarbigem, meist rotbraunem Grund. Zwei schwarze Punkte auf dem Unterkiefer fallen auf. Das Erscheinungsbild ist sehr variabel. Die Fische werden bis 50 cm lang.

**Verwechslung:** Aufgrund der blauen Punkte ist die beschriebene Art gut erkennbar. Es gibt jedoch Farbformen, denen diese Punkte fehlen.

**Lebensraum:** Die Art lebt überall im Riff ab etwa 10 m Tiefe. Meist sieht man sie an geschützten Plätzen versteckt, oft am Boden liegend.

**Besonderheiten:** Die Tiere sind sehr farbvariabel. So sind Jungtiere oft ganz anders gefärbt.

Das kleine Foto auf Seite 237 zeigt einen Tiger-Zackenbarsch, der gerade von einer *Gobiosoma*-Grundel (Seite 291ff.) am Unterkiefer gereinigt wird. Ein weiterer Putzerfisch, ein Jungtier von *Bodianus rufus* (Seite 281), schickt sich ebenfalls an, die Haut des Zackenbarsches nach Parasiten und Hautresten abzusuchen. Alle Zackenbarsche und die meisten anderen Rifffische nehmen solche Putzdienste in Anspruch. Die Barsche zeigen den Putzern die Putzbereitschaft durch eine helle Färbung und das weit geöffnete Maul an. Ähnliche Verhaltensweisen kann man auch bei den anderen „Putzkunden“ beobachten. Außer Putzerfischen gibt es auch mehrere Garnelenarten, die Fische putzen (siehe Seite 159ff.).

## *Mycteroperca tigris*

### Tiger-Zackenbarsch, Tiger Grouper

Familie Serranidae

**Merkmale:** Meist zeigt diese Art auf hellerem Grund zahllose rötliche oder bräunliche Flecken, oft auch dunkle, senkrecht verlaufende Bänder. Das Erscheinungsbild ist sehr variabel. Die Fische werden bis 1 m lang.

**Verwechslung:** Dies ist eine sehr variable Art, die oft mit ähnlichen Arten verwechselt wird. Diese bleiben aber kleiner.

**Lebensraum:** Die Fische kommen vom Flachwasser bis in etwa 25 m Tiefe vor. Meist sieht man sie an geschützten Plätzen versteckt, oft am Boden liegend.

**Besonderheiten:** Der Tiger-Zackenbarsch kann häufig an Putzerstationen beobachtet werden. Dabei sieht man auch die verblüffenden Farbwechsel dieser Art. Das Foto rechts zeigt dies deutlich.

*Ein Tiger-Zackenbarsch öffnet sein Maul, um sich putzen zu lassen.*

## *Mycteroperca bonaci*

### Schwarzer Zackenbarsch, Black Grouper

Familie Serranidae

**Merkmale:** Auf dem helleren Körper sind braune, rechteckige Flecken in Längsreihen mehr oder weniger regelmäßig angeordnet. Die hellbraunen Flossen tragen schwarze Ränder. Die Fische werden bis 120 cm lang.

**Verwechslung:** Der ähnliche *M. venenosa* (Leoparden-Zackenbarsch, Yellowfin Grouper; siehe Foto links unten) hat gelbe Enden an den Brustflossen. Die Flecken auf dem Körper sind eher rund bzw. unregelmäßig. Dennoch sind die Fische schwer zu unterscheiden, da beide Arten sehr variabel gefärbt sind. *M. venenosa* wird bis zu 90 cm lang und kommt von 5 bis 30 m Tiefe vor. Er ist eher seltener als *M. bonaci*.

**Lebensraum:** Die beschriebene Art kommt vom Flachwasser bis in etwa 30 m Tiefe vor. Meist entdeckt man sie an geschützten Plätzen versteckt, oft am Boden liegend.

## *Cephalopholis cruentata*
### Blutroter Juwelenbarsch, Graysby

Familie Serranidae

**Merkmale:** Typisch sind die drei bis fünf schwarzen Flecken an der Rückenflossenbasis. Der Körper ist fleischfarben mit zahllosen roten Flecken. Die Art wird bis 30 cm groß.

**Verwechslung:** Die schwarzen Flecken an der Rückenflossenbasis unterscheiden ihn deutlich von etlichen ähnlichen Arten. Leider sind diese Flecken nicht immer gut zu sehen, da auch der Blutrote Juwelenbarsch seine Körperfarbe aufhellen oder abdunkeln kann.

*Epinephelus guttatus* (Trauerrand-Zackenbarsch, Red Hind; kleines Foto rechts) sieht verblüffend ähnlich aus, hat aber an der Schwanzflosse und an der hinteren Rückenflosse einen schwarzen Saum, der außen mit einer weißen Linie begrenzt ist. Er wird bis zu 60 cm lang und kommt in 5 bis 40 m Tiefe vor.

**Lebensraum:** Diese Fische leben überall im Riff, aber eher versteckt. Sie kommen bis in 25 m Tiefe vor.

## *Hypoplectrus puella*
### Masken-Hamletbarsch, Barred Hamlet

Familie Serranidae (Foto oben)

**Merkmale:** Der Körper ist gelb mit dunklen, breiten, nicht ganz bis zum Bauch reichenden Bändern. Der Bereich um das Auge weist eine blaue Strichzeichnung (Maske) auf. Die Fische werden bis 15 cm lang.
**Verwechslung**: Der ähnliche *H. aberrans* ist recht selten. Ihm fehlen die dunklen senkrechten Bänder.
**Lebensraum:** Diese Fische entdeckt man immer dicht am Riffdach schwimmend, häufig auch paarweise. Ihr Lebensraum reicht vom Flachwasser bis 20 m Tiefe.
**Aquarium**: Die Art ist ein gefräßiger Räuber, der über kurz oder lang alle kleineren Fische erbeutet.

## *Hypoplectrus unicolor*
### Butter-Hamletbarsch, Butter Hamlet

Familie Serranidae (Foto Mitte)

**Merkmale:** Die Färbung ist blassgelb bis gelb mit schwarzem Fleck an der Schwanzwurzel. Brust und Afterflosse sind kräftiger gelb. Der Fisch wird bis 14 cm lang.

## *Hypoplectrus chlorurus*
### Gelbschwanz-Hamletbarsch, Yellowtail Hamlet

Familie Serranidae (Foto unten)

**Merkmale:** Der Körper ist schwarz mit gelber Schwanzflosse. Die Fische werden bis 14 cm groß.

## *Paranthias furcifer*

### Kreolenfisch, Creolefish

Familie Serranidae

**Merkmale:** Die Grundfarbe ist rosa bis blassrot, aber sehr variabel. Die Rückenflosse ist schwarz mit weißem Rand. Die Brustflosse hat am Ansatz einen roten Fleck. Die Art wird bis 25 cm lang.

**Verwechslung:** Es gibt keine Verwechslungsmöglichkeit.

**Lebensraum:** Man sieht diese Art überall im Freiwasser über dem Riffdach. Sie sind meist in Gruppen unterwegs. Häufig werden sie auch an Putzerstationen beobachtet. Sie leben ab etwa 10 bis 50 m Tiefe.

**Besonderheiten:** Häufig mit großen parasitierenden Asseln zu beobachten (siehe kleines Foto).

**Aquarium:** Der Creolefish ist ein eifriger Schwimmer, der sehr große Aquarien benötigt.

*Dieser Creolefish ist von einer parasitierenden Assel befallen.*

## *Rypticus saponaceus*
### Großer Seifenbarsch, Greater Soapfish

Familie Serranidae

**Merkmale:** Die Fische sind grauweiß und ungleichmäßig dunkelbraun bis dunkelgrau gesprenkelt. Die Flossen sind dunkel. Die Tiere werden bis 35 cm lang.

**Verwechslung:** In der Karibik ist dies die einzige Seifenbarsch-Art. In Süd-Florida und auf den Bahamas gibt es *R. bistrispinus*, der aber viel kleiner bleibt und insgesamt dunkler gefärbt ist. Auch der Weißgefleckte Seifenfisch, *Rypticus maculatus*, ähnelt *R. saponicus*, kommt aber nur an der Ostküste der USA, in Florida und im Golf von Mexiko vor.

**Lebensraum:** Diese Art lebt von geringer Tiefe bis in etwa 25 m. Sie lehnt oft an Korallen oder liegt sogar seitlich auf.

**Besonderheiten:** Der Seifenbarsch ist ein cleverer Bursche und lernt schnell. Sein bester Trick ist, sich wie tot auf die Seite zu legen und dort unbeweglich zu verharren. Auch Taucher denken oft, der Fisch sei bereits tot, denn auch die schlaffe Farbe mit hellen Flecken verleitet zu dieser Annahme. In Wirklichkeit wartet er nur, bis sich kleine Fische nähern, um dann zuzuschnappen. Dort, wo häufig nachts getaucht wird, begibt er sich, sobald er die Lichtkegel von Tauchlampen entdeckt, in die Nähe der Taucher. Im Lichtkegel entdeckt er dann viel leichter als bei völliger Dunkelheit kleine schlafende Fische, Krebse u. a. Das kann so schlimm werden, dass man kein Foto machen kann, ohne dass sich dieser Fisch ins Bild drängt. Dann hilft nur schnelles Weitertauchen, um dem aufdringlichen Gesellen zu entkommen.

Die Schuppen der Seifenbarsche sind von einer dicken Schleimschicht bedeckt, die außerdem giftig ist. Er wird daher von Feinden meistens gemieden.

## *Gramma loreto*

## Königs-Feenbarsch, Fairy Basslet

Familie Grammatidae

**Merkmale:** Der Körper ist bis zur Mitte leuchtend violett, dahinter kräftig gelb. An den ersten Strahlen der Rückenflosse ist ein schwarzer Fleck. Über das Auge verläuft eine dunklere oder gelbliche schmale Binde. Der Fisch wird bis 8 cm.

**Verwechslung:** *G. clayi* fehlt der schwarze Fleck in der Rückenflosse.

**Lebensraum:** Die Art sieht man ab etwa 5 m bis 25 m Tiefe im Riff in Spalten und Ritzen.

**Besonderheiten:** Auf einem Quadratmeter leben manchmal 10 bis 15 Tiere, die aber alle eigene kleine Reviere belegen. Vermutlich sind alle Barsche der Familie Grammatidae Maulbrüter. Das Weibchen legt die Eier bei der Paarung. Diese werden vom Männchen befruchtet. Sofort nimmt das Männchen sie in sein Maul und belässt sie dort bis zum Schlupf der Jungfische. Erst danach werden diese ins Plankton entlassen. Es ist relativ schwierig, gute Nahaufnahmen von diesen Tieren zu bekommen. Man braucht dazu viel Geduld, denn anfangs flüchten die Tiere sofort in Felsspalten ihres Revieres. Nach einiger Zeit kommen sie aber wieder neugierig hervor, nur um beim ersten Ausatmen des Fotografen wieder zu verschwinden. Man muss also die Luft lange anhalten, um ein gutes Foto schießen zu können.

**Aquarium:** Die Tiere sind sehr gut haltbare Allesfresser. Allerdings sind sie nur paarweise oder alleine zu halten, außer in großen Aquarien. Alle Futtersorten werden angenommen, auch Trockenfutter. Die Art wurde bereits nachgezüchtet.

## *Priacanthus arenatus*

### Roter Großaugenbarsch, Bigeye

Familie Priacanthidae (Foto oben)

**Merkmale:** Der Fisch ist einheitlich tiefrot gefärbt. Auffallend ist sein großes Auge mit breiter roter Iris. Die Flossen sind abgerundet. Er wird bis 40 cm lang.

**Verwechslung:** Die ähnliche nachfolgende Art hat silbrige Querbänder. Als Synonym ist *Heteropriacanthus arenatus* gebräuchlich.

**Lebensraum:** Diese Art lebt an dunkleren Stellen im tieferen Wasser des Riffs bis in 70 m Tiefe.

**Besonderheiten:** Der Rote Großaugenbarsch kommt erst ab etwa 15 m Tiefe vor. Die großen Augen sind eine Anpassung an die eher zurückgezogene Lebensweise. Alle Großaugenbarsche meiden das Licht und verstecken sich daher tagsüber unter Überhängen etc.

## *Priacanthus cruentatus*

### Glasaugenbarsch, Glasseye Snapper

Familie Priacanthidae (Foto unten)

**Merkmale:** Wie die vorige Art, aber diese Art besitzt silbrige Querbänder am Rücken. Sie wird bis 25 cm groß.

**Verwechslung:** Siehe vorherige Arten. Als Synonym wird *Heteropriacanthus cruentatus* verwendet.

**Lebensraum:** Dieser Fisch kommt ab etwa 5 bis in 15 m Tiefe an dunklen Stellen, unter Überhängen etc. vor.

## *Apogon townsendi*
### Gürtel-Kardinalbarsch, Belted Cardinalfish

Familie Apogonidae

**Merkmale:** Die Grundfarbe ist blassorange. Auffällig sind ein schwarzes, senkrechtes Band am Ende der letzten Rückenflosse und ein breiteres schwarzes Band oder zwei dünnere Bänder auf der Schwanzwurzel. Der Fisch wird bis 6 cm lang.
**Verwechslung:** Es gibt mehrere ähnliche Arten, die aber stets eine charakteristische Anordnung von Punkten oder Bändern haben. Ähnliche Arten: *A. maculatus* mit einem dunklen Fleck an der Schwanzwurzel und unterhalb des Endes der Rückenflosse. *Phaeoptyx pigmentaria* (früher *Apogon pigmentaria*) hat einen fast durchscheinenden, rötlich braunen Körper und einen schwarzen Fleck am Schwanzstiel.
**Lebensraum:** Dieser Kardinalbarsch lebt tagsüber versteckt im Riff. Er kommt bis in 50 m Tiefe vor.

## *Apogon lachneri*
### Leuchtstern-Kardinalbarsch, Whitestar Cardinalfish

Familie Apogonidae

**Merkmale:** Die Grundfarbe ist blassorange bis orange. Auffallend ist ein schwarzer Fleck mit weißem Kern am Ende der zweiten Rückenflosse. Die Art wird bis 6 cm groß.
**Verwechslung:** Es existieren etliche ähnliche Arten, die aber anders gezeichnet sind. Dies ist die einzige Art mit weißem Fleck im Farbkleid.
**Lebensraum:** Die Fische leben tagsüber in Spalten und Höhlungen des Riffs versteckt. Nachts gehen sie dicht über Grund auf Nahrungssuche. Sie kommen bis 70 m Tiefe vor.
**Besonderheiten:** Der Leuchtstern-Kardinalbarsch ist ein nachtaktiver scheuer Fisch, der tagsüber kaum zu sehen ist. Nachts geht er stets knapp über Grund schwebend auf Planktonfang.
**Aquarium:** Der Fisch ist sehr scheu, aber gut zu halten. Er braucht dunkle Unterstände.

## *Stegastes planifrons*

## Dreifleck-Gregory, Threespot Damselfish

Familie Pomacentridae

**Merkmale**: Erwachsene Tiere dieser Art sind dunkelbraun oder dunkeloliv mit helleren Flossen. Das Erscheinungsbild ist sehr variabel. Der Fisch kann auch zweifarbig sein, z. B. vorne gelb und hinten schwarzbraun o. ä. Typisch sind der halbmondförmige Fleck am oberen Augenrand und der dunkle Fleck an der Schwanzwurzel. Der Dreifleck-Gregory wird bis 12 cm groß. Die Jugendform ist gelb mit einem schwarzen Fleck auf dem Körper und dem bei der Erwachsenenform ebenfalls noch sichtbaren Fleck auf der Schwanzwurzel. Bis 5 cm Körperlänge.

**Verwechslung:** Der Dreifleck ist die häufigste Gregory-Art. Dem ähnlichen Cocoa-Gregory (*S. variabilis*) und dem Schönen Gregory (*S. leucostitus*) fehlt der gelbe Fleck am Auge. Unter Wasser sind die Arten aber leicht verwechselbar.

**Lebensraum:** Diese Fische leben überall im Riff, bevorzugt aber in den flacheren Bereichen.

**Besonderheiten**: Diese Art zeigt aggressives Revierverhalten. Sie schreckt auch vor dem Beißen von Tauchern nicht zurück.

**Aquarium:** Die Tiere sind sehr aggressiv. Wie viele Riffbarsche beißen sie sogar in die Hand des im Aquarium hantierenden Aquarianers. Die Bisse hinterlassen kleine ovale Verletzungen. Die Fische sind daher schwierig zu vergesellschaften.

## *Stegastes partitus*

### Zweifarben-Gregory, Bicolor Damselfish

Familie Pomacentridae

**Merkmale:** Der Vorderkörper ist schwarz, der Hinterkörper entweder weiß oder gelb und weiß. Das Aussehen ist variabel. Die Art erreicht bis 8 cm Größe.

**Verwechslung:** Auch unter Wasser sind diese Fische gut von anderen Arten zu unterscheiden. Ausgenommen sind extreme Farbvarianten, die allerdings vorkommen.

**Lebensraum**: Man findet diese Gregory-Art überall im Riff bis 25 m Tiefe.

**Besonderheiten:** Dieser Fisch ist nicht ganz so aggressiv wie die vorbeschriebene Art.

**Aquarium:** Die Haltung ist nur mit robusten Fischen zusammen möglich.

## *Stegastes diencaeus*

### Langflossen-Gregory, Longfin Damselfish

Familie Pomacentridae

**Merkmale:** Die Erwachsenenform ist dunkelbraun bis schwarz, Rücken- und Afterflosse spitz auslaufend. Die Jungtiere sind gelb mit Streifen aus leuchtend blauen Flecken vom Maul bis zum Ende der Rückenflosse. Diese trägt einen dunklen, blau gesäumten Augenfleck. Der Fisch wird bis 12 cm lang.

**Verwechslung:** Der Dunkle Gregory (*S. fuscus*) hat abgerundete Rücken- und Afterflossen. Seine Jugendform hat die gleiche Zeichnung wie die von *S. diencaeus*, ist aber grau und vom Maul bis zur Rückenflossenspitze orange gefärbt.

**Lebensraum:** Die Art lebt überall im Riffbereich bis ca. 30 m Tiefe.

**Aquarium:** Das Verhalten ist sehr aggressiv. Sie sind daher schwierig zu vergesellschaften.

# *Microspathodon chrysurus*

## Juwelen-Riffbarsch, Yellowtail Damselfish

Familie Pomacentridae

**Merkmale:** Der Körper ist schmutzigbraun bis schwarz, vom Auge aus zeigen sich bis zur Spitze der Rückenflosse einige blaue Punkte. Die Schwanzflosse ist gelb. Die Jugendform ist blauschwarz mit vielen blauen Pünktchen auf dem ganzen Körper. Erst später färbt sich der Schwanz gelb wie bei der Adultform. Die Fische werden bis 15 cm groß.

**Verwechslung:** Die Jugendform wird öfter für eine andere Art gehalten.

**Lebensraum:** Die Art lebt überall auf dem Riffdach bis etwa 15 m Tiefe.

**Besonderheiten:** Die Erwachsenenform ist neugierig und nicht scheu. Die Jugendform versteckt sich zwischen Geröll oder in Spalten.

Manche Riffbarsche gehören zu den agressivsten Fischen im Riff. Das verwundert zunächst, da die Tiere meist recht klein sind und man keine Gegenwehr erwartet. Sehr schnell merkt man aber, dass diese Fische ihre Reviere vehement verteidigen. Selbst Taucher, die ihnen zu Nahe kommen, werden angegriffen und sogar gebissen, wenn auch wegen des Neopren-Tauchanzugs ohne jegliche Folgen. So mancher Taucher hat sich schon gewundert, warum in seinem teuren Neopren kleine Stückchen fehlen. Besonders wenn gerade eine Brut bewacht wird, verjagen die Tiere alles, was in ihre Nähe kommt – meist erfolgreich.

**Aquarium:** Das Verhalten der Juwelen-Riffbarsche ist aggressiv. Sie sind daher schwierig zu vergesellschaften. Aquarianer, die im Aquarium hantieren, werden manchmal heftig gebissen. Die Bisse hinterlassen kleine runde Bißspuren, die anfangs sogar etwas bluten können. Das Ganze ist zwar harmlos, aber lästig.

## *Abudefduf saxatilis*

### Gestreifter Sergeant, Sergeant Major

Familie Pomacentridae

**Merkmale:** Auf der grauen bis weißen Grundfarbe befinden sich fünf senkrechte, schwarze Bänder. Der Rücken ist meist gelblich getönt. Die Tiere werden bis 15 cm lang.

**Verwechslung:** Der ähnliche *A. taurus* hat ein unterständiges Maul und ist eher selten.

**Lebensraum:** Die Fische leben überall im Flachwasser bis 15 m Tiefe.

**Besonderheiten:** Der Fisch, den man am häufigsten mit Laich antrifft (siehe Foto rechts). Die mehr als handgroßen Flächen, die mit Laich bedeckt sind, kann man innerhalb eines Urlaubs oft bis zum Schlupf der Jungfische beobachten. Anfangs ist der Laich violett gefärbt, kurz vor dem Schlupf wird er eher grau. Das Männchen, das alleine die Gelege bewacht, ist in dieser Zeit dunkel bis graublau überhaucht und wird daher manchmal für eine andere *Abudefduf*-Art gehalten. Außerhalb der Laichzeit schwimmen die Fische oft in kleinen Gruppen.

**Aquarium:** Diese Art ist viel zu territorial und aggressiv für normal große Liebhaberbecken.

## *Chromis cyanea*
### Blauer Chromis, Blue Chromis

Familie Pomacentridae

**Merkmale:** Der Körper ist leuchtend metallicblau, Rücken und Flossen weisen einen schwarzem Rand auf. Die Schwanzflosse ist schwalbenschwanzartig gegabelt. Die Tiere werden bis 10 cm groß.

**Verwechslung:** Es handelt sich um die einzige derart auffällig gefärbte Art.

**Lebensraum:** Die Art lebt überall auf dem Riffdach bis in 20 m Tiefe

**Besonderheiten:** Dieser Fisch schwimmt in kleinen Gruppen lebhaft umher. Häufig sieht man ihn auch an Putzerstationen. Er ist Planktonfresser.

**Aquarium:** Die Art ist gut haltbar und unempfindlich, braucht aber als Planktonfresser entsprechende feinere Nahrung.

## *Chromis multilineata*
### Brauner Chromis, Brown Chromis

Familie Pomacentridae

**Merkmale:** Die Grundfarbe ist grünlich grau, die Flossen zeigen schwarze Ränder, die Rückenflosse weist zusätzlich oft eine gelbe obere Begrenzung und einen hellen Fleck an der hinteren Flossenbasis auf. Die Art wird bis 12 cm groß.

**Verwechslung:** Die Färbung variiert je nach Gebiet etwas. Dennoch ist die Art unverwechselbar.

**Lebensraum:** Vom Riffdach bis in 25 m Tiefe findet man diese Art. Meist gehen die Tiere im Freiwasser auf Planktonfang. Nur um geputzt zu werden, finden sich kleine Gruppen im Riff ein.

**Besonderheiten:** Diese Art bildet oft riesige Schwärme, die am Riff hin und her schwimmen.

**Aquarium:** Dieser Fisch ist gut haltbar und unempfindlich, braucht aber als Planktonfresser entsprechende feinere Nahrung.

## *Amblycirrhitus pinos*
### Karibik-Korallenwächter, Redspotted Hawkfish

Familie Cirrhitidae

**Merkmale:** Der Körper ist fleischfarben mit dunklen, senkrechten Binden. Zwei schwarze Flecken an der Schwanzwurzel fallen auf. Kopf und Rückenflosse sind mit kleinen roten Punkten übersät. Der Fisch wird bis 10 cm lang.

**Verwechslung:** Dies ist der einzige Büschelbarsch der Karibik.

**Lebensraum:** Der Karibik-Korallenwächter lebt meist unter Korallen versteckt bis in 25 m Tiefe.

**Besonderheiten:** Der Fisch ist Ansitzjäger, der erhabene Korallen etc. als Ausgangspunkt nutzt. Bei Annäherung verschwindet er unter Überhängen von Korallen.

**Aquarium:** Die Art verhält sich räuberisch. Dies muss bei der Vergesellschaftung mit anderen Aquarienbewohnern berücksichtigt werden.

## *Malancanthus plumieri*
### Sand-Torpedobarsch, Sand Tilefish

Familie Malacanthidae

**Merkmale**: Der Körper ist langgestreckt mit gegabelter Schwanzflosse und schmalen Flossensäumen am Bauch und Rücken, die Farbe ist weißgrau. Um das Auge fällt eine blaue und gelbe Linienzeichnung auf. Die Fische werden bis 55 cm lang.

**Verwechslung:** Die Art kann mit Lippfischen verwechselt werden, die aber einen anderen Lebensraum bewohnen.

**Lebensraum:** Diese Fische leben auf Sandflächen, häufig nahe bei oder in Kolonien von Röhrenaalen. Sie kommen bis 25 m Tiefe vor.

**Besonderheiten:** Der Sand-Torpedobarsch baut im Sand und Schutt Wohnröhren, in die er bei Störungen flieht.

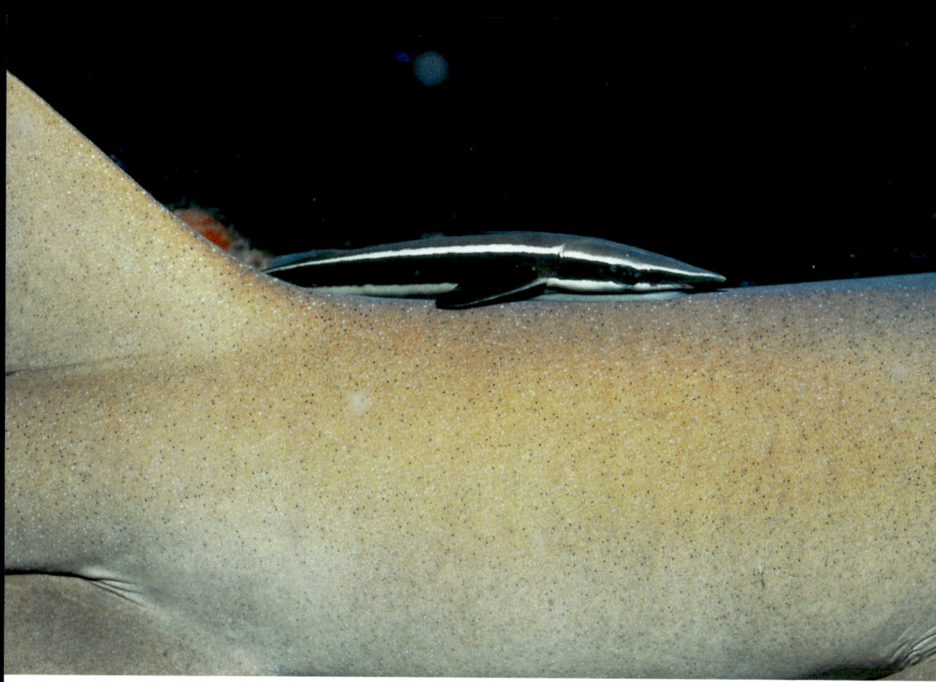

## *Echeneis naucrates*
## Gestreifter Schiffshalter, Sharksucker

Familie Echeneididae

**Merkmale:** Die Gestreiften Schiffshalter haben einen langgestreckten Körper mit spitz zulaufender Schnauze. Das große scheibenförmige Saugmaul sitzt an der Kopfoberseite. Die Grundfarbe ist weiß mit dunkelgrauem Rücken und breiten, schwarzen, von zwei weißen Strichen eingefassten Seitenstreifen. Die Schwanzflosse hat nur am Rand weiße Streifen. Die Färbung verliert sich im Alter. Selten wird diese Art bis 1 m lang.

**Verwechslung:** *E. neucratoides* hat breitere weiße Streifen, die sich in der Schwanzflosse fortsetzen. Diese Streifen bleiben auch im Alter erhalten. Er ist außerdem erheblich seltener.

**Lebensraum:** Die Art kommt in allen warmen Meeren vor. Der Fisch begleitet stets große Fische, Schildkröten und Meeressäuger, an denen er sich meist festsaugt.

**Besonderheiten:** Das Saugmaul liegt an der Körperoberseite. Die Fische saugen sich also sozusagen mit der Kopfoberseite an ihrem Partner fest. Auch Taucher werden gelegentlich von ihnen begleitet.

Eine Reihe anderer Fische begleiten Großfische, aber nur die Pilotfische heften sich an ihre Wirte und lassen sich mitziehen. Wenn man genau hinsieht, erkennt man, dass die Fische sich oft gar nicht festhalten, sondern nur dicht am Wirt schwimmen. Es gibt noch einige andere Pilotfischarten, die meist weltweit in tropischen Meeren vorkommen und teilweise auf nur eine Wirtsfischgruppe spezialisiert sind. So schwimmt z. B. der Wal-Pilotfisch, *Remora australis*, nur mit Walen und Delphinen, der Marlin-Pilotfisch, *Remora osteochir*, nur mit Marlinen, der Remora-Pilotfisch, *Remora remora*, wird nur an Haien gefunden.

## *Trachinotus goodei*
**Palometa, Palometa**

Familie Carangidae

**Merkmale:** Die Grundfarbe ist silbern, auf dem Körper sind vier schwache Querstreifen erkennbar. Rücken-, After- und Schwanzflossen sind lang und spitz ausgezogen und mit schwarzer Umrandung. Die Fische werden bis 60 cm groß.

**Verwechslung:** Es gibt keine Verwechslungsmöglichkeit.

**Lebensraum:** Man findet diese Fische stets im Flachwasser bis höchstens 10 m Tiefe über Sandgrund.

**Besonderheiten:** Diese Art schwimmt stets in losen Gruppen. Manchmal bilden die Fische große Schwärme.

**Aquarium**: Alle Carangidae sind wegen ihrer Lebensweise für normale Aquarien ungeeignet.

## *Caranx ruber*
**Blaurücken-Stachelmakrele, Bar Jack**

Familie Carangidae

**Merkmale:** Die Grundfarbe ist silbern, ein schwarzer Streifen führt von der Rückenflosse zur Spitze der unteren Schwanzflosse. Parallel dazu verläuft ein blauer Streifen, der aber bereits an der Stirn beginnt. Der Fisch wird bis 60 cm lang.

**Verwechslung:** Es handelt sich um die einzige Art mit dieser Streifenzeichnung.

**Lebensraum:** Die Blaurücken-Stachelmakrele kommt vom Flachwasser bis etwa 20 m Tiefe vor.

**Besonderheiten:** Diese Makrele kann sich in Sekundenschnelle extrem verfärben. Bei der Nahrungssuche z. B. kann sie olivbraun oder fast schwarz werden. Häufig ist sie in Gruppen mit anderen Fischen auf der Jagd (siehe Foto Seite 200/201). Immer wieder kann man beobachten, wie der Trompetenfisch *Aulostoma maculatus* auf ihr „aufreitet".

# *Caranx hippos*

## Pferde-Stachelmakrele, Crevalle Jack

Familie Carangidae

**Merkmale:** Die Grundfarbe ist silbern, die Schwanzflosse gelb, ein dunkler Streifen geht von der Schwanzflosse aus. Am oberen Teil des Kiemendeckels befindet sich ein schwarzer Fleck. Die Region unterhalb der Brustflossen ist dunkel. Die Schwanzflosse ist gelb. Die Pferde-Stachelmakrele wird bis 1,5 m lang.

**Verwechslung:** Sehr ähnlich ist die Großaugen-Stachelmakrele *C. latus*, die aber keinen dunklen Fleck auf der Brustflosse hat nur bis 75 cm groß wird. Die ebenfalls ähnliche, aber seltene *C. lugubris* hat eine schwarze Schwanzflosse. Die Unterschiede bei diesen drei Arten sind nicht immer eindeutig zu erkennen.

**Lebensraum:** Diese Stachelmakrele lebt vom flacheren Wasser bis in über 40 m Tiefe. Meist sieht man sie eher im Freiwasser vor dem Riff.

**Besonderheiten:** Die Art bildet oft kleinere oder größere Schwärme. Weltweit gibt es über 140 Arten aus der Familie Carangidae, allein 27 davon im karibischen Raum bzw. an der Küste der USA. Alle sind Räuber, die von verschiedenen Fischen und Wirbellosen leben. Wirtschaftlich sind sie wohl die bedeutendste Gruppe in tropischen Meeren. In der Karibik werden einige Arten auch gefangen und sind beliebte Speisefische. Einige Arten können zeitweise die Fischkrankheit Ciquatera auslösen (siehe auch Seite 235, Nassau-Zackenbarsch).

## *Scomberomorus cavalla*
### Königsmakrele, King Mackerel

Familie Scombridae

**Merkmale:** Die Grundfarbe ist silbern mit unterbrochenen gelblichen oder dunklen Linien oder Punkten entlang der Körpermitte. Die Seitenlinie knickt unterhalb der zweiten Rückenflosse nach unten ab. Die erste Rückenflosse ist schwarz. Der Fisch wird bis 170 cm groß.

**Verwechslung:** *S. regalis* (siehe Foto rechts) und *S. maculatus* sind sehr ähnlich und können unter Wasser nur schwer unterschieden werden.

**Lebensraum:** Königsmakrelen schwimmen meist schnell im Freiwasser vor dem Riff entlang. Man sieht sie bis 20 m Tiefe.

**Besonderheiten:** Es sind nur gelegentliche Riffbesucher, die meist im Freiwasser jagen.

*Scomberomorus regalis sieht der Königsmakrele verblüffend ähnlich.*

## *Lutjanus apodus*

### Schulmeister-Schnapper, Schoolmaster

Familie Lutjanidae

**Merkmale:** Die Grundfarbe ist variabel, von silbrig grau bis kupferrot, manchmal mit senkrechten Streifen, die halb über den Rücken verlaufen. Die Flossen sind gelb. Die Fische erreichen bis 50 cm Größe.

*Lutjanus apodus ist sehr variabel gefärbt: Hier ein Tier mit senkrechten Streifen.*

**Verwechslung:** Man achte auf die gelbe Beflossung. Die Körperfärbung selbst ist zu unsicher als Bestimmungsmerkmal. Auf dem kleinen Foto rechts sieht man einen Einzelgänger mit senkrechten hellen Streifen und brauner Grundfarbe. Gerade hier erkennt man aber gut die gelbe Beflossung, die als Bestimmungsmerkmal bei dieser Art im Vordergrund steht.

**Lebensraum:** Diese Schnapper sieht man bis in 30 m Tiefe. Meist schwimmen sie in kleinen Gruppen im Schutz von Korallenblöcken, Wracks etc. Häufig sind sie an derselben Stelle anzutreffen. Sie mischen sich auch mit anderen Schnapper-Arten.

## *Lutjanus griseus*

### Grauer Schnapper, Grey Snapper

Familie Lutjanidae (Foto oben)

**Merkmale:** Die Grundfarbe ist hellgrau mit etwas dunkelgrau hervorgehobenen Schuppen. Die Art wird bis 50 cm lang.

**Verwechslung:** Die spitzere Maulregion unterscheidet diesen Schnapper von ähnlich gefärbten Arten.

**Lebensraum:** Dieser Fisch lebt in kleineren Schwärmen und im Schutz von massiven Korallenformationen, Wrackteilen, Bootsstegen etc. Er kommt bis in 40 m Tiefe vor.

## *Lutjanus analis*

### Hammel-Schnapper, Mutton Snapper

Familie Lutjanidae (Foto rechts)

**Merkmale:** Die Grundfarbe variiert von silbrig grau bis leicht rötlich, auffällig ist aber der kleine schwarze Fleck unterhalb der Rückenflosse. Typisch ist die spitz ausgezogene Afterflosse. Schwachblaue Linien verlaufen unter den Augen. Dieser Schnapper wird bis 70 cm lang.

**Verwechslung:** Der schwarze Fleck ist nicht immer vorhanden. Man achte auf die spitze und lange Afterflosse.

**Lebensraum:** Die Art lebt überall im Riff bis 20 m Tiefe. Meist sieht man die Tiere einzeln. Sie bevorzugen offenere Flächen.

## *Lutjanus mahogoni*

### Mahagoni-Schnapper, Mahogany Snapper

Familie Lutjanidae

**Merkmale:** Die Grundfarbe ist silbergrau, meist leicht weinrot überhaucht, der Hinterrand der Schwanzflosse und der Außenrand der Rückenflosse sind weinrot. Blaue unterbrochene Linie unter dem Auge. Eine Größe bis 35 cm wird erreicht.

**Verwechslung:** Es gibt keine Verwechslungsmöglichkeit, obwohl auch hier die Färbung etwas variieren kann.

**Lebensraum:** Wie die meisten Schnapper sieht man auch diese Art häufig in kleinen Schwärmen im Schutz von Gorgonienbüschen, Korallenstöcken und Ähnlichem.

**Besonderheiten:** Schnapper sind wichtige Speisefische und werden auch häufig von Sportanglern gefischt. Das Fleisch des Hunds-Schnapper (Dog Snapper, *Lutjanus jocu*, sehr ähnlich *L. apodus*, aber heller Fleck unter dem Auge und Beflossung heller gelb) und des Cubera-Schnapper (*Lutjanus cyanopterus*, dunkelbraun, bis 57 kg schwer) kann gelegentlich giftig sein (Ciguatera, siehe Seite 235).

Schnapper des Flachwassers sind meist hell gefärbt (siehe Beschreibungen), während die Schnapper tieferer Zonen in der Regel rot gefärbt sind. Da diese häufiger als die Riffarten kommerziell gefangen werden, steht in den einschlägigen Speisekarten meist verallgemeinernd „Red Snapper", obwohl damit fast jede Art von Schnapper gemeint sein kann. Sie sind aber alle in der Regel hervorragende Speisefische.

## *Ocyurus chrysurus*

### Gelbschwanz-Schnapper, Yellowtail Snapper

Familie Lutjanidae

**Merkmale:** Die Grundfarbe ist silbergrau, der Körper langgestreckt mit stark gegabelter Schwanzflosse. Der Rand der Rückenflosse, der Mittelstreifen und die Schwanzflosse sind gelb. Deutlich sind schwachgelbe Punkte oberhalb der Seitenlinie. Dieser Schnapper wird bis 70 cm groß.

**Verwechslung:** Die Art wird oft mit Lippfischen oder Makrelen verwechselt. Zusammen mit dem rosarot gefärbten Königsschnapper (Queen Snapper, *Etelis oculatus*) die einzige Art mit gabelförmiger Schwanzflosse. Außerdem ist er schlanker als die anderen Schnapper-Arten.

**Lebensraum:** Die Fische leben meist im Flachwasser bis 20 m Tiefe.

**Besonderheiten:** Dieser Fisch jagt oft zusammen mit Zackenbarschen, Muränen etc. Dieses Verhalten, das auch andere Raubfische wie Zackenbarsche, Makrelen, Grunzer, Schweinslippfische etc. aufweisen, ist im Riff häufig zu beobachten. Dazu sollte man vor allem bei beginnender Dämmerung ins Wasser gehen, denn dann beginnen die Schlangenaale und Muränen mit ihrer Jagd nach kleinen Fischen. Sie schauen dabei in jedes Loch und jagen so manchen Fisch an anderer Stelle aus seinem Versteck, soweit er einen „Notausgang" findet. Dort warten dann die Begleiter und sind so die Nutznießer der Nahrungssuche eines anderen Räubers, ohne selbst allzu viel dafür tun zu müssen. Auf Seite 200/201 sieht man eine solche Fressgemeinschaft in Aktion. Der zentrale Jäger ist hier ein Weißgefleckter Schlangenaal (*Myrichthys breviceps*), der gerade mit dem Kopf in einem Loch steckt, wo er einen Beutefisch vermutet.

## *Haemulon sciurus*

### Blaustreifen-Grunzer, Bluestriped Grunt (Foto oben)

Familie Haemulidae

**Merkmale:** Die Körpergrundfarbe ist gelb mit blauen Längsstreifen, die schwarz begrenzt sind. Der hintere Teil der Rückenflosse und die Schwanzflosse sind schwarz. Die Art wird bis 40 cm groß.

**Verwechslung:** Bei *H. carbonarium* ist auch die Afterflosse dunkel.

**Lebensraum:** Diese Grunzer kommen vom Flachwasser bis in 15 m Tiefe vor. Sie sind einzeln oder in kleineren Schwärmen im Riff unterwegs.

**Besonderheiten:** Die Fische halten sich gerne unter Unterständen, wie Wracks, Riffüberhängen etc. auf.

## *Haemulon album*

### Silber-Grunzer, White Margate (Foto unten)

Familie Haemulidae

**Merkmale:** Die Grundfarbe ist silbergrau, die hintere Rückenflosse und die Schwanzflosse sind schwarz. Auffallend ist der hohe Rücken. Die Art erreicht bis 60 cm Größe.

**Verwechslung:** *Haemulon parra* hat auffällig dunkel gefleckte Schuppen.

**Lebensraum:** Diese Art lebt überall im Riff und über den Sand- und Schuttflächen dazwischen. Man sieht sie bis in 15 m Tiefe.

**Besonderheiten:** Die Fische sind meist einzeln unterwegs, seltener in kleinen Gruppen.

## *Haemulon flavolineatum*

### Franzosen-Grunzer, French Grunt

(Foto oben)

Familie Haemulidae

**Merkmale:** Die Grundfarbe ist silbrig weiß bis bläulich, darauf fallen viele gelbe Längsstreifen auf, die unregelmäßig gemustert verlaufen. Die Flossen sind gelb. Der Fisch wird bis 25 cm lang.
**Verwechslung:** *H. chrysargyreum* hat nur wenige, geradlinig verlaufende gelbe Streifen.
**Lebensraum:** Die Tiere leben überall im Riff bis in 20 m Tiefe.
**Besonderheiten:** Es kommen sowohl Einzelgänger als auch große Schwärme vor.

## *Haemulon chrysargyreum*

### Gelbstreifen-Grunzer, Smallmouth Grunt (Foto unten)

Familie Haemulidae

**Merkmale:** Auf silbergrauem bis bläulichem Grund befinden sich mehrere gelbe, geradlinig verlaufende Streifen. Das Maul ist auffallend klein. Die Art wird bis 25 cm groß.
**Verwechslung:** Siehe Beschreibung der vorigen Art.
**Lebensraum:** Diese Grunzer leben stets im flacheren Wasser bis etwa 15 m Tiefe. Meist sieht man sie in Schwärmen im Schutz von Korallenstöcken langsam hin und her schwimmen.

## *Anisotremus virginicus*
## Schweinsgrunzer, Porkfish

Familie Haemulidae

**Merkmale:** Die Grundfarbe ist silbergrau mit gelber Beflossung und gelben Längslinien auf dem Körper. Hinter dem Kiemendeckel und übers Auge verlaufen dicke schwarze Striche. Der Körper ist auffallend hochrückig. Der Fisch wird bis 35 cm lang.
**Verwechslung:** Es gibt keine Verwechslungsmöglichkeit.
**Lebensraum:** Diese Art kommt oft in Schwärmen im Schutz von erhabenen Geländeformationen, Wracks etc. vor, aber auch einzeln im Riff. Nur in den Florida Keys ist sie häufig. Man entdeckt sie bis in 20 m Tiefe.
**Besonderheiten:** Die Jugendform sieht völlig anders aus: Der Kopf ist zitronengelb, der Körper grau. Auffallend sind zwei schmale Längsstreifen auf dem Körper und ein schwarzer Punkt auf der Schwanzflossenwurzel. Noch jüngere Exemplare besitzen ebenfalls einen gelben Kopf, aber nur einen blassen schwarzen Streifen längs der Körpermitte und ebenfalls den auffälligen Punkt an der Wurzel der Schwanzflosse. Da man sich früher kaum vorstellen konnte, dass Fische mit dem Erwachsenwerden ihre Färbung so drastisch ändern können, hielt man die Jugendformen häufig für andere Fischarten.
**Aquarium:** Die Jugendformen sind in den USA beliebte Aquarienfische. Sie betätigen sich auch als Putzerfische. Man fragt sich aber, was man mit den Fischen macht, wenn sie heranwachsen (bis 35 cm). Aus diesem Grund werden sie selten nach Europa eingeführt.

## *Anisotremus surinamensis*
### Surinam-Grunzer, Black Margate

Familie Haemulidae (Foto oben)

**Merkmale:** Typisch ist ein silbergrauer, hochrückiger Körper mit deutlich sichtbaren, dunkel hervorgehobenen Schuppen. Die Flossen sind schwarz, ein breites schwarzes Querband erstreckt sich von den Brustflossen bis kurz vor den Rücken. Dieser Grunzer wird bis 60 cm groß.

**Verwechslung:** Die Färbung ist eindeutig.
**Lebensraum:** Wie alle Schnapper und Grunzer lebt diese Art stets im Schutz von Geländeformationen, Korallenstöcken etc. Sie schwimmt häufig in kleinen Gruppen. Man sieht sie bis in 20 m Tiefe.

## *Calamus bajonado*
### Dickkopf-Brasse, Jolthead Porgy

Familie Sparidae (Foto links)

**Merkmale:** Die Körpergrundfarbe ist silbrig grau bis grau, die Brustflosse besonders lang. Der Fisch ist hochrückig. Seine Lippen sind dick. Er wird bis 60 cm lang.
**Verwechslung:** Es gibt mehrere ähnliche Arten, die aber stets besondere Farb- oder Zeichnungsmerkmale aufweisen.
**Lebensraum:** Überall im Riff oder über Sandflächen, Geröll etc. sieht man diese Art bis in 50 m Tiefe.
**Besonderheiten:** Diese Brasse ist ausgesprochen neugierig, aber eher selten.

## *Gerres cinereus*

## Gelbflossen-Silberling, Yellowfin Mojarra

Familie Gerreidae

**Merkmale:** Die Körpergrundfarbe ist silbrig, die Schwanzflosse ist stark gegabelt. Flossen durchsichtig bis dunkelgrau, lediglich die Bauchflossen sind schwach gelb. Die Fische werden bis 30 cm groß.

**Verwechslung:** Es handelt sich um die einzige Silberling-Art mit gelber Bauchflosse. Typisch für diese Gruppe von „Mojarras" sind die kräftigen Stacheln der Rücken- und Afterflosse. Noch zwei andere Arten gehören in diese Gruppe: Der Irische Silberling (Irish Pompano, *Diapterus auratus*), der neben der silbernen Grundfärbung aller Silberlinge als deutliches Erkennungsmerkmal einen dunklen Fleck am hinteren Rand der Rückenflosse hat. Seine Jungtiere schillern violett. Der Gestreifte Silberling (Striped Mojarra, *Diapterus plumieri*) ist am Rücken olivbraun gefärbt und hat dunkle Linien entlang der oberen Schuppenreihen. Bei Alttieren werden außerdem die Flossen dunkel, die Brust- und Afterflossen sogar dunkelorange. Alle drei Arten werden bis zu 35 cm lang. Die weiteren Arten der Gattung unterscheiden sich vor allem durch die viel kürzeren Stacheln (Flossenstrahlen) an der Rücken- und Afterflosse.

**Lebensraum:** Die Art kommt stets einzeln über Sandflächen oder Geröll im Flachwasser bis 15 m Tiefe vor. Silberlinge können ihr Maul extrem weit aufsperren. Dadurch sind sie in der Lage, den Sand nach kleinen Wirbellosen zu durchsuchen.

**Besonderheiten:** Die Färbung ist stimmungsabhängig. Es können deutliche dunkle Querstreifen entstehen. Die vorsichtigen und scheuen Tiere sind immer im gleichen Territorium anzutreffen. Die meisten Silberlinge sind trotz ihrer geringen Größe gute Speisefische.

## *Kyphosus sectatrix*
## Bermuda-Ruderfisch, Bermuda Chub

Familie Kyphosidae

**Merkmale:** Die Grundfarbe ist silbergrau mit deutlich sichtbaren, in Linien angeordneten Schuppen, die Flossen sind schwarz gesäumt. Eine Länge bis 70 cm ist möglich.
**Verwechslung:** Der Gelbe Ruderfisch (Yellow Chub, *Kyphosus incisor*) ist unter Wasser von dieser Art nicht zu unterscheiden. Er hat einen gelb gesäumten, weißlichen Strich unter dem Auge (Bermuda-Ruderfisch: Gelber Strich zieht sich vom Mundwinkel zum Anfang der Kiemen) und kupfergelbe Linien entlang der Schuppenreihen (Bermuda-Ruderfisch: Linien auf den Schuppenreihen gelb).
**Lebensraum:** Die Tiere kommen bis in 30 m Tiefe vor. Meist schwimmen sie in kleineren Schwärmen im Riff, über Sandflächen, Geröll etc.
**Besonderheiten:** Bei Erregung, z.B. an Putzerstationen, bei der Paarung etc. bekommen die Tiere große weiße Flecken auf dem Körper und färben sich insgesamt anthrazit.
Das Fleisch der Ruderfische ist zwar essbar, aber weich und verkocht daher sehr schnell. Im Indischen Ozean und Westpazifk gibt es über 30 Arten Ruderfische, im Westatlantik bzw. in der Karibik nur zwei.

## *Equetus punctatus*
## Tüpfel-Ritterfisch, Spotted Drum

Familie Sciaenidae

**Merkmale:** Der schwarzweiß gebänderte, längliche Körper weist eine auffällige, überdimensional ausgezogene Rückenflosse auf, die im hinteren Bereich schwarzweiß gefleckt ist. Der Fisch wird bis 25 cm lang.

**Verwechslung**: Es handelt sich um die häufigste Art der Karibik. Mehrere weitere Arten, die aber aufgrund der artspezifischen Färbung leicht zu unterscheiden sind. Die Jugendform (kleines Foto rechts) wird gelegentlich für den Jackknife-Fisch (*Equetus lanceolatus*) gehalten. Sie ist schlanker und ihr fehlt die Tüpfelung der hinteren Rückenflosse. Die vordere, auffällig vergrößerte Rückenflosse ist bei *E. punctatus* in allen Stadien stärker fahnenartig nach hinten verlängert.

**Lebensraum:** Diese Art lebt unter Überhängen, in Höhlen oder zwischen Korallenstöcken im Riff bis in Tiefen von ca. 30 m.

**Besonderheiten:** Nachts traut sich der Ritterfisch aus seinem Unterschlupf, um nach Nahrung zu suchen.

**Aquarium:** Dieser Fisch eignet sich nur für geräumige Aquarien mit Unterständen, unter denen er sich verstecken kann. Die Art ist gut haltbar.

## *Mulloidichthys martinicus*
### Gelbe Meerbarbe, Yellow Goatfish

Familie Mullidae

**Merkmale:** Charakteristisch sind die beiden deutlich sichtbaren Barteln am Unterkiefer. Die Grundfarbe ist weißgrau bis schwach rötlich. Ein Längsstreifen in der Körpermitte und die Schwanzflosse sind gelb. Der Fisch wird bis 30 cm lang.

**Verwechslung:** Es gibt keine Verwechslungsmöglichkeit.

**Lebensraum:** Überall im Riff, besonders aber wo Sandflächen auftreten, sieht man diese Art bis in 70 m Tiefe.

**Besonderheiten:** Dieser Fisch gräbt mit seinen Barteln als Sensoren im Sandgrund nach Nahrung. Er ist häufig auch im Schwarm unterwegs.

*Die Gelbe Meerbarbe ist nachts völlig anders gefärbt.*

## *Pseudupeneus maculatus*

### Gefleckte Meerbarbe, Spotted Goatfish

Familie Mullidae

**Merkmale:** Die Grundfarbe ist weißlich bis rötlich mit drei großen schwarzen Flecken auf der Körperseite. Die Färbung wechselt aber auch plötzlich auf rot gesprenkelt um (vor allem nachts). Eine Größe bis 25 cm wird erreicht.

**Verwechslung:** *Mullus auratus* hat rötliche Streifen in der Rückenflosse. Diese Art ist eher selten.

**Lebensraum:** Die Fische leben meist über oder auf Sandflächen im Riff bis in 20 m Tiefe.

**Besonderheiten:** Diese Art gräbt wie alle Meerbarben im Sand und Schlamm nach Fressbarem. Häufig sind die Fische auch in kleinen Gruppen unterwegs, selten aber mehr als fünf bis sechs Exemplare auf einmal, die Gelbe Meerbarbe dagegen (siehe Seite 267) kommt dagegen immer in größeren Gruppen vor.

Die Gefleckte Meerbarbe ist nur in ihrer aktiven Phase so wie auf dem Foto oben zu sehen. Ruht sie, vor allem natürlich nachts, verliert sie die auffälligen schwarzen Flecken und zeigt ziegelrote bis braune unregelmäßige Flecken auf hellem Grund (ähnlich Nachtfärbung der Gelben Meerbarbe, Seite 267).

## *Bothus lunatus*

### Pfauen-Butt, Peacock Flounder

Familie Bothidae (Foto oben)

**Merkmale:** Typisch ist ein ovaler, platter Körper mit blauen Ringen und dunklen und hellen Flecken. Die Brustflosse des Pfauen-Butts ist lang und spitz ausgezogen, aber normalerweise flach angelegt. Die Augen sitzen schräg oben. Die Fische werden bis über 40 cm lang.

**Verwechslung:** Alle anderen Plattfische der Karibik zeigen keine blauen Kringel.

**Lebensraum:** Normalerweise lebt dieser Butt auf Sandgrund. Auch im Riff ist er an sandigen Stellen oder flachen Geröllhalden zu finden. Meist lebt er im flachen Wasser, selten bis maximal 20 m Tiefe.

**Besonderheiten:** Diese Fische entdeckt man häufig erst, wenn man sie versehentlich vom Boden aufscheucht. Sie können sich in Sekundenschnelle dem Untergrund perfekt anpassen.

**Aquarium:** Nur für große Aquarien.

## *Syacium micrurum*

### Länglicher Butt, Channel Flounder

Familie Bothidae (Foto unten)

**Merkmale**: Der Körper ist eher länglich oval mit feiner, sandfarbener Sprenkelung und dunkleren Flecken bzw. Kringeln. Die Augen stehen dichter zusammen als bei anderen Arten. Die Fische werden bis 15 cm groß.

**Verwechslung:** Der Augen-Butt, *Bothus ocellatus*, der im gleichen Gebiet vorkommt, hat einen kreisrunden Körper.

**Lebensraum:** Der Längliche Butt lebt meist im Flachwasser auf Sandgrund oder feinem Geröll. Seltener kommt er in flacheren Riffteilen bis 20 m Tiefe vor.

## *Opistognathus aurifrons*

### Brunnenbauer, Goldstirn-Kieferfisch, Yellowhead Yawfish

Familie Opistognathidae

**Merkmale:** Der Körper ist bläulich weiß, der Kopf gelb, die Augen schwarz und gelb umrandet. Die Art wird bis 10 cm lang.

**Verwechslung:** Alle anderen *Opistognathus*-Arten haben eine deutliche Körperzeichnung.

**Lebensraum:** Die Art lebt bereits im Flachwasser bis 20 m Tiefe auf Schuttböden.

**Besonderheiten:** Die Tiere bauen Röhren im Korallenschutt, über denen sie schweben und in die sie sich bei Annäherung zurückziehen. Die Männchen brüten die relativ großen Eier im Maul aus.

**Aquarium:** Die Fische sind gut haltbar, brauchen aber genügend tiefen Bodengrund zum Bau ihrer Wohnröhren. Feiner Korallen- oder Diatomeensand ist ungeeignet, da der Brunnenbauer seine Wohnhöhlen mit gröberen, Korallenbrocken, Muschelschalen etc. regelrecht ausmauert. Daher muss immer ein Vorrat an gröberem Material vorhanden sein. Gefüttert wird mit Frostfutter (Mysis, Artemia etc.).

Man kann zwei Wochen jeden Tag an einer bestimmten Stelle tauchen, ohne einen einzigen Brunnenbauer zu Gesicht zu bekommen. Das liegt daran, dass sich die Tiere sofort zurückziehen, wenn sich ein Taucher nähert. Es dauert dann eine ganze Weile, bis sich der Fisch wieder heraustraut. Wenn man sich dann vorsichtig „heranschleicht", kommt man dennoch zu guten Fotos. Am sichersten ist es, nach der Öffnung der Wohnröhre zu suchen, die man an kleinen Häufchen von Korallenbruch erkennt, die scheinbar wahllos aufgehäuft wurden. Beim Zurückziehen in seine Wohnröhre nimmt der Brunnenbauer oft einen Stein mit und verschließt damit das Loch der Wohnröhre von innen.

## *Scorpaena plumieri*

## Gebänderter Drachenkopf, Spotted Scorpionfish

Familie Scorpaenidae

**Merkmale:** Typisch ist ein kurzer, gedrungener Körper mit breitem Maul. Überall sieht man Fransen und verzweigte Anhängsel. Die Färbung ist variabel, die Tiere sind aber stets gut getarnt. Die Schwanzflosse zeigt drei dunkle Bänder, die Brustflossen sind weinrot mit schwarzer Basis und weißen Sprenkeln. Diese Fische werden bis 40 cm lang.

**Verwechslung:** Es ist die einzige Art mit drei dunklen Bändern an der Schwanzflosse. Außerdem ist sie größer, gedrungener und am stärksten steinfischähnlich.

**Lebensraum:** Die Art lebt stets im Flachwasser bis maximal 25 m Tiefe. Dort entdeckt man sie überall zwischen oder auf Steinen, Korallen etc. Seltener lebt sie auf Sand.

**Besonderheiten:** Es handelt sich um die häufigste Art, die aber meist übersehen wird. Nur wenn der Fisch aufgeschreckt wird, zeigt er seine schön gefärbten Brustflossen. Wie alle Scorpaenidae besitzt auch dieser Fisch Giftstacheln an der Rückenflosse und den Kiemendeckeln. Sollte mit einem Skorpionsfisch ein Unfall passieren (Schnorchler und Schwimmer sind gefährdet, aber auch Fischer), so ist sofort ein Arzt aufzusuchen, da im schlimmsten Fall Atemnot bis Herzstillstand vorkommen kann. Eine Notlösung ist die Behandlung des betroffenen Körperteils mit (sehr) heißem Wasser, da das Gift aller Scorpaenidae dadurch denaturiert werden kann (Eiweißgift). Diese Methode kann man aber nur im äußersten Notfall anwenden.

**Aquarium:** Nur für Aquarien mit erheblich größeren Fischen ist diese Art geeignet. Gefressen wird zunächst nur Lebendfutter. Nach einiger Zeit kann man die Fische aber an totes Futter gewöhnen. Schließlich wird alles gefressen, was auf die Wasseroberfläche geworfen wird, selbst Futtertabletten.

## *Antennarius multiocellatus*

### Augenfleck-Anglerfisch, Froschfisch, Longlure Frogfish

Familie Antennariidae

**Merkmale:** Typisch sind ein kurzer, gedrungener Körper, ein tief gespaltenes Maul und schmale Flossen. Die Grundfarbe variiert je nach Untergrund. Gelegentlich gut sichtbar sind Augenflecken, vor allem an der Schwanzflosse. Sonst wechselt die Farbe von braun bis gelb und rosa mit Flecken und Streifen. Auf der Stirn befindet sich ein stielartiger Auswuchs (Flossenstrahl), der Angel genannt und zum Anlocken von kleinen Fischen benutzt wird. Die Gesamtlänge erreicht bis 15 cm.

**Verwechslung:** Der Froschfisch ist die häufigste karibische Art der Anglerfische und die einzige Art, die überall in der Karibik vorkommt.

**Lebensraum:** Diese Art kommt überall im Riff vor. Sie wird regelmäßig übersehen, da die Tarnung perfekt ist und das Tier sich praktisch nicht bewegt.

**Besonderheiten:** Der Fisch ist ein Ansitzjäger, der geduldig wartet, bis ein Opfer sich für seine Angel interessiert, und dann zuschnappt.

**Aquarium:** Die beschriebene Art ist nur für Aquarien mit deutlich größeren Bewohnern sinnvoll. Denn trotz der relativ geringen Größe kann der Anglerfisch enorm große Beutetiere verschlingen. Es genügt, wenn man das Tier alle paar Tage mit einem Futterfisch gezielt füttert. Sie gewöhnen sich mit der Zeit auch an tote Nahrung, solange sie ihnen nur nahe genug vor dem Maul herumschwimmt.

## *Chaetodon striatus*
### Gestreifter Falterfisch, Banded Butterflyfish

Familie Chaetodontidae

**Merkmale:** Die Grundfarbe des Körpers ist silbrig weiß mit feiner schwarzer Längslinienzeichnung und drei schwarzen Querbinden, eine davon über dem Auge verlaufend. Rücken-, After- und Schwanzflosse tragen ebenfalls ein schwarzes Band. Die Fische werden bis 15 cm lang.

**Verwechslung:** Die Jungtiere von *C. ocellatus* haben ebenfalls eine ähnliche Querbänderung, aber zusätzlich einen großen, weiß gerandeten Augenfleck auf der Schwanzwurzel.

**Lebensraum:** Vom Flachwasser bis in 20 m Tiefe sieht man diese Art. Häufig sind die Fische paarweise im Riff unterwegs.

**Besonderheiten:** Die Jugendform hat einen weiß gerandeten Augenfleck am Ende der Rückenflosse.

## *Chaetodon ocellatus*
### Flossenfleck-Falterfisch, Spotfin Butterflyfish

Familie Chaetodontidae

**Merkmale:** Die Grundfarbe ist weiß, die Flossen gelb, eine schwarze Binde verläuft quer übers Auge. Ein kleiner schwarzer Fleck befindet sich am hinteren Außenrand der Rückenflosse. Kurz davor sitzt manchmal ein dunkler Fleck. Die Art wird bis 20 cm lang.

**Verwechslung**: Die Farbgebung des Flossenfleck-Falterfischs ist eindeutig.

**Lebensraum:** Überall im Riff vom Flachwasser bis in 20 m Tiefe sieht man diese Fische. Meist sind sie paarweise unterwegs.

**Besonderheiten:** Kurioserweise ist die beschriebene Art trotz des Artnamens *ocellatus* die einzige Art, die weder in der Adult- noch in der Jugendform einen Augenfleck aufweist. Jungtiere besitzen ein zweites schwarzes Querband am Körperende.

## *Chaetodon capistratus*

### Vieraugen-Falterfisch, Foureye Butterflyfish

Familie Chaetodontidae

**Merkmale:** Die Grundfarbe ist gelblich grau, Flossen und Schnauze sind stärker gelblich gefärbt. Diagonal verläuft eine schwarze Streifenzeichnung auf dem Körper, ein auffälliger schwarzer Punkt mit weißer Begrenzung sitzt am Ende der Körpermitte. Auffällig ist auch ein dunkles, hell begrenztes Querband über dem Auge. Die Art wird bis 15 cm groß.

**Verwechslung:** Die Zeichnung der Alttiere ist eindeutig. Die Jugendformen können eher verwechselt werden.

**Lebensraum:** Die Tiere leben überall im Riff bis 20 m Tiefe. Meist treten sie paarweise auf.

**Besonderheiten:** Diese Art ist nach ihrer Jugendform benannt, die außer drei dunklen Querbändern einen weiteren Augenfleck aufweist (Vieraugen-Falterfisch). Halbwüchsigen fehlt dieser zusätzliche Fleck. Alle Falterfische haben ein massives, geradezu gepanzertes Kopfskelett. Im Indopazifik kommen über 120 Arten vor, in der Karibik gerade mal sechs.

Der Grund für die bei Falterfischen (und anderen Fischen) häufig vorkommenden Augenflecken hat für viele Spekulationen gesorgt. Die einleuchtendste Erklärung hierfür scheint der Umstand zu sein, dass sich Räuber stets am Auge orientieren. Dieses ist normalerweise vorne. Manche Räuber drehen falsch herum gefangene Fische sogar mühevoll herum, wobei etliche wieder entkommen. Da fast alle Fische ihre Augenflecken nicht vorne haben, soll der Räuber damit in die Irre geführt werden. Bei den Falterfischen schützen sich gerade die besonders bedrohten Jugendformen mit solchen Flecken. Wir drücken die Daumen, dass es ihnen hilft.

## *Chaetodon aculeatus*

### Karibik-Pinzettfisch, Longsnout Butterflyfish

Familie Chaetodontidae

**Merkmale:** Die Grundfarbe ist grauweiß, der Körper von oben her dunkelbraun überhaucht, ab der Körpermitte in gelbbraune Farbe übergehend. Eine gelbe Streifenzeichnung ist um das Auge angeordnet. Auffällig sind lange Rückenflossenstacheln und eine lange, dünne Schnauze. Dieser Pinzettfisch wird bis 10 cm lang.

**Verwechslung:** Es handelt sich um die einzige Pinzettfischart der Karibik.

**Lebensraum:** Die Karibik-Pinzettfische leben ab etwa 10 m Tiefe bis über 50 m. Stets sind sie dicht am Riff unterwegs. Offene Stellen werden gemieden. Meist kommen sie einzeln vor.

**Besonderheiten:** Die Art kommt eher selten vor. Die Tiere sind zwar standorttreu, bewegen sich aber innerhalb ihres relativ großen Gebietes ständig hin und her. Daher entsteht für den Taucher oft der Eindruck, mehrere Exemplare entdeckt zu haben. In Wirklichkeit handelt es sich um denselben Fisch.

**Aquarium:** Die Falterfische sind beliebte Aquarienfische. Leider sind einige Arten äußerst schwierig zu ernähren. Daher macht es überhaupt keinen Sinn, gerade solche Arten halten zu wollen. Inzwischen werden in Deutschland nur noch wenige Arten eingeführt, die sich als problemlos herausgestellt haben. Empfindlich sind sie aber alle, daher eignen sie sich nur für erfahrene Aquarianer.

Der Karibik-Pinzettfisch gehört mit Sicherheit in die Kategorie „Finger weg“, denn erstens ist er ein extremer Nahrungsspezialist und zweitens ist er relativ selten. Viele Falterfischarten sind daher auch geschützt und dürfen weder gefangen noch eingeführt werden.

## *Pomacanthus paru*

### Franzosen-Kaiserfisch, French Angelfish

Familie Pomacanthidae

**Merkmale:** Typisch ist die schwarze, ovale Körperscheibe mit weißer Schnauze, grauer Gesichtsmaske und gelben Schuppenrändern. Rücken- und Afterflosse sind spitz ausgezogen, die Schwanzflosse oval abgerundet. Der Fisch wird bis 50 cm groß.

**Verwechslung:** *P. arcuatus*, ist eher grau, ohne gelbe Schuppenränder und mit einer gerade endenden Schwanzflosse.

**Lebensraum:** Es handelt sich um Riffbewohner bis 40 m Tiefe, meist entdeckt man sie schon im Flachwasser. Häufig sieht man sie paarweise.

**Besonderheiten:** Die Jungtiere aller Kaiserfische sind völlig anders gefärbt als ihre Eltern (Foto rechts: Jungtier von *P. paru*). So ist es ihnen möglich, im Revier der Eltern zu leben, die sonst keine Artgenossen (außer dem Partner) dulden. Halbwüchsige ähneln zwar den Eltern schon deutlich, haben aber verhältnismäßig große Brust- und Afterflossen und noch Reste der Streifen der Jugendform auf dem Körper.

**Aquarium:** Für Liebhaberaquarien ist diese Art viel zu groß. Außerdem sind diese Fische Nahrungsspezialisten.

## *Pomacanthus arcuatus*
## Grauer Kaiserfisch, Grey Angelfish

Familie Pomacanthidae

**Merkmale:** Die Grundfarbe der Körperscheibe und der Flossen ist grau. Die Schnauze ist weiß. Die Schuppen haben einen schwarzen Fleck. Der Schwanzflossenhinterrand ist gerade. Die Fische werden bis 60 cm lang.

**Verwechslung:** Alte Tiere von *Pomacanthus paru* (siehe Foto links oben) können von weitem mit ebenfalls erwachsenen Tieren dieser Art verwechselt werden. *P. arcuatus* fehlt aber jeglicher Gelbanteil bei der Färbung, während *P. paru* mindestens noch gelbe Ränder an den Schuppen aufweist. Die Jugendformen allerdings kann man nur bei näherem Hinsehen unterscheiden. Man achte auf die Schwanzflosse von kleinen Jungtieren, die bei *P. paru* gelb umrandet (siehe Foto links), bei *P. arcuatus* mit zwei schwarzen Flecken versehen ist, die am Schwanzende ohne gelben oder mit einem weißen Rand enden. Außerdem hat *P. paru* in der juvenilen form einen dunklen Fleck am Unterkiefer, der bei der von *P. arcuatus* fehlt.

**Lebensraum:** Bei der beschriebenen Art handelt es sich um einen Riffbewohner, der sich gerne zwischen großen Schwämmen, an Riffüberhängen oder nahe großer Korallenstöcke aufhält. Auch Wracks werden als Unterschlupf angenommen.

**Besonderheiten:** Wie viele Kaiserfische ist auch diese Art neugierig, wenn sich Taucher nähern. Die Jungfische dieser Art ähneln der vorigen Art verblüffend.

**Aquarium:** Die Fische sind für die Haltung ungeeignet, da sie Nahrungsspezialisten sind (Schwämme etc.). Zum Glück werden aus der Karibik praktisch keine Arten eingeführt.

## *Holacanthus ciliaris*

### Diadem-Kaiserfisch, Queen Angelfish

Familie Pomacanthidae

**Merkmale:** Die Körpergrundfarbe ist gelb. Schnauze, Flossenränder und Maulregion sind leuchtend blau. Auffällig ist ein dunkelblauer Fleck mit leuchtendblauer Umrandung auf der Stirn. Der Schwanz ist gelb. Die Art wird bis 40 cm groß.

**Verwechslung:** *H. bermudensis* ist erheblich farbloser und besitzt keine gelbe Schwanzflosse. Anscheinend gibt es Kreuzungen aus beiden Arten, deren Unterscheidung dann schwierig wird.

Berichte über eine weitere Art im Gebiet der Florida Keys und der Bahamas („Townsend Angelfish") sind auf diese Besonderheit zurückzuführen. Solche Kreuzungen sind sehr variabel, d.h. sie können Farbanteile beider Arten in unterschiedlichster Ausprägung aufweisen. Die Jugendformen beider Arten sind sich so ähnlich, dass sie ebenfalls kaum unterschieden werden können. Sicherstes Unterscheidungsmerkmal: Die hintere Spitze der Afterflosse von *Holacanthus bermudensis* hat ein gelbes, dunkel bzw. blau gesäumtes Dreieck, das bei der Jugendform von *H. ciliaris* fehlt (dunkel gefärbt). Unter Wasser wird man diese geringen Unterschiede kaum sicher feststellen können, zumal es wie bei allen Kaiserfischen während des Heranwachsens der Jungtiere reichlich unterschiedlich gefärbte Zwischenformen gibt.

**Lebensraum:** Dieser Fisch ist ein typischer Bewohner des Riffs bis ca. 40 m Tiefe. Oft schwimmen sie paarweise oder in kleinen Gruppen.

**Besonderheiten:** Die Jugendform weist leuchtend blaue, senkrechte Streifen am Körper auf und ist ab der Körpermitte nach hinten dunkel gefärbt. Die Schnauze ist gelb.

## *Holacanthus tricolor*

## Dreifarben-Kaiserfisch, Felsenschönheit, Rock Beauty

Familie Pomacanthidae

**Merkmale:** Die Schnauze ist blau oder schwarz, der vordere Kopfbereich bis Brustflosse, Schwanz und Flossenränder gelb, die Körpermitte schwarz gefärbt. Der Fisch wird bis 30 cm lang.

**Verwechslung:** Es gibt keine Verwechslungsmöglichkeit. Diese Art kommt auch in Nord- und Südamerika vor, ist dort aber nicht so satt gefärbt.

**Lebensraum:** Die Art kommt überall im Riff vor, bis ins Flachwasser des Riffdachs.

**Besonderheiten:** Die Jugendform ist zunächst gelb mit einem blauem Fleck in der hinteren Körperhälfte, der bei älteren Tieren langsam schwarz wird.

Kleinste Art der Karibik (und Nord- bzw. Südamerikas). Wie alle Kaiserfische bilden auch die Rock Beautys Reviere, die sie verteidigen. Auch Artgenossen werden vertrieben. Lediglich ein oder mehrere Weibchen leben hier mit einem Männchen zusammen. Jungtiere können in diesem Revier nur deshalb einige Zeit leben, da sie völlig anders gefärbt sind. Sobald die Umfärbung beginnt, werden sie gnadenlos verjagt. Dieses Verhalten findet man bei den meisten Kaiserfischen weltweit in tropischen Meeren.

**Aquarium:** Die Art ist wie die meisten Kaiserfische ein Nahrungsspezialist, die fast ausschließlich von bestimmten Schwämmen lebt. Dennoch werden sie manchmal in Aquarien gehalten, wo sie sich an verschiedenen Wirbellosen vergreifen und sehr unverträglich sind. Zum Glück werden sie daher nicht nach Deutschland eingeführt.

## *Clepticus parrai*

### Kreolen-Lippfisch, Creole Wrasse

Familie Labridae

**Merkmale:** Der Körper ist violett bis pink, auffallend ist ein schwarzer Fleck auf der Schnauze und an der Brustflossenwurzel. Ältere Männchen werden zunehmend fleckiger und zeigen Gelbanteile, vor allem auf der hinteren Körperhälfte. Die Fische werden bis 30 cm groß.

**Verwechslung:** Es gibt keine Verwechslungsmöglichkeit.

**Lebensraum:** Diese Fische sieht man ab etwa 10 m Tiefe bis 25 m; stets sind sie in Gruppen oder Schwärmen unterwegs.

**Besonderheiten:** Unter Wasser wirken die Tiere tiefblau bis dunkelviolett. Kurz vor der Dämmerung bilden sie große Schwärme, die rastlos am Riff auf und ab schwimmen. Dies hängt auch mit der Vermehrung zusammen, denn zu dieser Zeit findet normalerweise auch die Paarung statt. Von richtiger „Paarung" kann man hier allerdings nicht sprechen, da diese Lippfische wie viele andere Rifffische Freilaicher sind. Das bedeutet, dass sie Spermien und Eier frei ins Wasser entlassen. Dies muss gleichzeitig geschehen, damit eine sichere Befruchtung gewährleistet ist. Es lohnt sich, die Schwärme in der Dämmerung länger zu beobachten. Mit etwas Glück kann man dann das Ablaichen sogar beobachten.

In diesen Schwärmen kann man auch leicht die verschiedenen Phasen der Entwicklung sehen. So schwimmen die dominanten älteren Männchen (vorne dunkel, hinten gelb bis rötlich, insgesamt fleckig) stets voran oder bedrängen Weibchen und jüngere Tiere. Die noch geschlechtlich unbestimmten Tiere sind meist einfarbig blasslila (unter Wasser blau), während die kleineren Jungtiere am Rücken entlang mehrere dunkle Flecken oder Bänder aufweisen.

## *Bodianus rufus*

### Spanischer Schweinslippfisch, Spanish Hogfish

Familie Labridae

**Merkmale:** Die vordere obere Körperhälfte ist dunkel graublau bis violett, die hintere Körperhälfte gelb. Jungtiere zeigen diese Färbung extrem scharf abgegrenzt. Die Farbe der vorderen Hälfte kann je nach Herkunft und Alter variieren. Eine Größe bis 60 cm wird erreicht.

**Verwechslung:** Es gibt keine Verwechslungsmöglichkeit. Der Kuba-Schweinslippfisch *Bodianus pulchellus* ist in seiner Adultform vorne leuchtend rot und hinten gelb gefärbt. Die Jugendform ist vollständig gelb und wird nach einiger Zeit vorne blauschwarz. Sie bleibt mit maximal 20 cm erheblich kleiner. Sie kommt in Florida häufiger vor, in der Karibik eher selten.

**Lebensraum:** Die Art kommt vom Flachwasser bis etwa 30 m Tiefe vor.

**Besonderheiten:** Die Jugendform betätigt sich als fleißiger Putzerfisch. Zu diesem Zeitpunkt sind die Schweinslippfische etwa 5 bis 15 cm groß und charakteristisch gefärbt. Der Vorderteil des Tieres ist tiefrot oder violett, der hintere Teil gelb, jeweils scharf abgegrenzt. Lediglich die Mundpartie ist ebenfalls gelb. Zusammen mit anderen Putzern (Garnelen, Putzergrundeln etc.) reinigen sie vor allem größere Rifffische von Hautresten, Parasiten usw. Auf Seite 237 sieht man einen jungen Spanischen Schweinslippfisch zusammen mit einer Putzergrundel bei der Arbeit. Alttiere schwimmen oft in Gesellschaft anderer Raubfische (Makrelen, Muränen etc.) auf Nahrungssuche durchs Riff (siehe Foto Seite 200/201).

## *Halichoeres garnoti*
### Gelbkopf-Junker, Yellowhead Wrasse

Familie Labridae

**Merkmale:**
Supermale: Die vordere obere Körperhälfte ist leuchtend gelb bis blassgelb, die hintere Hälfte grünlich. Ein schwarzes Band zieht sich waagerecht von der Schwanzflosse zur Körpermitte und knickt dort rechtwinklig nach unten ab. Zwei dünne schwarze Linien und viele Pünktchen um Augen und Kopf fallen auf. Die Fische werden bis 15 cm groß (siehe Foto oben).

Adult: Die Tiere sind oben dunkellila bis graugrün, unten gelb. Sie zeigen die gleichen schwarzen Linien und Pünktchen wie Supermale. Sie werden bis 10 cm lang.
Juvenil: Die Jungfische sind gelb mit blauem Mittelstreifen, der dunkel begrenzt ist. Sie werden bis 5 cm lang (siehe Foto links).

**Verwechslung:** Es gibt keine Verwechslungsmöglichkeit.

**Lebensraum:** Diese Art lebt vom Flachwasser bis in etwa 15 m Tiefe.

**Besonderheiten:** Dieser Fisch schwimmt pausenlos hektisch umher, was Unterwasser-Fotografen wahnsinnig machen kann.

**Aquarium:** Die Art braucht weichen, tiefen Bodengrund, um sich nachts einzugraben. Sie pickt überall herum.

## *Halichoeres radiatus*

### Pudding-Junker, Puddingwife

Familie Labridae

**Merkmale:**
Supermale: Die Färbung ist graugrün mit schwacher heller Binde in der Körpermitte. Die Stirn hat eine bläuliche Linienzeichnung. Eine Größe bis 45 cm wird erreicht.
Adult: Die Farbe ist graugrün mit mehreren weißen Flecken am Rücken (siehe Foto oben). Sonst gleicht das Aussehen den Supermales.
Juvenil: Die Grundfarbe ist gelb mit vielen blauen Linien oder Punkten und je nach Alter mehreren schwarzen Flecken am Rücken. Eine Länge bis 8 cm ist möglich.

**Verwechslung:** Die Jugendform wurde früher, wie die Farbformen vieler Lippfische, für eine eigene Art gehalten.

**Lebensraum:** Vom Flachwasser bis in etwa 15 m Tiefe kommt diese Art vor.

**Besonderheiten:** Der Pudding-Junker ist ständig rastlos im Riff unterwegs. Lippfische haben die Eigenart, besonders durch Einsatz der Brustflossen zu schwimmen. Dies bewirkt einen eigenartigen Schwimmstil, der den Eindruck vermittelt, sie würden mehr durchs Riff gezogen als von den Flossen vorangetrieben. Die meisten Arten schwimmen nicht im Schwarm, sondern eher einzeln oder in kleinen Gruppen.

Die verschiedenen Entwicklungsformen bedeuten auch Unterschiede im Paarungsverhalten. So paaren sich die Zwischenformen in großen Gruppen oder im Schwarm, während die „Supermales“ (terminale Phase, Endform) paarweise laichen. Dazu kommt noch die Möglichkeit, das Geschlecht zu wechseln. So können Weibchen z. B. zu Supermales werden. Kein Wunder, dass man bei dieser Vielfalt Schwierigkeiten bei der Bestimmung der Arten hat.

## *Thallasoma bifasciatum*
### Blaukopf-Junker, Bluehead Wrasse

Familie Labridae

**Merkmale:**
Supermale: Der Kopf ist blau oder blaugrün, dann folgt ein schwarzes, dann ein weißes und wieder ein schwarzes senkrechtes Band, dahinter ist das Tier grünlich bis zur Schwanzflosse. Der Fisch wird bis 15 cm groß (siehe Foto unten).
Adult: Die Körpergrundfarbe ist blass mit mehreren senkrechten schwarzen Bändern, die durch helle Bänder getrennt sind. Eine Länge bis 10 cm wird erreicht.
Juvenil: Die Jungfische sind goldgelb mit hellerem Bauch. Alle drei Formen haben einen schwarzen Fleck am Beginn der Rückenflosse (siehe Foto oben).

**Verwechslung:** Form und Verhalten sind bei der beschriebenen wie bei der vorigen Art. Durch die Färbung ist der Fisch aber unverwechselbar.

**Lebensraum:** Vom Flachwasser bis in etwa 15 m Tiefe sieht man diesen Fisch.

**Besonderheiten:** Der Blaukopf-Junker schwimmt pausenlos hektisch umher, was Unterwasser-Fotografen die Arbeit sehr erschwert. Die Jungtiere sind stets in kleinen Schwärmen unterwegs.

**Aquarium:** Dieser Fisch braucht weichen, tiefen Bodengrund, um sich nachts einzugraben. Er pickt überall herum.

## *Hemipteronotus novacula*
## Perlen-Schermesserfisch, Pearly Razorfish

Familie Labridae

**Merkmale:**
Männchen: Die Grundfarbe des Perlen-Schermesserfischs ist hellgrün bis bläulich mit blassoranger Linienzeichnung am Kopf. Die Flossen sind blass rötlich und von blauen Linien und Punkten unterbrochen. Gelegentlich sieht man ein bis zwei scharf umgrenzte schwarze Punkte in der Körpermitte. Die Schwanzflosse ist abgerundet. Die Färbung variiert aber stark. Das Männchen wird bis 15 cm lang.
Weibchen: Die Weibchen sind hellgrün mit dunklen senkrechten Bändern. Sie werden bis 12 cm lang.
**Verwechslung:** *H. martinicensis* hat stets einen schwarzen Fleck an der Brustflossenbasis, sein Weibchen zeigt außerdem einen orangefarbenen Flecken auf dem Körper.
*H. novacula* hat sehr kleine, weit oben stehende Augen und wird mehr als doppelt so groß. Die Unterscheidung ist wegen der Farbvarianten und der schnellen Farbwechsel der Tiere oft schwierig.
**Lebensraum:** Diese Art lebt vom Flachwasser bis in 12 m Tiefe. Man sieht sie stets über Sandflächen schwimmend.
**Besonderheiten:** Die Fische graben sich bei Gefahr blitzschnell in den Sand ein.
**Aquarium:** Die Tiere brauchen feinen, tiefen Sand zum Eingraben.

## *Scarus viride*

### Signal-Papageifisch, Stoplight Parrotfish

Familie Scaridae

**Merkmale:**
Supermale: Der Körper ist grün. Typisch sind die maskenartige Zeichnung des Kopfes, der Kiemendeckel mit pinkfarbener Begrenzung und leuchtend gelbem Fleck am oberen Rand sowie zwei halbmondförmige gelbe Flecken an der Schwanzwurzel und Schwanzflosse. Die Tiere werden bis 60 cm groß (siehe Foto oben links).
Adult: Der Körper ist dunkel mit weißen großen Schuppen. Bauch, Rückenflosse und Schwanzflosse sind rotbraun, der Kopf ist weißbraun gefleckt. Signal-Papageifische werden bis 35 cm lang. Es kommt auch eine ähnliche Nachtfärbung vor (siehe Foto oben rechts).
Juvenil: Die Jungtiere sind braun mit weißen Punkten. Sie werden bis 12 cm groß (siehe Foto unten).
**Verwechslung:** Ein Synonym ist *Sparisoma viride.*
**Lebensraum:** Dieser Papageifisch lebt überall im Riff bis in 25 m Tiefe.
**Besonderheiten:** Diese Fische nagen an Korallen und Felsen, um an die aufwachsenden Algen zu gelangen.

## *Scarus vetula*

### Königin-Papageifisch, Queen Parrotfish

Familie Scaridae

**Merkmale:**
Supermale: Die Grundfarbe ist grünlich mit grünen Streifen auf der Schnauze und am Auge. Die Flossen sind jeweils grün und blasslila gestreift. Die Art variiert in den Farben etwas. Sie wird bis 60 cm lang (siehe Foto oben).
Adult: Der Körper ist schwarz mit breitem weißen Mittelstreifen, der Kopf ist heller. Der Fisch wird bis 30 cm lang (siehe Foto rechts).
Juvenil: Jungfische sind blass graugrün, der Bauch ist heller, die Schwanzflosse dunkel. Sie werden bis 15 cm groß.
**Verwechslung:** Supermale wird oft mit S. *taeniopterus* verwechselt. Anhand der typischen Färbung ist aber eine Unterscheidung gut möglich.
**Lebensraum:** Die Tiere leben vom Flachwasser bis in etwa 25 m Tiefe.

**Besonderheiten:** Die Fische sind Algenfresser, die selbst in ganz flache Riffbereiche kommen, um dort Algen von den Korallen etc. abzuweiden.

## *Scarus taeniopterus*

## Prinzessin Papageifisch, Princess Parrotfish

Familie Scaridae

**Merkmale:**
Supermale: Die Grundfarbe ist grünlich. Zwei deutliche grüne Streifen ziehen sich über das Auge, die Schwanzflosse ist oben und unten durch zwei pinkfarbene Streifen begrenzt. Deutlich ist ein heller Längsfleck ab den Kiemendeckeln. Die Art variiert farblich etwas. Sie wird bis 35 cm groß (siehe Foto oben).
Adult: Der Körper ist blassbraun bis beige mit dunkelbraunen Längsstreifen. Die Fische werden bis 20 cm groß.
Juvenil: Der Körper ist hell mit drei schwarzen Längsstreifen (siehe Foto links unten).
**Verwechslung:** Siehe vorherige Arten.
**Lebensraum:** Diese Art lebt vom Flachwasser bis in etwa 25 m Tiefe.
**Besonderheiten:** Die Fische sind Algenfresser, die selbst in flache Riffbereiche kommen, um dort Algen von den Korallen etc. abzuweiden. Häufig sind sie in Gruppen mit anderen Papageifischen zusammen.

## *Scarus coeruleus*

### Blauer Papageifisch, Blue Parrotfish

(Foto oben)

Familie Scaridae

**Merkmale:** Der Körper ist einheitlich blau. Eine Größe bis 120 cm wird erreicht.
**Verwechslung:** Siehe vorherige Arten.
**Lebensraum:** Der Blaue Papageifisch kommt vom Flachwasser bis etwa 25 m Tiefe vor.
**Besonderheiten:** Jugendformen haben stets einen gelben Kopf und/oder gelbe Flossen, ihr Körper ist erheblich blasser gefärbt.

## *Scarus coelestinus*

### Mitternachts-Papageifisch, Midnight Parrotfish (Foto rechts)

Familie Scaridae

**Merkmale:** Der Körper ist dunkelblau, die Schnauze mit hellerer Zeichnung, die Flossen fast schwarz. Die Art wird bis 90 cm lang.
**Verwechslung:** *S. coeruleus* ist gleichmäßiger blau gefärbt und hat häufig einen Buckel.
**Lebensraum:** Diese Fische leben überall im Riff bis in 80 m Tiefe. Es sind eher Einzelgänger, wenn, dann sind sie nur mit Artgenossen unterwegs.
**Besonderheiten:** Die verschiedenen Formen sehen praktisch gleich aus.

## *Sparisoma aurofrenatum*

**Rotbinden-Papageifisch, Redband Parrotfish**

Familie Scaridae

**Merkmale:**
Supermale: Die Grundfarbe ist grünlich mit hellerem bis rosa Bauchfleck. Die Flossen sind rot bis braunrot gefärbt. Am Auge sieht man eine helle Linie. Kurz oberhalb des Kiemenbogenendes liegt ein kleiner gelber Fleck mit schwarzen unregelmäßigen Punkten. Eine Größe bis 30 cm wird erreicht (siehe Foto links unten).

Adult: Der Körper ist grün, die Schuppen dunkel umrandet, die Flossen kräftig rot. Die Fische werden bis 15 cm lang (siehe Foto oben).
Juvenil: Die Jungfische sind rötlich braun mit zwei weißen Längsstreifen und einem schwarzen Fleck oberhalb des Kiemendeckels. Sie werden bis 8 cm lang und oft mit der Juvenilform von *Scarus taeniopterus* (siehe Seite 288) verwechselt, deren Streifen aber schwarz sind.

**Lebensraum:** Vom Flachwasser bis etwa 25 m Tiefe kann man diese Art finden.

**Besonderheiten:** Diese Papageifische nagen an Korallen und Felsen, um an die aufwachsenden Algen zu gelangen. Die Nachtfärbung weicht von der Tagfärbung vollständig ab.

## *Gobiosoma evelynae*

### Hainasen-Grundel, Sharknose Goby

Familie Gobiidae (Foto oben)

**Merkmale:** Die Bauchseite ist weißlich, die Oberseite hat schwarze Längsstreifen. Dazwischen befinden sich links und rechts je ein gelber Streifen, der als V an der Schnauze endet. Der gelbe Streifen kann in weiß oder blau übergehen. Das Maul ist unterständig. Diese Art wird bis 4 cm lang.

**Verwechslung:** Es gibt mehrere ähnliche Arten, die wegen der Variabilität nicht leicht zu unterscheiden sind, wobei *G. genie* kaum von ähnlichen Farbformen von *G. evelynae* zu unterscheiden ist.

**Lebensraum:** Diese Art lebt überall im flacheren Wasser bis 15 m Tiefe auf Korallen aller Art, vor allem auf Steinkorallen.

**Besonderheiten:** Stets findet man mehrere Exemplare auf exponierteren Korallen, die dort als Putzerfische richtige Stationen betreiben. Selbst große Zackenbarsche werden von ihnen geputzt.

## *Gobiosoma prochilos*

### Ypsilon-Grundel, Broadstripe Goby

Familie Gobiidae (Foto unten)

**Merkmale:** Wie *G. evelynae*, aber diese Art weist nie gelbliche, sondern stets weiße oder leicht bläuliche Längstreifen auf.

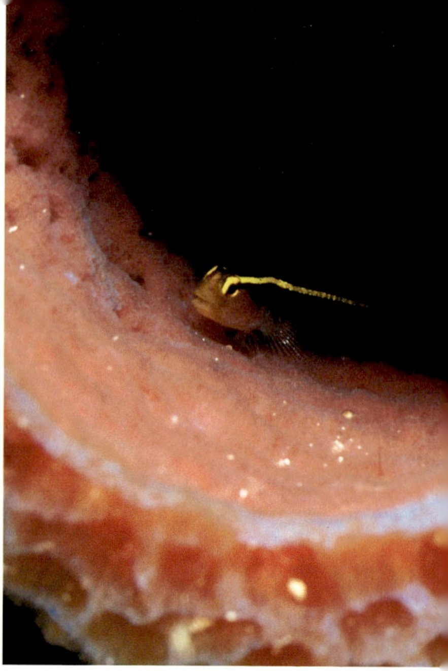

## *Gobiosoma randalli*

### Gelbnasen-Grundel, Yellownose Goby

Familie Gobiidae

**Merkmale:** Die Körperunterseite ist hellgrau, die Oberseite schwarz. Zwei gelbe Streifen ziehen von der Schwanzwurzel bis zu den Augen, wo sie enden. Auf der Schnauze sitzt ein senkrechter gelber Strich. Die Art wird bis 4 cm groß.

**Verwechslung:** Ähnliche Arten haben ein V auf der Stirn oder jegliche Zeichnung fehlt.

**Lebensraum:** Bis 25 m Tiefe auf Korallen oder anderen exponierten Felsen lässt sich diese Art finden.

**Besonderheiten:** Diese Grundeln sind Putzerfische, die meist zu mehreren Putzerstationen betreiben.

**Aquarium:** Die Art ist gut haltbar. Das ständige Putzverhalten kann den anderen Fischen lästig werden.

## *Gobiosoma horsti*

### Gelblinien-Grundel, Yellowline Goby

Familie Gobiidae

**Merkmale:** Die Bauchunterseite ist hellgrau, der Rest des Körpers dunkelbraun bis fast schwarz mit zwei dünnen, hellgelben Linien vom Auge bis zur Schwanzwurzel. Die Fische werden bis 5 cm groß.

**Verwechslung:** *G. lousiae* hat dickere gelbe Striche und einen gelben Punkt auf der Nase.

**Lebensraum:** Dieser Fisch lebt in und dicht bei Röhrenschwämmen und Korbschwämmen bis in 20 m Tiefe.

**Besonderheiten:** Die Art ist sehr scheu. Bei Störungen verstecken sich die Fische tief in den Röhren der Schwämme. Erst nach längerer Zeit kommen sie wieder an den Rand der Röhre.

**Aquarium:** Die Fische fühlen sich ohne ihre Schwämme ungeschützt und sollten daher nicht ohne entsprechende Verstecke gehalten werden.

## *Gobiosoma* sp.

### Weißpunkt-Glasgrundel, Whitespotted Glassgoby

Familie Gobiidae

**Merkmale:** Der Hinterkörper ist durchscheinend mit einer orangefarbenen Wirbelsäule, die man durch die Durchsichtigkeit deutlich sehen kann. Vorderkörper und Kopf sind beige mit dunkleren Stellen und einer orangefarbenen Streichzeichnung an der Kopfoberseite. Überall auf dem Körper sieht man kleine weiße Punkte. Bis 1 cm lang.

**Verwechslung:** Diese unbekannte Art ist nur eine der vielen Gobiiden, die überall im Riff leben, aber wegen ihrer Kleinheit meist übersehen werden.

**Lebensraum:** Diese Art lebt vor allem auf Hirn- und Sternkorallen. Durch die unauffällige Zeichnung und geringe Größe sind sie kaum sichtbar.

**Besonderheiten:** Die Lebensweise vieler dieser ganz kleinen Grundelarten ist noch nicht erforscht.

## *Coryphopterus eidolon*

### Fahle Grundel, Pallid Goby

Familie Gobiidae

**Merkmale:** Der Körper ist durchscheinend blass mit mehr oder weniger deutlichen, oft unterbrochenen orangefarbenen Längsstreifen. Die Augen sind schwarz umrandet oder gefleckt. Die Tiere werden bis 5 cm lang.

**Verwechslung:** Jungtiere könnten mit *C. lipernes* verwechselt werden, die aber stets eine blaue Zeichnung am Kopf aufweisen.

**Lebensraum:** Man sieht diese Art vom Flachwasser bis in 30 m Tiefe, wo sie zwischen Algen und anderem Aufwuchs gut getarnt ist.

## *Coryphopterus lipernes*

### Pfefferminz-Grundel, Peppermint Goby

Familie Gobiidae

*C. lipernes sucht sich meist flächig oder kugelig wachsende Steinkorallen als Ansitz aus.*

**Merkmale:** Der Körper ist durchscheinend orangegelb mit schwacher dunkler Seitenlinie. Am Kopf sieht man etliche leuchtend blaue Striche, die teilweise bis in den Vorderkörper reichen. Die Augen sind schwarz umrandet. Der Fisch wird bis 3 cm groß.

**Verwechslung:** Durch die blaue Kopfzeichnung ist diese Art gut von anderen Grundeln zu unterscheiden.

**Lebensraum:** Dieser Fisch sitzt bevorzugt auf flächigen Steinkorallen, meist in Paaren oder kleinen Gruppen.

**Besonderheiten:** Die Männchen besitzen einen verlängerten zweiten Rückenflossenstrahl.

**Aquarium:** Die beschriebene Art ist ideal für kleinere Riffbecken.

## *Coryphopterus glaucofraenum*
### Zügel-Grundel, Bridled Goby

Familie Gobiidae

**Merkmale:** Die Färbung ist weißlich bis durchscheinend, häufig mit schwarzen unterbrochenen Längsstreifen und mit weißen Pünktchen übersät. Die namensgebende helle Zügelzeichnung am Maul ist nicht immer deutlich sichtbar. Die Art wird bis 8 cm groß.

**Verwechslung:** Es existieren etliche ähnliche Arten, deren Farbunterschiede genau betrachtet werden müssen. *C. dicrus* z. B. hat zwei deutliche schwarze Punkte an der Vorderseite der Brustflossenbasis.

**Lebensraum:** Vom Flachwasser bis 40 m Tiefe entdeckt man diese Art auf sandigem Grund liegend.

**Besonderheiten:** Je nach Untergrund sind die Tiere heller oder dunkler gefärbt. Auf Sandboden sind sie farblos durchscheinend, auf schwarzem Vulkansand aber sehr dunkel gefärbt (siehe Foto rechts).

**Aquarium:** Die Fische sind gut geeignet für Riffaquarien. Da sie aber eher scheu und zurückhaltend sind, sollten sie nur mit anderen ruhigen Fischen vergesellschaftet werden, da sie sonst bei der Fütterung stets zu kurz kommen.

## *Coryphopterus personatus*
### Maskengrundel, Masked Goby
Familie Gobiidae

*C. personatus und C. hyalinus kommen oft in kleinen Gruppen zusammen vor.*

**Merkmale:** Der Körper ist blass bis durchscheinend, die Seitenlinie unterbrochen weiß, orangegelbe bis bräunliche Stellen fallen am Vorderkörper auf. Augen und Schnauze sind oben dunkel. Die Färbung variiert in Grenzen. Die Art wird bis 3 m lang.
**Verwechslung:** *C. hyalinus* soll kräftiger gefärbt und kleiner sein, ist aber dennoch kaum zu unterscheiden, zumal beide Arten zusammen vorkommen.
**Lebensraum:** Vom Flachwasser bis 30 m Tiefe sieht man diese Fische. Sie schweben meist in kleinen Schwärmen vor Korallenstöcken etc. Aber auch Einzeltiere kommen vor, die auf den Korallen etc. aufsitzen.
**Besonderheiten:** Die Männchen besitzen einen verlängerten zweiten Rückenflossenstrahl.
**Aquarium:** Die Art ist gut haltbar. Die Planktonfresser sind ideal für Riffaquarien.

## *Malacoctenus triangulus*
### Sattelfleck-Schleimfisch, Saddled Blenny

Familie Clinidae

**Merkmale:** Der Körper ist weiß mit fünf breiten, nach unten schmaler werdenden braunen bis schwarzen Sattelflecken. Der Kopf ist dunkel mit kleinen roten Pünktchen, die Beflossung fast farblos. Grundfarbe und Zeichnung variieren je nach Gebiet stark. Der Fisch erreicht bis 6 cm Größe.

**Verwechslung:** Die beschriebene Art ist sehr variabel, aber dennoch von ähnlichen Arten gut unterscheidbar. Der sonst ähnlich gefärbte *Hypleurochilus bermudensis* hat eine gedrungere Schnauze und schwach gebänderte Flossen.

Alle Schleimfische besitzen charakteristische Merkmale, die es erlauben, sie klar einzuordnen. Besonders sollte man auf die büschelartigen Anhängsel am Kopf achten, die bei vielen Arten eine charakteristische Form und Länge aufweisen. Männchen haben meist stärker ausgebildete Rückenflossen als Weibchen. Überhaupt sind die Flossen wichtige Merkmale. Rückenflossen können durchgehend sein, geteilt oder mehrfach geteilt. All dies lässt sich aber unter Wasser nur schwer sicher erkennen.

**Lebensraum:** Dieser Fisch lebt meist im flacheren Wasser zwischen Geröll und Korallenbruchstücken.

**Besonderheiten:** Die Tiere sind eher scheu, aber neugierig. Sie kommen daher nach kurzem Warten wieder hervor.

**Aquarium:** Dieser Blenny ist ein im Riffbecken gut haltbarer Kleinpartikelfresser. Er benötigt wie alle Blennies Algenkost.

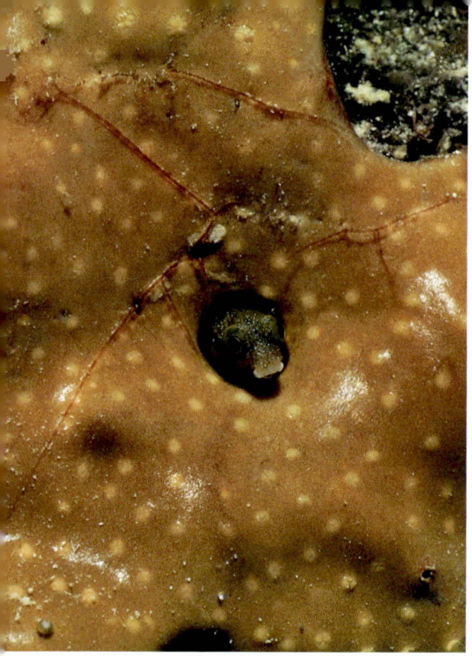

## *Acanthemblemaria maria*

### Gebänderter Hechtschleimfisch, Secretary Blenny

Familie Clinidae

**Merkmale:** Der Körper ist hell mit dunklen Querbändern, die Beflossung schmal. Die kurzen Kopftentakel sind schwer zu erkennen. Auffallend ist ein heller Streifen an der Basis der Brustflossen. Bis 5 cm lang.

**Verwechslung:** Es existieren mehrere ähnliche Arten, die aufgrund der Lebensweise schwer unterschieden werden können.

**Lebensraum:** Diese Blennies leben in engen Röhren an der Oberfläche von Korallenstöcken (vor allem Hirnkorallen o. Ä.).

**Besonderheiten:** Die Fische sind sehr vorsichtig. Sie verlassen ihre Wohnröhren (ehemalige Röhrenwurmlöcher) nur zum Planktonfang für Bruchteile von Sekunden.

**Aquarium:** Die Tiere sind Planktonfresser, die nur mit anderen zarten Fischen zusammen gehalten werden sollten. Sie nehmen auch Schneckenhäuser als Röhrenersatz an.

## *Emblemaria pandionis*

### Segelflossen-Hechtschleimfisch, Sailfin Blenny

Familie Clinidae

**Merkmale:** Der Körper ist dunkel mit hellen Flecken, die Rückenflosse extrem vergrößert. Die Kopftentakel sind klein und unverzweigt. Die Art wird 6 cm lang.

**Verwechslung:** Es handelt sich um die einzige Art mit zur Segelflosse vergrößerter Rückenflosse.

**Lebensraum:** Diese Blennies leben im Flachwasser in engen Röhren an der Oberfläche von Schuttbrocken, Korallenbruch etc.

**Besonderheiten:** Die Weibchen sind heller gefärbt und braun gesprenkelt. Sie tragen ebenfalls eine große Rückenflosse.

**Aquarium:** Bei entsprechendem Nahrungsangebot (feines Frostfutter) ist die Art gut haltbar. Sie sollte nur mit zarten Fischen vergesellschaftet werden.

## *Ophioblennius atlanticus*

### Zweifarben-Kammzähner, Redlip Blenny

Familie Blennidae

**Merkmale:** Normalerweise ist die hintere Körperhälfte hellgrau bis beige gefärbt, die Vorderhälfte jedoch dunkelgrau bis rotbraun. Es kommen aber auch einfarbig dunkle Exemplare vor. Der Kopf ist kurz und die Stirn steil. Die Lippen sind wulstig. Die Art wird bis 12 cm lang.

**Verwechslung:** Dies ist die einzige derartig geformte und gefärbte Art. Man sollte auf die beiden Hörnchen über den Augen und auf die Büschel auf der Schnauze unter den Augen achten. Diese sind für den Zweifarben-Kammzähner charakteristisch und sowohl ihr Vorhandensein als auch ihre Form, Größe und Anzahl sind ein gutes Bestimmungsmerkmal auch bei den anderen Schleimfisch-Arten.

**Lebensraum:** Bereits im Flachwasser in Geröllhalden, auf Korallen etc. kommen diese Blennies bis in 12 m Tiefe vor.

**Besonderheiten:** Dieser Fisch ist sehr territorial. Er überwacht sein Revier von erhöhten Korallen etc. aus. Selbst sich annähernde Taucher werden genau beäugt. Erst, wenn diese „Riesen" extrem nahe kommen, verzieht er sich zwischen Korallen, nur um gleich wieder woanders in seinem Revier aufzutauchen.

**Aquarium:** Durch das Territorialverhalten ist die Haltung etwas problematisch. Er jagt jeden Fisch, egal welcher Größe, durchs Aquarium. In kleinen Becken kann dies dazu führen, dass man ihn allein halten muss oder nur mit robusten, wehrhaften Fischen vergesellschaften kann. In großen Aquarien sorgt er dafür, dass die Dekoration vollkommen algenfrei bleibt, denn er ist wie viele Schleimfische ein Algenabweider.

# *Acanthurus bahianus*

## Ozean-Doktorfisch, Ocean Surgeonfish

Familie Acanthuridae

**Merkmale:** Die Grundfarbe ist sehr variabel, sie reicht von hellblau bis fast schwarz. Häufig sieht man ein helles Band an der Schwanzwurzel. Es gibt keine Querbänder. Auffallend ist die bläuliche Strichelzeichnung um das Auge. Das Skalpell ist dunkel. Der Fisch wird bis 40 cm lang.

**Verwechslung:** Eindeutiges Bestimmungsmerkmal sind die blauen Strichel um das Auge. Alle Farbvarianten kommen auch bei den ähnlichen *A. coeruleus* und *A. chirurgus* vor.

**Lebensraum:** Diese Art lebt überall im Riff bis 25 m Tiefe.

**Besonderheiten:** Die Färbung ist sehr stimmungsabhängig und kann sich blitzschnell ändern. Häufig sieht man die Fische zusammen mit anderen *Acanthurus*-Arten in Schwärmen schwimmend. Es sind Pflanzenfresser, die hauptsächlich Algen von Felsen, Korallen etc. abweiden, aber auch andere Nahrung nicht verschmähen.

## *Acanthurus coeruleus*

### Blauer Doktorfisch, Blue Tang

Familie Acanthuridae

**Merkmale:** Die Grundfarbe ist sehr variabel, sie reicht von hellblau oder grau bis fast schwarz. Die Flossen sind aber stets blau. Das Skalpell ist weiß oder gelb. Die Fische werden bis 30 cm groß.

**Verwechslung:** *A. coeruleus* fehlt die blaue Strichelzeichnung um das Auge. Sonst sind die Arten schwer zu unterscheiden.

**Lebensraum:** Man sieht diese Art überall im Riff bis etwa 25 m Tiefe.

**Besonderheiten:** Vor allem größere Schwärme fallen auf Nahrungssuche regelrecht im Riff ein und picken alles an, was ihnen fressbar erscheint. Auch Gelege von anderen Fischen (z. B. von *Abudefduf saxatilis*) werden oft heimgesucht. Danach bleibt oft nur noch trübes, aufgewühltes Wasser zurück. Die Jugendform ist völlig gelb gefärbt (siehe kleines Foto). Übergangsformen sind blau mit gelbem Schwanz o. ä. Auch größere Tiere können noch die Jugendfärbung aufweisen (und umgekehrt).

## *Cantherhines macrocherus*

### Weißflecken-Feilenfisch, Whitespotted Filefish

Familie Monacanthidae

**Merkmale:**
Farbform 1: Der Körper ist ab der Mitte nach hinten rostrot, nach vorne dunkelgrau. Die Schwanzflosse ist fast schwarz gefärbt mit orangefarbenen kurzen Stacheln an der Schwanzwurzel (Foto oben).
Farbform 2: Diese weist zusätzlich große, weiße Flecken auf, die über den ganzen Körper verteilt sind (Foto rechts). Typisch ist ein kielförmiger Bauchanhang. Die Tiere werden bis 45 cm lang.
**Verwechslung:** Eine Verwechslung ist kaum möglich, wenn man beide Farbformen kennt.
**Lebensraum:** Man sieht die Art überall im Riff bis in etwa 25 m Tiefe.
**Besonderheiten:** Weißflecken-Feilenfische sind häufig paarweise unterwegs, wobei die Paare normalerweise aus Form 1 und 2 zusammengesetzt sind. Es ist nicht sicher nachgewiesen, ob es sich jeweils um Männchen und Weibchen handelt, aber wahrscheinlich.

## *Cantherhines pullus*

### Schwanzfleck-Feilenfisch, Orangespotted Filefish

Familie Monacanthidae

**Merkmale:** Die Grundfarbe ist dunkelbraun mit etwa fünf verschieden breiten, gelben Längsstreifen. Gut sichtbar ist ein weißer Fleck am Oberrand der Schwanzwurzel. Die Art wird bis 20 cm lang.

**Verwechslung:** Es gibt keine Verwechslungsmöglichkeit, allerdings kann die Färbung stark variieren. Es gibt komplett dunkelbraune, aber auch hellbraune Varianten, die stimmungsabhängig sind. Bei manchen Exemplaren erkennt man auf dem ganzen Körper verteilte, kleine orangefarbene Flecken. Man achte auf den charakteristischen weißen Fleck an der Schwanzwurzel, den man schon von Weitem sehen kann.

**Lebensraum:** Der Fisch schwimmt stets dicht am Riff zwischen Korallen bis in 20 m Tiefe.

**Besonderheiten:** Dieser Feilenfisch kann seine Färbung schnell verändern.

Feilenfische (Monacanthidae) unterscheiden sich von den Drückerfischen (Balistidae) vor allem durch drei Besonderheiten: Sie haben einen langen Stachel am Beginn des Rückens, der aber nicht arretiert werden kann wie bei den Drückerfischen. Die Brustflossen sind auf einen anliegenden Dorn reduziert. Drückerfische haben hier Flossen. Außerdem können sie ihren Körper etwas „aufblasen“, was dabei hilft, sich nachts oder bei Gefahr in Spalten zu verkeilen. Drückerfische benutzen dazu ihren Rückenstachel, der nach dem Einschwimmen in ein Loch hochgestellt und arretiert wird. So können Feinde die Fische nicht ohne Weiteres herausziehen.

Jugendformen der beiden Familien sind oft sehr gut getarnt. Sie driften bei etlichen Arten mit Seegras oder Sargassum-Algen, zwischen denen sie sich verstecken können.

## *Aluteres scriptus*
### Schrift-Feilenfisch, Scrawled Filefish

Familie Monacanthidae (großes Foto)

**Merkmale:** Die Grundfarbe ist blaugrau bis beige, der Körper mit blauen und schwarzen Punkten und Linien übersät. Der Fisch wird bis 90 cm lang.

**Verwechslung:** Es handelt sich um die einzige Feilenfischart, die so groß wird.

**Lebensraum:** Der Fisch streift ständig zügig am Riff entlang. Er kommt bis 30 m Tiefe vor. *Aluteres scriptus* findet man weltweit in tropischen Meeren. Man spricht dann von einem Kosmopoliten.

**Besonderheiten:** Die Schwanzflosse ist meist zusammengefaltet und wirkt dadurch wie ein Besen. Die Färbung kann schnell verändert werden.

## *Monacanthus tuckeri*
### Schlanker Feilenfisch, Slender Filefish

Familie Monacanthidae (kleines Foto)

**Merkmale:** Die Grundfarbe ist variabel, stets aber in Brauntönen, mal mit Netzzeichnung, mal eher gefleckt oder fast einfarbig. Der Körper ist schlank, mit kielförmigem, auffälligem Bauchlappen, der aber eingefaltet werden kann. Der Fisch wird bis 10 cm lang.

**Verwechslung:** *M. ciliatus* ist erheblich hochrückiger, mit kürzerer Schnauze. Er wird fast doppelt so groß und lebt hauptsächlich in Seegraswiesen.

**Lebensraum:** Die beschriebene Art lebt überall im Riff, meist aber in Weichkorallen- oder Gorgonienbüschen versteckt. Sie kommt bis in 20 m Tiefe vor.

**Besonderheiten:** Durch die gute Tarnung und geringe Größe wird dieser Fisch oft übersehen.

## *Melichthys niger*

### Schwarzer Drückerfisch, Black Durgon

Familie Balistidae

**Merkmale:** Der Körper ist schwarz, am Ansatz der Rücken- und Afterflosse verläuft ein hellblauer dünner Streifen. Die Stirn ist etwas heller mit blauem Linienmuster. Diese Art wird bis 40 cm groß.

**Verwechslung:** Die einzelnen Drückerfischarten sind arttypisch gefärbt und werden daher selten verwechselt. Allerdings gibt es auch hier Farbvarianten. Vor allem ältere Fische werden heller und weisen eine blaugrüne bis grünliche Farbe auf, die Schuppen sind gut voneinander abgesetzt. Der Sargassum-Drückerfisch (*Xanthichthys ringens*, Sargassum-Triggerfish) hat statt weißen Linien an der Rücken- und Afterflosse schwarze Linien, die sich bis in die Schwanzflosse fortsetzen. Er besitzt einen weißen Punkt unmittelbar vor dem Auge. Nur örtlich häufig, wie viele der karibischen Drückerfisch-Arten.

**Lebensraum:** Die Fische kommen vom Flachwasser bis 35 m Tiefe stets in Riffnähe vor.

**Besonderheiten:** Wie alle karibischen Drückerfische ist diese Art eher sporadisch vorkommend und scheu. Nur regional sind diese Fische etwas häufiger.

Wie alle Drückerfische kann auch diese Art den großen Rückenflossenstachel nach oben stellen und mit einem besonderen Mechanismus fest arretieren. Dies verhindert, dass die Tiere nachts von Räubern aus ihrem Versteck gezogen werden können, denn der Stachel wirkt wie ein Widerhaken, der sich im Versteck verkeilt.

## *Lactophrys bicaudalis*
### Gefleckter Kofferfisch, Spotted Trunkfish

Familie Ostraciidae

**Merkmale:** Die Grundfarbe ist beige mit zahlreichen schwarzen Flecken, die gleichmäßig über den ganzen Körper verteilt sind, die Schnauze ist hell. Die Fische werden bis 40 cm lang.

**Verwechslung:** *L. triqueter* hat eine sehr unregelmäßige weiße Fleckenzeichnung auf dunklem Grund und zusätzlich ein Wabenmuster.

**Lebensraum:** Diese Art lebt im Riff unter Überhängen und Korallenvorsprüngen. Man entdeckt sie bis in 20 m Tiefe.

**Besonderheiten:** Der Gefleckte Kofferfisch kommt nur regional häufiger vor.

Alle Kofferfische besitzen ein interessantes Skelett, das aus mehreren sechseckigen Knochenplatten besteht und wie ein „Koffer“ aussieht (Kofferfische, vergleiche auch engl. = Boxfishes). Aus diesem „Koffer“ sind Löcher für das Maul und den Schwanz sowie die Brustflossen ausgespart. Sie schwimmen mit ihren Brustflossen, die sie undulierend bewegen und mit denen sie wie kleine Hubschrauber durchs Riff „schweben“. Um an Nahrung zu gelangen, blasen sie einen Wasserstrahl in den Sandboden, der kleine Würmer, Krebschen u.a. freilegt, die schnell eingesaugt werden.

**Aquarium:** Manche Kofferfische scheiden bei Gefahr eine giftige Substanz aus und sind daher für Aquarien ungeeignet. Die verwandten Tetraodontidae sind ebenfalls bekannt für ihre Giftigkeit (Tetraodotoxin), werden aber in Japan dennoch gerne gegessen. Falsch zubereitet, kann der Gourmet einen sehr unangenehmen Tod erleiden, was wohl zum akzeptierten Risiko eines solchen Feinschmeckers gehört.

In Riffaquarien richten sie nur Schaden an, da sie alles beknabbern.

## *Lactophrys triqueter*
### Perlen-Kofferfisch, Smooth Trunkfish

Familie Ostraciidae

**Merkmale:** Die Grundfarbe ist schwarz bis braun mit zahlreichen, unregelmäßig angeordneten weißen Flecken und einem mehr oder weniger sichtbaren Wabenmuster auf der hinteren Körpermitte. Die Schnauze ist dunkel. Die Gesamtlänge beträgt bis 30 cm.
**Verwechslung:** Siehe vorherige Art.
**Lebensraum:** Die Tiere sind überall im Riff unterwegs. Man sieht sie bis in 25 m Tiefe.
**Besonderheiten:** Gelegentlich entdeckt man an versteckten Plätzen die Jugendform. Sie erscheint kugelrund, ist schwarzbraun mit weißgelben Punkten und scheint sich wie ein Hubschrauber ständig um sich selbst zu drehen zu können (siehe Foto rechts, das Jungtier hat höchstens 1 cm Durchmesser).

## *Lactophrys polygonia*
### Waben-Kofferfisch, Honeycomb Cowfish

Familie Ostraciidae (großes Foto)

**Merkmale:** Die Grundfarbe ist beige bis hell gelbbraun mit regelmäßigem dunklen Wabenmuster, das auf dem ganzen Körper verteilt ist, aber in der Maulregion kleiner ist. Zwei spitze Hörner fallen an der Stirn auf. Die Art wird bis 45 cm lang.

**Verwechslung:** Dieser Fisch wird gelegentlich mit *L. triqueter* verwechselt, der aber nie eine so deutliche Wabenzeichnung aufweist und dem die Hörner an der Stirn fehlen.

**Lebensraum:** Die Fische sind überall im Riff vertreten, verhalten sich aber scheu. Sie kommen bis in 25 m Tiefe vor.

**Besonderheiten:** Die Färbung kann schnell variiert werden.

## *Canthigaster rostrata*
### Karibik-Spitzkopfkugelfisch, Sharpnose Puffer

Familie Tetraodontidae (kleines Foto)

**Merkmale:** Die Körpergrundfarbe ist gelbbraun, die Bauchregion meist heller. Auffällig ist die blaue Punkt- und Linienzeichnung besonders um die Körpermittellinie. Um das Auge ist die Zeichnung in einem Strahlenmuster angeordnet. Die Schwanzflosse ist gelblich, die Pupille des Auges grün bis schwarz. Die Gesamtlänge beträgt bis 10 cm.

**Verwechslung:** Alle anderen Kugelfische der Karibik werden erheblich größer.

**Lebensraum:** Man sieht diese Art besonders zwischen den Ästen von Gorgonien schwebend, aber auch sonst häufig im Riff. Sie kommt bis 15 m Tiefe vor.

**Besonderheiten:** Die Färbung ist sehr variabel. Kein Tier gleicht dem anderen genau.

## *Diodon holocanthus*

### Ballon-Igelfisch, Balloonfish

Familie Diodontidae

**Merkmale:** Die Grundfarbe ist beige mit helleren und dunkleren Flächen. Überall auf dem Körper sind schwarze Punkte verteilt. Der Körper ist außerdem mit normalerweise angelegten, hellen Stacheln bedeckt. Die Art wird bis 50 cm lang.

**Verwechslung:** Alle anderen Igelfische der Karibik sind anders gezeichnet. Dem sehr scheuen *D. histrix* fehlen die Stacheln fast ganz (bzw. sie sind kaum sichtbar) und die Punktzeichnung ist viel feiner. Außerdem wird er fast doppelt so groß.

**Lebensraum:** Diese Art lebt immer in Bodennähe rund ums Riff bis in 20 m Tiefe.

**Besonderheiten:** Dieser Fisch kann sich wie alle Igelfische im Notfall aufblasen und damit die schützenden Stacheln senkrecht stellen. Achtung! Das Provozieren dieses Verhaltens schadet den Tieren und muss unterlassen werden. Sie benötigen einige Zeit, um wieder eine normale Form anzunehmen und können in dieser Zeit nicht fressen.

*Dieser Ballon-Igelfisch hat sich zwischen Gorgonien versteckt: Die perfekte Tarnung.*

# Anhang

## Literatur


Colin, P. I.: Caribbean Reef Invertebrates and Plants. T. F. H. Publications, New Jersey, 1978

Debelius, H. u. R. Kuiter: Doktorfische, Acanthuroidei. Verlag Eugen Ulmer, Stuttgart 2001.

Debelius, H. u. R. Kuiter: Kaiserfische, Pomacanthidae. Verlag Eugen Ulmer, Stuttgart 2003.

Debelius, H.: Krebsführer. Jahr-Verlag, Hamburg, 2000.

Gosner, K.: A Field Guide to the Atlantic Seashore. Houghton Mifflin Company, Boston 1987.

Humann, P.: Reef Coral Identification. New World Publications, Jacksonville 2002.

Humann, P.: Reef Creature Identification. New World Publications, Jacksonville 2002.

Humann, P.: Reef Fish Identification: Florida, Caribbean, Bahamas. New World Publications, Jacksonville 2002.

Kaplan, E. H.: A Field Guide to Coral Reefs of the Caribbean and Florida. Houghton Mifflin Company, Boston, 1982.

Kuiter, R.: Seepferdchen, Syngnathiformes. Verlag Eugen Ulmer, Stuttgart 2001.

Randall, J. E.: Caribbean Reef Fishes. T. F. H. Publications, New Jersey 1983.


*Titelfoto: Nassau-Zackenbarsch Epinephelus striatus*

*Foto Seite 1: Noch vor einem Jahrzehnt war Acropora palmata die dominierende Steinkoralle im Flachwasser der Karibischen Riffe. Seither hat sie stark abgenommen.*

## Bildquellen

**Fotos:**

Werner Baumeister, mit Ausnahme des Fotos auf Seite 272: Steven Weinberg.

Umschlagfoto: gettyimages/Jeff Hunter

**Zeichnungen:**

Helmuth Flubacher: vordere und hintere Umschlagklappe, alle Piktogramme, S. 108, 119, 120 unten, 121, 203 (2), 210.

Werner Baumeister: alle übrigen Zeichnungen.

## Impressum


### Bibliografische Information der Deutschen Bibliothek

Die Deutsche Bibliothek verzeichnet diese Publikation in der Deutschen Nationalbibliografie; detaillierte bibliografische Daten sind im Internet über http://dnb. ddb.de abrufbar.





Wollgrasweg 41, 70599 Stuttgart (Hohenheim)
E-Mail: info@ulmer.de
Internet: www.ulmer.de
Printed in Germany
Lektorat: Ina Vetter, Regina Franke
Herstellung: Ulla Stammel
Druck und Bindung: Offizin Andersen Nexö, Zwenkau

ISBN: 3-8001-4164-7

# Register der wissenschaftlichen Artnamen

## Register der deutschen Artnamen

## Verzeichnis der englischen Artnamen

USA
Golf von Mexico
Golf von
Mexico
Yucatan
Belize
Guatemala
Hondura
Pazifischer Ozean